全国中级注册安全工程师职业资格考试

"魔冲鸭"魔题库

安全生产技术基础

（2024版）

优路教育注册安全工程师考试研究中心　组编

机械工业出版社
CHINA MACHINE PRESS

本书是全国中级注册安全工程师职业资格考试的考前加油包，以模拟、冲刺、预测为主线，精选高频率考点，映射高质量考题，模拟考场氛围，激发考试灵感，预测考题精髓。

本书按照"章—专题"的结构编写，章下设"考纲要求"和"考点速览"，统领本章内容，打好冲刺基础；"真题必刷"让考生熟悉常考考点及真题考法，"专题必刷"提升考生的实际应试能力；本书附赠精讲视频和精选题库，帮助考生掌握考试的重难点。

本书包含以下内容：机械安全技术、电气安全技术、特种设备安全技术、防火防爆安全技术、危险化学品安全基础知识。

本书可供注册安全工程师考生参考使用。

图书在版编目（CIP）数据

安全生产技术基础：2024版/优路教育注册安全工程师考试研究中心组编．—北京：机械工业出版社，2024.4

全国中级注册安全工程师职业资格考试"魔冲鸭"魔题库

ISBN 978-7-111-75542-5

Ⅰ.①安⋯ Ⅱ.①优⋯ Ⅲ.①安全生产–资格考试–习题集 Ⅳ.①X93-44

中国国家版本馆 CIP 数据核字（2024）第 070584 号

机械工业出版社（北京市百万庄大街22号　邮政编码100037）
策划编辑：汤　攀　　　　　责任编辑：汤　攀　范秋涛
责任校对：贾海霞　张　薇　封面设计：张　静
责任印制：单爱军
保定市中画美凯印刷有限公司印刷
2024年4月第1版第1次印刷
184mm×260mm・15印张・342千字
标准书号：ISBN 978-7-111-75542-5
定价：59.00元

电话服务　　　　　　　　网络服务
客服电话：010-88361066　机 工 官 网：www.cmpbook.com
　　　　　010-88379833　机 工 官 博：weibo.com/cmp1952
　　　　　010-68326294　金 书 网：www.golden-book.com
封底无防伪标均为盗版　机工教育服务网：www.cmpedu.com

前　言

注册安全工程师是指通过注册安全工程师职业资格考试，取得"中华人民共和国注册安全工程师职业资格证书"，并经注册的专业技术人员。注册安全工程师职业资格考试实行全国统一大纲、统一命题、统一组织的考试制度，原则上每年举行一次。

根据 2021 年 9 月 1 日起施行的《安全生产法》规定，矿山、金属冶炼、建筑施工、运输单位和危险物品的生产、经营、储存、装卸单位，应当设置安全生产管理机构或者配备专职安全生产管理人员。由此可见我国对安全生产的重视，同时也说明社会对注册安全工程师的需求将会越来越大。可以说，注册安全工程师是非常有前途的职业。

注册安全工程师级别设置为高级、中级、初级。其中，中级注册安全工程师的社会需求量大、报考人数较多，且考试难度较大，命题趋向于考查安全知识的实际应用。因此，在备考过程中，需要有针对性地刷题。刷题有两大好处：一是及时复习知识点，二是锻炼解题思维。基于此，优路教育注册安全工程师考试研究中心精心编写了本套丛书。

本书的特点如下：

1. 系统性强

本书根据考试大纲和历年考试情况，将各章节重难点编制成题，并附加两套截分金题卷，让考生在学完章节知识点后，能够及时自测、查漏补缺，确保学习的系统性。

2. 实践性强

本书不仅提供了理论知识，还结合了实际案例，让考生在理解和掌握理论知识的同时，也能够提高解决实际问题的能力。

3. 易于理解

本书在解析的编写上参考了相关法律法规、规范及标准，语言通俗易懂，逻辑清晰明了，让考生能够轻松地理解和掌握知识点。

4. 高效实用

本书将历年经典真题分散编入各章节，使章节真题考查比例一目了然，模拟题由专业老师精心挑选和设计，能够帮助考生高效地复习，提高考试成绩。

本书是中级注册安全工程师考试的必备资料，无论是有一定基础的考生，还是初次参加考试的新手，只要认真学习，积极努力，就一定能够取得好成绩。

在此，我们要感谢所有参与本书编写的老师们，他们的辛勤工作和专业知识使得本书的内容更加丰富和准确。同时，我们也要感谢所有使用本书的考生，你们的支持和反馈是我们不断改进和完善的动力。

编者寄语:

  很多人对"题海战术"很反感,然而对于这个题量的多少可以根据自己对知识的理解和能力来把控。从某种意义上讲,不盲目地"刷题"对学习是有好处的。虽然考高分需要一定的刷题量来支撑,但绝不是搞"题海战术",也不是盲目地做题,而是有针对性地做题、做高质量的题。正确地刷题能够帮助我们查缺补漏,找到知识盲点,不断地完善自身的知识框架。

  希望大家在"刷题"中了解、掌握、巩固知识点,"刷"出自信,"刷"出好成绩,并最终顺利通过考试。

目录 CONTENTS

- 前言
- 应试指导 ……………………………………………………（001）

（试题）（答案）

- **第1章　机械安全技术**
  - **真题必刷** ……………………………………………（003）（159）
  - **专题必刷** ……………………………………………（011）（163）
    - 专题1　机械安全基础知识 ……………………………（011）（163）
    - 专题2　金属切削机床及砂轮机安全技术 ……………（017）（166）
    - 专题3　冲压剪切机械安全技术 ………………………（020）（167）
    - 专题4　木工机械安全技术 ……………………………（022）（168）
    - 专题5　铸造安全技术 …………………………………（025）（169）
    - 专题6　锻造安全技术 …………………………………（027）（170）
    - 专题7　安全人机工程 …………………………………（029）（170）

- **第2章　电气安全技术**
  - **真题必刷** ……………………………………………（034）（172）
  - **专题必刷** ……………………………………………（043）（177）
    - 专题1　电气事故及危害 ………………………………（043）（177）
    - 专题2　触电防护技术 …………………………………（047）（178）
    - 专题3　电气防火防爆技术 ……………………………（052）（180）
    - 专题4　雷击和静电防护技术 …………………………（054）（181）
    - 专题5　电气装置安全技术 ……………………………（056）（181）

- **第3章　特种设备安全技术**
  - **真题必刷** ……………………………………………（059）（182）
  - **专题必刷** ……………………………………………（067）（186）
    - 专题1　特种设备的基础知识 …………………………（067）（186）
    - 专题2　特种设备事故的类型 …………………………（070）（188）
    - 专题3　锅炉安全技术 …………………………………（074）（190）
    - 专题4　气瓶安全技术 …………………………………（077）（191）
    - 专题5　压力容器安全技术 ……………………………（079）（192）
    - 专题6　压力管道安全技术 ……………………………（081）（193）

  专题 7 起重机械安全技术 ……………………………………（083）(194)
  专题 8 场（厂）内专用机动车辆安全技术 …………………（085）(194)
  专题 9 客运索道安全技术 …………………………………（087）(195)
  专题 10 大型游乐设施安全技术 ……………………………（088）(195)

第4章 防火防爆安全技术

真题必刷 ………………………………………………………（090）(196)
专题必刷 ………………………………………………………（096）(199)
 专题 1 火灾爆炸事故机理 ……………………………………（096）(199)
 专题 2 防火防爆技术 …………………………………………（102）(201)
 专题 3 烟花爆竹安全技术 ……………………………………（106）(203)
 专题 4 民用爆炸物品安全技术 ………………………………（109）(204)
 专题 5 消防设施与器材 ………………………………………（110）(205)

第5章 危险化学品安全基础知识

真题必刷 ………………………………………………………（114）(206)
专题必刷 ………………………………………………………（120）(210)
 专题 1 危险化学品安全的基础知识 …………………………（120）(210)
 专题 2 危险化学品的燃烧爆炸类型和过程 …………………（123）(211)
 专题 3 危险化学品燃烧爆炸事故的危害 ……………………（124）(211)
 专题 4 危险化学品事故的控制和防护措施 …………………（125）(211)
 专题 5 危险化学品储存、运输与包装安全技术 ……………（126）(212)
 专题 6 危险化学品经营的安全要求 …………………………（127）(212)
 专题 7 泄漏控制与销毁处置技术 ……………………………（129）(213)
 专题 8 危险化学品的危害及防护 ……………………………（130）(213)

截分金题卷一 …………………………………………………（132）(214)
截分金题卷二 …………………………………………………（146）(224)

应试指导

考情概述

"安全生产技术基础"是安全工程师职业资格考试中理论与实际相结合的科目,考试内容分别涵盖了机械、电气、特种设备、防火防爆及危险化学品这五个方面。技术基础相对于法规和管理科目来讲,需要背诵的内容较少,需要理解的内容较多,对现场经验要求较高,但在实际操作中往往会存在不符合规范的操作,容易在学习的过程中产生干扰,影响学习进度。因此,在学习过程中要注意实际操作与规范的区别,对于不熟悉的行业内容需要重点去学习与理解,查找相关的资料,才能熟练掌握本门课程内容。

考试题型

考试科目	考试时间	题型题量	满分	合格线
安全生产法律法规	2.5 小时 (9:00-11:30)	单选题(70×1 分) 多选题(15×2 分)	100 分	60 分
安全生产管理	2.5 小时 (14:00-16:30)	单选题(70×1 分) 多选题(15×2 分)	100 分	60 分
安全生产技术基础	2.5 小时 (9:00-11:30)	单选题(70×1 分) 多选题(15×2 分)	100 分	60 分
安全生产专业实务	2.5 小时 (14:00-16:30)	单选题(20×1 分) 案例分析题(10 分+22×2 分+26 分)	100 分	60 分

题型解读

从考试题型可以看出,"安全生产技术基础"科目考试均为客观题,题型为单选题和多选题。题目考查方式有填空型、判断型、综合型和案例型等。此外,对于多选题,考生要注意宁可少选、不可错选。

1. 填空型

填空型考题在历年考试中考查的频率比较高,对高频考点会重复考查,这类考题侧重对细节点的考查,看似以记忆为主,实则重在理解,且具有比较强的规律性。面对此类考题,考生在学习的时候就要注意对知识点进行重点标注、归纳总结。

2. 判断型

这种题型是考试的难点题型,需要考生对技术基础的专业概念、理论、规范有着深入而清醒地认识和理解。运用有关知识和工具对安全生产中出现的实际问题进行分析判断,以及进行合理有效地处理。这部分知识点需要考生借助专业人士或辅导老师深入浅出地讲解,在理解的基础上系统掌握,而不是机械地背诵或记忆。

3. 综合型

综合型题目最大的特点是考查的知识点多，涉及面广。要求考生具有一定的理论水平和实践经验，对知识点要熟练掌握。在备考的过程中，考生需要通过知识体系框架的建立及习题的练习来保障对考试范围内知识点的覆盖。

4. 案例型

案例型考题在单选题、多选题中都有考查，常以小的案例背景引出题目，需要考生结合所学知识，站在实际工作的角度考虑问题。

备考建议

1. 提炼总结，归纳知识点

注册安全工程师知识量巨大，想要一下全部掌握不太现实，也没有必要。因此，考生在备考时需要将常考的重点内容进行总结归纳，如有必要还可以购买一些课程，跟着老师进行系统地学习。当然，最重要的是各位考生需要通过自己的归纳，把知识点牢记于心。

2. 学练结合，以练促学

在备考过程中，建议考生勤于思考，灵活运用所学知识进行答题。在学完一个小章节时配合必要的练习题进行学习就会加深对知识点的理解。此外，在做题的过程中，还要特别关注错题，结合本书给出的解析，对错误之处进行整理和分析。通过对错题的分析可以更加清晰地分辨易混淆的知识点。

3. 夯实基础，高效备考

备考要关注做题质量，不仅要多做题、做好题，还要对每道题所涉及的考点做到心中有数，做到知其然并知其所以然，这样才能够夯实基础，提高做题正确率。对于不能理解的知识难点，可以建立专题专门攻克，收集同一考点的相似题型，再整理成一个题集，培养一套自己的学习方法，最后将自己的所有心得整理成笔记，定期地学习、回顾就可以攻克这些难点了。

第1章 机械安全技术

考纲要求

运用机械安全相关技术和标准,辨识、分析、评价作业场所和作业过程中存在的机械安全风险,解决切削、冲压剪切、木工、铸造、锻造和其他机械安全技术问题。运用安全人机工程学理论和知识,解决人机结合的安全技术问题。

考点速览

序号	专题名	考试要点
1	机械安全基础知识	1)机械危险有害因素分类及部件危险特性 2)安全措施及颜色影响
2	金属切削机床及砂轮机安全技术	金属切削机床及砂轮机
3	冲压剪切机械安全技术	冲压剪切机床安全要求
4	木工机械安全技术	木工机械安全
5	铸造安全技术	热加工安全
6	锻造安全技术	热加工安全
7	安全人机工程	1)人机优劣势对比 2)体力劳动强度指数及疲劳 3)人机作业环境

真题必刷

建议用时 86′　答案 P159

考点 1 机械危险有害因素分类及部件危险特性

1.［2021·单选］金属切削作业存在较多危险因素,包括机械危险、电气危险、热危险、噪声危险等因素,可能会对人体造成伤害。因此,切削机床设计时应尽可能排除危险因素。下列切削机床设计中,针对机械危险因素的是(　　)。

A. 控制装置设置在危险区以外　　B. 友好的人机界面设计
C. 工作位置设计考虑操作者体位　　D. 传动装置采用隔离式防护装置

2.［2020·单选］机械使用过程中的危险可能来自机械设备和工具自身、原材料、工艺方法和使用手段等多方面,危险因素可分为机械性危险因素和非机械性危险因素。下列危险因素中,属于非机械性的是(　　)。

A. 挤压　　B. 碰撞　　C. 冲击　　D. 噪声

考点 2 安全措施及颜色影响

1. [2022·单选] 安全防护措施是指从人的安全需求出发,采用特定的技术手段防止或限制各种危险的安全措施,包含防护装置、保护装置及其他补充措施,其中防护装置有固定式、运动式、联锁式、栅栏式等,下列关于防护装置特性的说法,正确的是(　　)。

   A. 固定式防护装置位置固定,不能打开或拆除
   B. 联锁式防护装置的开闭状态与防护对象的危险状态相联锁
   C. 活动式防护装置与机器的构架相连接,使用工具才能打开
   D. 栅栏式防护装置用于防护传输距离不大的传动装置

2. [2022·单选] 影响人机作业环境的因素很多,如照明、声音、色彩、温度、湿度等,色彩对人的影响主要表现在情绪反应、生理反应和心理反应,色彩对人的生理反应会导致人的视觉疲劳,下列颜色排序中,导致视觉疲劳程度由高到低的是(　　)。

   A. 绿、红、蓝　　　　　　　　　　B. 红、绿、蓝
   C. 蓝、红、绿　　　　　　　　　　D. 红、蓝、绿

3. [2021·单选] 机械制造企业的车间内设备应合理布局,各设备之间、管线之间、管线与建筑物的墙壁之间的距离应符合有关规范的要求。根据《机械工业职业安全卫生设计规范》,大型机床操作面间最小安全距离是(　　)m。

   A. 0.5　　　　B. 1.0　　　　C. 1.5　　　　D. 2.0

4. [2020·单选] 安全保护装置是通过自身结构功能限制或防止机器某种危险,从而消除或减小风险的装置。常见种类包括联锁装置、能动装置、敏感保护装置、双手操作式装置、限制装置等。下列关于安全保护装置功能的说法,正确的是(　　)。

   A. 联锁装置是防止危险机器功能在特定条件下停机的装置
   B. 限制装置是防止机器或危险机器状态超过设计限度的装置
   C. 能动装置是与停机控制一起使用的附加手动操纵装置
   D. 敏感保护装置是探测周边敏感环境并发出信号的装置

5. [2020·单选] 某工厂为了扩大生产能力,在新建厂房内需安装一批设备,有大、中、小型机床若干,安装时要确保机床之间的间距符合《机械工业职业安全卫生设计规范》。其中,中型机床之间操作面间距应不小于(　　)m。

   A. 1.1　　　　B. 1.3　　　　C. 1.5　　　　D. 1.7

6. [2019·单选] 压力机危险性较大,其作业区应安装安全防护装置以保护暴露于危险区的人员安全。下列安全防护装置中,属于压力机安全保护控制装置的是(　　)。

   A. 推手式安全装置　　　　　　　　B. 拉手式安全装置
   C. 光电式安全装置　　　　　　　　D. 栅栏式安全装置

第1章 机械安全技术

考点 3 金属切削机床及砂轮机

1.[2023·单选] 金属切削加工存在诸多危险因素,包括机械、电气、噪声与振动等。下列关于金属切削机床电气设备安全要求的说法中,正确的是( )。

A. 电气设备应设置放电装置
B. 紧急停止装置应设在操作区外
C. 电气设备应设置防触电措施
D. 数控机床应在无人控制下启动

2.[2020·单选] 砂轮装置由砂轮、主轴、卡盘和防护罩组成,砂轮装置的安全与其组成部分的安全技术要求直接相关。下列关于砂轮装置各组成部分安全技术要求的说法,正确的是( )。

A. 砂轮主轴端部螺纹旋向应与砂轮工作时的旋转方向一致
B. 一般用途的砂轮卡盘直径不得小于砂轮直径的1/5
C. 卡盘与砂轮侧面的非接触部分应有不小于1.5mm的间隙
D. 砂轮防护罩的总开口角度一般不应大于120°

3.[2023·多选] 砂轮机属于危险性较大的生产设备,虽然结构简单,但使用频率高,一旦发生事故后果严重,因此,砂轮机在使用过程中必须遵守安全操作要求。下列关于砂轮机使用安全要求的说法中,正确的有( )。

A. 禁止多人共用一台砂轮机同时作业
B. 应使用砂轮的圆周表面进行磨削作业
C. 操作者应站在砂轮机的正前方位
D. 操作者应站在砂轮机的侧方位
E. 砂轮机的除尘装置应定期检查和维修

4.[2021·多选] 切削机床存在机械、电气、噪声等多种危险因素,其中在操作过程中发生的飞出物造成的打击伤害属于机械伤害。下列切削机床作业危险产生的原因或部位中,可导致飞出物打击伤害的有( )。

A. 失控的动能
B. 弹性元件的位能
C. 液体的位能
D. 气体的位能
E. 接触的滚动面

5.[2020·多选] 金属切削机床作业存在的机械危险多表现为人员与可运动部件的接触伤害。当通过设计不能避免或不能充分限制机械危险时,应采取必要的安全防护措施。下列防止机械危险的安全措施中,正确的有( )。

A. 危险的运动部件和传动装置应予以封闭,设置防护装置
B. 有行程距离要求的运动部件,应设置可靠的限位装置
C. 有惯性冲击的机动往复运动部件,应设置缓冲装置
D. 两个运动部件不允许同时运动时,控制机构禁止联锁
E. 有可能松脱的零部件,必须采取有效紧固措施

考点 4 冲压剪切机床安全要求

1. [2023·单选] 剪板机安全防护装置可防止人员从前部、侧面和后部接触运动的刀口,避免造成人身伤害。联锁式防护装置普遍用于剪板机。下列关于剪板机联锁式防护装置安全要求的说法中,正确的是( )。

A. 如果联锁式防护装置处于关闭位置,任何危险运动都必须停止
B. 无防护锁的联锁式防护装置应安装在人没有足够时间进入危险区域的位置
C. 只有联锁式防护装置处于打开位置,才能启动剪板机的剪切行程
D. 无防护锁的联锁式防护装置在任何危险运动过程中应能防止进入危险区

2. [2021·单选] 剪板机借助于固定在刀架上的上刀片与固定在工作台上的下刀片做相对往复运动,从而使板材按所需的尺寸断裂分离。下列关于剪板机安全要求的说法,正确的是( )。

A. 剪板机不必具有单次循环模式
B. 压紧后的板料可以进行微小调整
C. 安装在刀架上的刀片可以靠摩擦安装固定
D. 剪板机后部落料区域一般应设置阻挡装置

3. [2020·单选] 剪板机因其具有较大危险性,必须设置紧急停止按钮,其安装位置应便于操作人员及时操作。紧急停止按钮一般应设置在( )。

A. 剪板机的前面和后面
B. 剪板机的前面和右侧面
C. 剪板机的左侧面和后面
D. 剪板机的左侧面和右侧面

考点 5 木工机械安全

1. [2023·单选] 为了避免或减小在木工平刨床作业中的伤害风险,操作危险区应安装安全防护装置。下列关于木工平刨床安全防护装置要求的说法中,正确的是( )。

A. 刨刀轴应采用装配式方形结构
B. 导向板和升降机构不得自锁
C. 刀轴外漏区域应尽量增大
D. 组装后的刀轴应经离心试验

2. [2021·单选] 木材机械加工过程存在多种危险有害因素,包括机械因素、生物因素、化学因素、粉尘因素等。下列木材机械加工对人体的伤害中,发生概率最高的是( )。

A. 皮炎
B. 过敏
C. 切割伤
D. 呼吸道疾病

3. [2021·单选] 圆锯机是以圆锯片对木材进行锯切加工的机械设备。锯片的切割伤害、木材的反弹打击伤害是主要危险。手动进料圆锯机必须安装分料刀,分料刀应设置在出料端以减少木材对锯片的挤压,防止木材的反弹。下列关于分料刀安全要求的说法,正确的是( )。

A. 分料刀顶部应不高于锯片圆周上的最高点
B. 分料刀的宽度应介于锯身厚度与锯料宽度之间

C. 分料刀与锯片最靠近点与锯片的距离不超过 10mm

D. 分料刀刀刃为弧形,其圆弧半径不应大于圆锯片半径

4. [2020·单选] 手动进料圆盘锯作业过程中可能存在因木材反弹抛射而导致的打击伤害。为防护此类打击伤害,下列安全防护装置中,手动进料圆盘锯必须装设的是(　　)。

A. 止逆器
B. 压料装置
C. 侧向挡板
D. 分料刀

5. [2019·单选] 木工平刨床的刀轴由刀轴主轴、刨刀片、刨刀体和压刀组成,装入刀片后的总成称为刨刀轴或刀轴,下列关于刀轴安全要求的说法,正确的是(　　)。

A. 组装后的刨刀片径向伸出量大于 1.1mm

B. 刀轴可以是装配式圆柱形或方形结构

C. 组装后的刀轴须进行强度试验和离心试验

D. 刀体上的装刀槽应为矩形或方形结构

6. [2019·多选] 木工平刨床操作危险区必须设置可以遮盖刀轴防止切手的安全防护装置,常用护指键式、护罩或护板等形式,控制方式有机械式、光电式、电磁式、电感应式等。下列对平刨床遮盖式安全装置的安全要求中,正确的有(　　)。

A. 安全装置应涂耀眼颜色,以引起操作者的注意

B. 非工作状态下,护指键(或防护罩)必须在工作台面全宽度上盖住刀轴

C. 安全装置闭合时间不得小于规定的时间

D. 刨削时仅打开与工件等宽的相应刀轴部分,其余的刀轴部分仍被遮盖

E. 整体护罩或全部护指键应承受规定的径向压力

考点 6　热加工安全

1. [2022·单选] 为了有效减少和预防铸造车间作业引起的工伤事故,应根据生产工艺水平、设备特点、厂区场地和气象条件,并结合防尘防毒技术,综合考虑铸造车间工艺设备特点和生产工段布局。下列关于造型、制芯工段布局的说法,正确的是(　　)。

A. 在非集中采暖地区,造型、制芯工段应布置在非采暖季节最小频率风向的上风侧

B. 在集中采暖地区,造型、制芯工段应布置在全年最小频率风向的下风侧

C. 在集中采暖地区,造型、制芯工段应布置在非采暖季节最小频率风向的下风侧

D. 在非集中采暖地区,造型、制芯工段应布置在全年最小频率风向的上风侧

2. [2021·单选] 铸造作业过程中存在诸多危险有害因素。下列危险有害因素中,铸造作业过程最可能存在的是(　　)。

A. 灼烫、噪声、电离辐射
B. 火灾、灼烫、机械伤害
C. 机械伤害、放射、火灾
D. 爆炸、机械伤害、微波

3. [2020·单选] 铸造作业过程存在诸多危险有害因素,发生事故的概率较大。为预防事故,通常会从工艺布置、工艺设备、工艺操作、建筑要求等方面采取相应的安全技术措施。下列关

于铸造作业的安全技术措施,错误的是( )。

A.大型铸造车间的砂处理、清理工段布置在单独厂房内

B.铸造车间熔化、浇注区和落砂、清理区设避风天窗

C.浇包盛装铁液的体积不超过浇包容积的85%

D.浇注时,所有与金属溶液接触的工具均需预热

4.[2020·单选] 冲天炉、电炉是铸造作业中的常用金属冶炼设备,在冶炼过程会产生大量危险有害气体。下列危险有害气体中,( )是电炉运行过程中产生的。

A.氢气
B.一氧化碳
C.甲烷
D.二氧化硫

5.[2019·单选] 铸造作业过程中存在诸多的不安全因素,可能导致多种危害,因此应从工艺、建筑、除尘等方面采取安全技术措施,工艺安全技术措施包括工艺布置、工艺设备、工艺方法、工艺操作。下列安全技术措施中,属于工艺方法的是( )。

A.浇包盛铁液不得超过容积的80%

B.球磨机的旋转滚筒应设在全封闭罩内

C.大型铸造车间的砂处理工段应布置在单独的厂房内

D.冲天炉熔炼不宜加萤石

6.[2019·单选] 锻造加工过程中,当红热的坯料、机械设备、工具等出现不正常情况时,易造成人身伤害。因此,在作业过程中必须对设备采取安全措施加以控制。下列关于锻造作业安全措施的说法中,错误的是( )。

A.外露传动装置必须有防护罩
B.机械的凸出部分不得有毛刺
C.各类型蓄力器必须配安全阀
D.锻造过程必须采用湿法作业

7.[2021·多选] 铸造作业过程危害较多,需从源头落实工艺安全措施来提高安全水平。下列关于铸造安全措施的说法,正确的有( )。

A.大型铸造车间的砂处理工段可布置在单独的厂房内

B.造型、落砂、清砂等工艺要采取防尘措施

C.冲天炉熔炼应加入萤石等助熔剂

D.混砂作业宜采用带称量的密闭混砂机

E.造型、制芯工段应布置在最小频率风向的上风侧

8.[2020·多选] 锻造是金属压力加工的方法之一,是机械制造的一个重要环节,可分为热锻、温锻和冷锻。锻造机械在加工过程中危险有害因素较多。下列危险有害因素中,属于热锻加工过程中存在的危险有害因素有( )。

A.火灾
B.机械伤害
C.爆炸
D.灼烫
E.刀具切割

考点 7　人机优劣势对比

1. [2021·单选] 传统人机工程中的"机"一般是指不具有人工智能的机器。人机功能分配是指根据人和机器各自的优势和局限性,把"人-机-环"系统中的任务进行分解,然后合理地分配给人和机器,使其承担相应的任务,进而使系统安全、经济、高效地完成工作。基于人与机器的特点,下列关于人机功能分配的说法,错误的是(　　)。

A. 机器可适应单调、重复性的工作而不会发生疲劳,故可将此类工作任务赋予机器完成
B. 机器具有高度可塑性,灵活处理程序和策略,故可将一些意外事件交由机器处理
C. 人具有综合利用记忆的信息进行分析的能力,故可将信息分析和判断交由人处理
D. 机器的环境适应性远高于人类,故可将危险、有毒、恶劣环境的工作赋予机器完成

2. [2020·单选] 在人机系统中,人始终处于核心地位并起主导作用,机器起着安全可靠的保障作用,在信息反应能力、操作稳定性、事件处理能力、环境适应能力等特性方面,人与机器各有优势。下列特性中,属于人优于机器的是(　　)。

A. 特定信息反应能力　　　　B. 操作稳定性
C. 环境适应能力　　　　　　D. 偶然事件处理能力

3. [2019·单选] 人机系统按自动化程度可分为人工操作系统、半自动化系统和自动化系统。在自动化系统中,以机为主体,机器的正常运转完全依赖于闭环系统的机器自身的控制,人只是一个监视者和管理者,监视自动化机器的工作。只有在自动控制系统出现差错时,人才进行干预,采取相应的措施。自动化系统的安全性主要取决于(　　)。

A. 人机功能分配的合理性、机器的本质安全性及人为失误
B. 机器的本质安全性、机器的冗余系统是否失灵及人为失误
C. 人机功能分配的合理性、机器的本质安全性及人处于低负荷时应急反应变差
D. 机器的本质安全性、机器的冗余系统是否失灵及人处于低负荷时应急反应变差

4. [2019·单选] 在人机系统中,人始终处于核心并起主导作用,机器起着安全可靠的保障作用。分析研究人和机器的特性有助于建构和优化人机系统,下列关于机器特性的说法,正确的是(　　)。

A. 处理柔软物体比人强　　　　B. 单调重复作业能力强
C. 修正计算错误能力强　　　　D. 图形识别能力比人强

5. [2019·单选] 在人机工程中,机器与人之间的交流只能通过特定的方式进行,机器在特定条件下比人更加可靠。下列机器特性中,不属于机器可靠性特性的是(　　)。

A. 不易出错　　　　　　　　B. 固定不变
C. 难做精细的调整　　　　　D. 出错则不易修正

考点 8　体力劳动强度指数及疲劳

1. [2023·单选] 劳动强度是以作业过程中人体的能消耗、氧耗、心率、直肠温度、排汗率或相对代谢率等指标分级的。我国工作场所中,不同体力劳动强度分级的依据是(　　)。

A. 接触时间和湿球黑球温度　　　　B. 接触时间和湿球温度
C. 接触时间率和湿球黑球温度　　　D. 接触时间率和湿球温度

2. [2021·单选] 疲劳分为肌肉疲劳和精神疲劳,肌肉疲劳是指过度紧张的肌肉局部出现酸痛现象,而精神疲劳则与中枢神经活动有关。疲劳产生的原因主要来自工作条件因素和作业者自身因素。下列引起疲劳的因素中,属于作业者自身因素的是(　　)。

   A. 工作强度　　　　　　　　　　B. 环境照明
   C. 工作体位　　　　　　　　　　D. 熟练程度

3. [2021·单选] 劳动强度是以作业过程中人体的能耗、氧耗、心率、直肠温度、排汗率或相对代谢率等指标进行分级,体力劳动强度分为四个等级。下列劳动作业中,属于Ⅱ级劳动强度的是(　　)。

   A. 大强度的挖掘或搬运　　　　　B. 臂和躯干负荷工作
   C. 手和臂持续动作　　　　　　　D. 手工作业或腿的轻度活动

4. [2020·多选] 劳动强度是以作业过程中人体的能耗、氧耗、心率、排汗率等指标为根据,其从轻到重分为:Ⅰ、Ⅱ、Ⅲ、Ⅳ级。根据我国对常见职业体力劳动强度的分级,下列操作中,属于Ⅱ级劳动强度的有(　　)。

   A. 摘水果　　　　　　　　　　　B. 驾驶卡车
   C. 操作风动工具　　　　　　　　D. 搬重物
   E. 操作仪器

考点 9　人机作业环境

1. [2023·单选] 人机作业环境包括照明环境、声环境、色彩环境、气候环境等,环境中色彩的副作用主要表现为视觉疲劳。下列作业环境存在的色彩中,最容易引起视觉疲劳的是(　　)。

   A. 红色、橙色　　　　　　　　　B. 蓝色、紫色
   C. 黄色、绿色　　　　　　　　　D. 绿色、蓝色

2. [2022·单选] 某人机串联系统由甲、乙两人监控,甲的操作可靠度为0.9000,乙的操作可靠度为0.9500,机器设备的可靠度为0.9000,当甲、乙并联工作时,该人机系统的可靠度为(　　)。

   A. 0.8955　　　　　　　　　　　B. 0.8500
   C. 0.8100　　　　　　　　　　　D. 0.7695

3. [2021·单选] 对工作环境进行照明设计时,应考虑视觉作业的照明与作业安全、视觉工效之间的关系。下列针对作业场所照明的要求中,错误的是(　　)。

   A. 采用强烈的颜色对比　　　　　B. 注意表面特性的显示
   C. 运用各种照明方式　　　　　　D. 避免强烈眩光的使用

4. [2020·单选] 事故统计表明,不良的照明条件是发生事故的重要影响因素之一,事故发生的频率与工作环境照明条件存在着密切的关系。下列关于工作环境照明条件影响效应的说法中,正确的是(　　)。

   A. 合适的照明能提高近视力,但不能提高远视力
   B. 环境照明强度越大,人观察物体越清楚
   C. 视觉疲劳可通过闪光融合频率和反应时间来测定
   D. 遇眩光时,眼睛瞳孔放大,视网膜上的照度增加

专题必刷

专题 1 机械安全基础知识

建议用时 66′　　答案 P163

一、单项选择题

1. 当其运动平板(或者滑枕)达到极限位置时,平板(或者滑枕)的端面距离应和固定结构的间距不能小于(　　)mm。
   A. 50　　　　B. 100　　　　C. 500　　　　D. 1050

2. 防护装置通常采用壳、罩、屏、门、盖、栅栏等结构和封闭式装置,用于提供保护的物理屏障,将人与危险隔离,为机器的组成部分。下列不属于防护装置的功能的是(　　)。
   A. 控制作用
   B. 阻挡作用
   C. 容纳作用
   D. 隔离作用

3. 安全防护措施是指从人的安全需要出发,采用特定技术手段,防止仅通过本质安全设计措施不足以减小或充分限制各种危险的安全措施,包括防护装置、保护装置及其他补充保护措施。下列关于安全防护措施的说法,正确的是(　　)。
   A. 活动式防护装置不用工具不能将其打开或拆除
   B. 固定式防护装置不用工具不能将其打开或拆除
   C. 安全防护装置主要具有隔离作用、警示作用、阻挡作用、容纳作用等功能
   D. 联锁防护装置只要不打开,被"抑制"的危险机器功能就不能执行

4. 安全色是被赋予安全意义具有特殊属性的颜色,包括红、蓝、黄、绿四种。其中用于道路交通标志和标线中警告标志等的是(　　)。
   A. 黄色
   B. 红色
   C. 蓝色
   D. 绿色

5. 至少需要双手同时操作,以便在启动和维持机器某种运行的同时,针对存在的危险,强制操作者在机器运转期间,双手没有机会进入机器的危险区,以此为操作者提供保护的一种装置是(　　)。
   A. 联锁装置
   B. 限制装置
   C. 能动装置
   D. 双手操纵装置

6. 按照机械的用途,可以将机械大致分为十类。下列选项中不属于工程机械的是(　　)。
   A. 挖掘机
   B. 风机
   C. 铲运机
   D. 工程起重机

7. 下列属于金属切削机械的是(　　)。
   A. 车床
   B. 汽车
   C. 起重机
   D. 锻压机械

8. 本质安全设计措施也称直接安全卫生技术措施,是指通过适当选择机器的设计特性和暴露人员与机器的交互作用,消除或减小相关的风险。这是风险减小过程中的第一步,也是最重要的步骤。下列措施中不属于本质安全措施的是(　　)。

   A. 信息装置应在人员易于感知的参数和特征范围之内

   B. 用液压成型代替锤击成型工艺

   C. 电路中使用安全电压

   D. 设置栅栏全部封闭,人员从任何地方都无法进入危险区

9. 生产线辊道、带式输送机等运输设备,在人员横跨处,应设带栏杆的人行走桥;平台、走台、坑池边和升降口有跌落危险处,必须设栏杆或盖板;需登高检查和维修的设备处宜设钢梯;当采用钢直梯时,钢直梯(　　)m以上部分应设安全护笼。

   A. 1　　　　　　　　B. 1.5　　　　　　　　C. 2　　　　　　　　D. 3

10. 车间通道一般分为纵向主要通道、横向主要通道和机床之间的次要通道。每个加工车间都应有一条纵向主要通道,通道宽度应根据车间内的运输方式和经常搬运工件的尺寸确定,工件尺寸越大,通道应越宽。车间横向主要通道根据需要设置,其宽度不应小于(　　)mm。

    A. 100　　　　　　　B. 200　　　　　　　C. 1000　　　　　　　D. 2000

11. 下列关于机械直线运动的危险部位及其防护的说法,正确的是(　　)。

    A. 配重块:可调节的防护装置应装置在带锯机上,仅用于材料切割的部分可以露出,其他部分得以封闭

    B. 带锯机:应对其全部行程加以封闭

    C. 剪刀式升降机:只可以通过障碍物(木块等)来防止剪刀机构的闭合

    D. 冲压机和铆接机:需要为这些机械提供能够感知手指存在的特殊失误防护装置

12. 在齿轮传动机构中,两个齿轮开始啮合的部位是最危险的部位,不管啮合齿轮处于何种位置都应装设安全防护装置。下列关于齿轮安全防护的做法,错误的是(　　)。

    A. 防护罩外壁应涂成红色

    B. 防护装置材料可用钢板或铸造箱体

    C. 齿轮防护罩壳体不应有尖角和锐利部分

    D. 齿轮传动机构必须装置全封闭型的防护装置

13. 在对机械设备及其生产过程中存在的危险进行识别并预测可导致的事故时,应注意伤害事故概念的界定范围。下列均属于非机械性危险的是(　　)。

    A. 电气危险、相对位置、电离辐射　　　　B. 电气危险、噪声危险、动能

    C. 电气危险、势能、温度危险　　　　　　D. 电气危险、温度危险、非电离辐射

14. 有轮机械属于危险性较大的机械设备,下列关于此类机械设备的说法,错误的是(　　)。

    A. 啮合齿轮部件必须有全封闭的防护装置,且装置必须坚固可靠

    B. 当有辐轮附属于一个转动轴时,最安全的方法是用手动驱动

    C. 砂轮机的防护装置除磨削区附近,其余位置均应封闭

    D. 啮合齿轮的防护罩应便于开启,内壁应涂成红色

15. 某工厂购进一批带传动装置,下表为购进物品样品清单。下列带传动装置中,可不设置安全防护装置的是(　　)。

名称	参数	安装高度/m
甲	带轮中心距为2m	3
乙	传动带回转速度为10m/min	3
丙	传动带回转速度为0.3m/s	5
丁	传动带宽度为10cm	1

A. 丙　　　　B. 甲　　　　C. 乙　　　　D. 丁

16. 国际通用的指示性安全色为红色、黄色、蓝色、绿色。安全色有时采用组合或对比色的方式,下列常用的安全色及其相关的对比色,正确的是(　　)。

A. 红色—蓝色
B. 黄色—黑色
C. 蓝色—绿色
D. 绿色—红色

17. 传动机构是常见的危险机械,包括齿轮、齿条、传动带、输送链和链轮等。下列关于直线和传动机构危险部位说法,错误的是(　　)。

A. 齿轮传动机构必须装置全封闭的防护装置,可采用钢板或铸造箱体
B. 传动带传送机构危险部位主要是传动带接头及进入带轮的部分
C. 输送链和链轮的危险来自输送链进入链轮处以及链齿
D. 齿轮传动防护罩内壁应涂成黄色,安装电气联锁安全装置

18. 信号的功能是提醒注意、显示运行状态、警告可能发生故障或出现险情(包括人身伤害或设备事故风险)先兆,要求人们做出排除或控制险情反应的信号。险情信号的基本属性是使信号接收区内的任何人都能察觉、辨认信号并做出反应。下列关于信号和警告装置类别的说法,错误的是(　　)。

A. 信号和警告装置类别包括听觉信号、视觉信号以及视听组合信号
B. 险情听觉信号分为紧急听觉信号、紧急撤离听觉信号和警告听觉信号三类
C. 视觉信号分为警告视觉信号和紧急视觉信号
D. 紧急视觉信号是指明危险情形即将发生,要求采取适当措施消除或控制险情的视觉信号

19. 机械使用过程中的危险可能来自机械设备和工具自身、原材料、工艺方法及使用手段等多方面。某木器加工车间因积尘导致粉尘爆炸,现场烟尘弥漫、火势迅猛。针对上述背景,试分析事故现场人员可能遭受到的危险因素包括(　　)。

A. 机械性危险因素
B. 机械伤害、其他爆炸、火灾
C. 机械性危险因素和非机械性危险因素
D. 其他爆炸、火灾

20. 带传动的危险出现在传动带接头及传动带进入带轮的部位,通常采用金属骨架防护网进行防护。下列带传动系统的防护措施中,不符合安全要求的是( )。

    A. 带轮中心距 3m 以上,采用金属骨架防护网防护
    B. 传动带宽度在 15cm 以上,采用金属骨架防护网防护
    C. 带传动机构离地面 2m 以下,回转速度在 9m/min 以下,未设防护
    D. 带传动机构离地面 2m 以上,中心距 3m 以下未防护

21. 旋转机械的运动部分是最容易造成卷入危险的部位。为此,应针对不同类型的机械采取不同的防护措施以减少卷入危险的发生。下列关于机械转动部位的防卷入措施的要求,正确的是( )。

    A. 无凸起光滑的轴旋转时存在将衣物挂住,并将其缠绕进去的危险,应在其暴露部分安装与轴具有 12mm 净距的护套,护套和轴应固定牢固防止相对滑动
    B. 当有辐轮附属于转动轴时,最安全的方法是安装弹簧离合器
    C. 辊轴交替驱动的辊式输送机,应在驱动轴的上游安装防护罩
    D. 所有的辊轴都被驱动的辊式输送机,应在驱动轴的下游安装防护罩

22. 2020 年 5 月,某工厂对本厂厂房进行改造,并于 2020 年 12 月完工,现决定将新购置的各类机床放置在改造完毕的厂房中。该工厂安全与技术部门联合制订的布局见下表,根据该表,下列机床布置中符合相应安全技术要求的是( )。

机床参数	项目	距离/m	编号
最大外形尺寸为 5.5m	机床后面、侧面离墙柱间距	0.8	(1)
最大外形尺寸为 10m	机床后面、侧面离墙柱间距	0.8	(2)
质量为 20t	机床操作面离墙柱间距	1.5	(4)
质量为 50t	机床操作面间距	1.6	(3)

    A. (2)   B. (4)   C. (1)   D. (3)

23. 机械的可靠性设计一是机械设备要尽量少出故障,即设备的可靠性;二是出了故障要容易修复,即设备的维修性。下列关于机械可靠性的说法,正确的是( )。

    A. 可靠性已知的安全相关组件是指在固定的使用期限内,能够经受住大部分有关的干扰和应力,且产生失效概率小的组件
    B. 关键组件或子系统加倍(或冗余)和单一性设计是机械可靠性设计的重要环节
    C. 操作的机械化或自动化设计可减少人员在操作点暴露于危险,限制操作产生的风险
    D. 机械设备的维修性设计应考虑维修费用以及零部件的标准化与互换性

二、多项选择题

1. 机械制造生产场所是发生机械伤害最多的地方。下列关于机械制造生产场所安全技术的说法,错误的有( )。

    A. 平面布置:多层厂房应当将荷载、运输量较小的、噪声较大的工部布置在厂房高层

B. 通道：车间横向主要通道宽度不应小于2000mm，机床间的次要通道一般不小于1000mm

C. 设备布置：中型机床操作面间距1.3m

D. 采光照明：水平疏散通道不低于1lx，垂直疏散区域不低于5lx。

E. 物资堆放：白班存放为每班加工量的2.5倍，夜班存放为加工量的1.5倍

2. 带传动的危险出现在传动带接头及传动带进入带轮的部位，通常采用金属焊接的防护网进行防护。下列带传动系统的防护措施中，不符合安全要求的有（　　）。

   A. 带传动机构离地面2m以上，未设防护

   B. 传动带宽度在15cm以上，采用金属焊接的防护网进行防护

   C. 带传动机构离地面2m以下，传动带回转速度在9m/min以上，未设防护

   D. 带传动安装了金属焊接的防护网，金属网与传动带的距离为30mm

   E. 带轮中心距在3m以下，未设防护

3. 某地安全监督检查部门进行了一次以冲压机械为主的安全大检查活动，过程中发现了一系列问题，下列选项中符合冲压机安全技术规范的有（　　）。

   A. 检查人员在试验双手控制装置时，不小心中断了电源，发现对于被中断的操作，需要恢复以前，应松开全部按钮，然后再次双手按压后才能恢复运行

   B. 该企业为每台冲压机配备了双手控制保护装置，装置试验时发现，必须双手同时推按操纵器，离合器才能接合滑块下行程，松开任一按钮，滑块立即停止下行程或超过下死点

   C. 检查人员发现有一台精度较高的冲压机，工作人员需要从左、右、前方同时接触危险区域，正前方接触次数最多，所以在正前方安装了防护等级最高的安全防护装置

   D. 该企业有数台大型冲压设备配备了光电感应幕保护装置，在试验该安全装置时，试验人员遮挡住了保护幕，发现滑块停止运行后，即使恢复通光，装置仍保持遮光状态，滑块不能恢复运行，必须按动"复位"按钮才可以重新运行

   E. 检查人员检查汇总中发现，有一台大型冲压设备需要4人同时操作，该企业为其中在最危险位置的两人配备了双手控制按钮保护装置

4. 带传动机构是常见的危险机械之一。下图所示为带传动机构示意图，图上标示了A、B、C、D、E共5个部位，其中属于危险部位的有（　　）。

   A. A　　B. B
   C. C　　D. D
   E. E

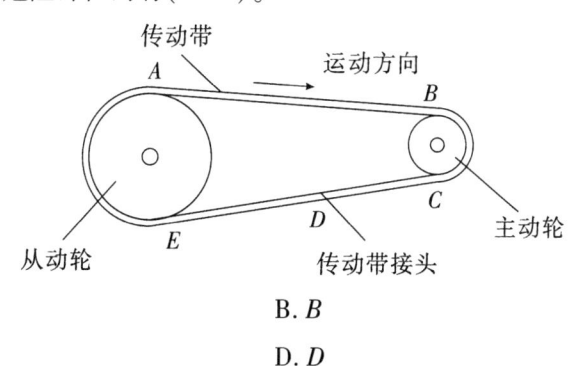

5. 下列关于对机械安全防护装置的要求,正确的有(　　)。

   A. 安全防护装置应不得有锐利的边缘,不得成为新的危险源

   B. 安全防护装置可以设计为封闭式,将危险区域全部封闭

   C. 固定防护装置应采用永久固定或借助紧固件方式固定,若不用工具不可能拆除或打开

   D. 安全防护装置应设置在进入危险区的唯一通道上,使人不能绕过防护装置接触危险

   E. 对于联锁防护装置来说,在危险机器功能执行过程中,只要防护装置被打开,就给出打开指令

6. 机械制造场所是发生机械伤害最多的地方,因此,机械制造车间的状态安全直接或间接涉及设备和人的安全。下列关于机械制造生产车间安全技术的说法,正确的有(　　)。

   A. 采光:应优先利用天然光,辅助以人工光,采取有效措施节约能源

   B. 通道:冷加工车间,人行运输通道宽度不得小于1m

   C. 设备布局:小型机床操作面间距必须大于1.1m,机床侧面离墙柱间距不小于0.8m

   D. 物料堆放:当物资直接存放在地面上时,堆垛高度不应超过1.4m且高与底边长之比不应大于1

   E. 重型机床高于500mm的操作平台周围应设高度不低于1050mm的防护栏杆

7. 通过合理的结构形式可以避免由于设计缺陷而导致发生任何可预见的与机械设备的结构设计不合理的有关危险事件,来达到本质安全。机械的结构、零部件或软件的设计应该与机械执行的预定功能相匹配。下列措施中,属于通过合理的结构形式来达到本质安全的有(　　)。

   A. 对可能造成"陷入"的机器开口或管口端进行折边、倒角或覆盖

   B. 在机器生命周期的各个阶段考虑机器的稳定性

   C. 保证结合部的连接强度、配合精度和密封要求

   D. 设计合理的设备行走或安装地点的支承面特征

   E. 在额定最大载荷或工作循环次数下,应满足强度、刚度、疲劳强度和构件稳定性

8. 使用信息由文本、文字、标记、信号、符号或图表等组成,以单独或联合使用的形式向使用者传递信息,用以指导使用者安全、合理、正确地使用机器,警示剩余风险和可能需要应对机械危险事件。下列关于安全信息使用原则的说法,正确的有(　　)。

   A. 在安全信息的使用上,图形符号和安全标志应优先于文字信息

   B. 警告超载的信息应在负载达到额定值时发出警告信息

   C. 提示操作要求的信息应采用简洁形式,长期固定在所需的机器部位附近

   D. 安全色的合理使用在某些情况下能取代防范事故的其他安全措施

   E. 采用安全信息的方式和使用方法应与操作人员或暴露人员的能力相符合

9. 旋转机械的运动部位是最容易造成卷入危险的部位,为此,应针对不同类型的机械采取不同的防护措施以减少卷入危险的发生。下列针对机械转动部位的防卷入措施的要求,正确的有(　　)。

   A. 无凸起光滑的轴旋转时存在将衣物挂住,并将其缠绕进去的危险,故应在其暴露部位安装护套

B. 对于有凸起部分的转动轴,其凸起物能挂住衣物和人体,故这类轴应做全面固定封闭罩

C. 对于辊轴交替驱动辊式输送机,应在运动辊轴的上游安装防护罩

D. 对于对旋式轧辊,即使相邻轧辊的间距很大,也有造成手臂等被卷入的危险,应设钳形罩防护

E. 通过牵引辊送料时,为防止卷入,应采取在开口处安装钳形条,通过减小开口尺寸的方式进行防护

10. 某工厂为扩大生产,新建了一座大型厂房,因管理不当,造成一起人身伤亡事故。该工厂主要负责人在事后带头成立安全检查小组,对现有厂房及新建项目施工现场进行安全检查。检查之后,安全管理人员对检查出的危险有害因素进行了总结:①厂区的供热锅炉安全泄压装置失效,且工作时偶尔会超过锅炉元器件额定安全压力,存在锅炉爆炸的危险。②轨道式起重机防风夹轨器质量存在问题,存在倾覆的危险。③建筑所需层板堆垛超高,且缺少防坍塌措施,存在料垛坍塌的危险。④焊接车间缺少降噪措施。⑤磨削车间机床设置不合理,生产过程中存在强迫体位现象。上述危险有害因素中,属于非机械性危险的有(   )。

A. ①　　　　　　　　　　　　B. ③

C. ⑤　　　　　　　　　　　　D. ②

E. ④

专题2　金属切削机床及砂轮机安全技术

⏱ 建议用时 26′　　▷ 答案 P166

一、单项选择题

1. 机械制造场所中常用到砂轮机。在日常安全检查中,一台砂轮直径为 200mm 砂轮机的检查记录是:①主轴螺纹部分延伸到紧固螺母的压紧面内,未超过砂轮最小厚度内孔长度的一半。②砂轮托架与砂轮之间相距 6mm。③砂轮防护罩与主轴水平线的开口角为 50°。④卡盘与砂轮侧面的非接触部分有不小于 2mm 的间隙。请指出检查记录中不符合安全要求的是(   )。

A. ①　　　B. ②　　　C. ③　　　D. ④

2. 根据企业安全管理的要求,砂轮机的生产制造企业应该制订完善的砂轮机安全操作规程。安全管理人员还应该熟知的是砂轮机的安全技术要求,下列关于砂轮机操作的说法,正确的是(   )。

A. 砂轮属于非均质结构,由磨粒、结合剂、孔隙三要素组成,因此其强度高于单一均匀材质强度

B. 卡盘与砂轮侧面的非接触部分应有不小于 1.5mm 的足够间隙

C. 砂轮防护罩除开口部位,其他部位允许与砂轮运动部件存在间歇性接触

D. 砂轮防护罩的总开口角度任何时候都不允许超过 90°

3. 某公司对制造场所内正在使用的一批砂轮机进行安全检查,下列符合安全要求的是(   )。

A. 一台一般用途砂轮机,砂轮直径为 30cm,砂轮卡盘直径为 9cm

B. 一台切断用砂轮机,砂轮直径为 30cm,砂轮卡盘直径为 8cm

C. 卡盘结构表面有少许尖棱锐角

D. 卡盘与砂轮侧面的非接触部分应有1.2mm间隙

4. 机床存在的机械危险大量表现为人员与可运动件的接触伤害,是导致金属切削机床发生事故的主要危险。下列关于金属切削机床机械危险的分类,正确的是( )。

    A. 由于质量分布不均、外形布局不合适、重心不稳,或有外力作用,丧失稳定性,发生倾翻、滚落——飞出物打击的危险

    B. 蜗轮与蜗杆、啮合的齿轮之间、齿轮与齿条、传动带与带轮、链与链轮进入啮合部位——卷绕和绞缠危险

    C. 机床的冷却液、切削液、油液和润滑剂溅出或渗漏造成地面湿滑,或由于地面过于光滑、冰雪等导致接触面摩擦力过小——滑倒、绊倒和跌落危险

    D. 机床冷却系统、液压系统、气动系统由于泄漏或元件失效引起流体喷射,负压和真空导致吸入的危险——引入或卷入、碾轧的危险

5. 砂轮机虽然结构简单,但使用率高,一旦发生事故后果严重。磨削加工往往存在很多危险因素,下列砂轮机磨削的主要危险因素是( )。

    A. 噪声危害、粉尘危害、辐射危害
    B. 噪声危害、粉尘危害、灼烫
    C. 机械伤害、灼烫、粉尘危害
    D. 机械伤害、噪声危害、粉尘危害

6. 砂轮机是用来刃磨各种刀具、工具的常用设备。砂轮机除了具有磨削机床的某些共性要求,还具有转速高、结构简单、一般为手工操作等特点。下列关于砂轮机的安全要求,错误的是( )。

    A. 新装砂轮防护挡板与砂轮表面的间距应不大于6mm

    B. 砂轮只可单向旋转,带除尘装置的砂轮机的粉尘平均容许浓度不应超过15mg/m³

    C. 一般用途的砂轮卡盘直径不得小于砂轮直径1/3

    D. 无论任何作业,操作者都应站在砂轮的斜前方位置

7. 砂轮防护罩任何部位不得与砂轮装置各运动部件接触,砂轮卡盘外侧面与砂轮防护罩开口边缘之间的间距一般应不大于( )mm。

    A. 1.5
    B. 2
    C. 3
    D. 15

8. 下列关于砂轮机的使用的说法,错误的是( )。

    A. 在任何情况下都不允许超过砂轮的最高工作速度

    B. 应使用砂轮的侧面进行磨削作业,不宜使用圆周表面进行磨削

    C. 禁止多人共用一台砂轮机同时操作

    D. 发生砂轮破坏事故后,必须检查合格后方可使用

9. 砂轮装置由砂轮、主轴、卡盘和防护罩共同组成。下列关于砂轮主轴的说法,正确的是( )。

    A. 砂轮主轴端部螺纹旋向须与砂轮工作时旋转方向相同

    B. 端部螺纹应足够长,切实保证整个螺母旋入压紧

C. 主轴螺纹部分须延伸到紧固螺母的压紧面外

D. 螺纹部分延伸进入压紧面的长度不得小于砂轮最小厚度内孔长度的 1/2

10. 圆锯机按照进给方式分为立式、卧式以及剪式,按照控制方式可分为手动、半自动以及全自动。锯片的切割伤害、木材的反弹抛射打击伤害是主要危险,为减低操作风险,必须在圆锯机上安装防护装置。下列关于圆锯机安全技术措施的说法,正确的是(　　)。

A. 分料刀与锯片最靠近点与锯片的距离不得超过 3mm

B. 圆锯片有裂纹时,必须经过修复后方可使用

C. 分料刀的宽度不得超过锯身厚度且在全长上厚度要一致

D. 无特殊情况下,锯轴的额定转速不得超过圆锯片的最大允许转速

二、多项选择题

1. 砂轮机是用来刃磨各种刀具、工具的常用设备,也用作普通小零件进行磨削、去毛刺及清理等工作。因其大部分工作需要手工配合完成,因此对操作砂轮机的安全使用有着较为严格的规定。下列关于砂轮机的使用的说法,正确的有(　　)。

A. 有裂纹或损伤等缺陷的砂轮绝对不准安装使用

B. 在任何情况下都不允许超过砂轮的最高工作速度

C. 砂轮机在工作时宜使用侧面进行磨削

D. 砂轮机在进行磨削作业时,操作者都应站在砂轮的正面

E. 禁止多人共用一台砂轮机同时操作

2. 砂轮机是用来刃磨各种刀具、工具的常用设备,也用作普通小零件进行磨削、去毛刺及清理等工作。因其大部分工作需要手工配合完成,因此对操作砂轮机的安全使用有着较为严格的规定。下列操作中,符合砂轮机安全操作规程的情况有(　　)。

A. 张某是砂轮机熟练操作工,为更快完成加工,将砂轮机旋转速度调至仅超过砂轮机最高转速的 5%

B. 李某是砂轮机操作的初学者,为避免磨削过程中的飞溅物,站在砂轮机的斜前方进行操作

C. 王某和杨某各使用同一台砂轮机的左右轮同时进行磨削,以保证砂轮机稳定

D. 宋某是磨削车间的检修人员,在安装新的砂轮前核对砂轮主轴的转速,在更换新砂轮时进行了必要的验算

E. 李某操作砂轮机时用砂轮的圆周表面进行工件的磨削

3. 砂轮防护罩一般由圆周构件和两侧面构件组成,防护罩留有一定形状的开口,下列选项中,满足防护罩安全技术要求的有(　　)。

A. 应随时调节工件托架补偿磨损,使工件托架和砂轮间的距离大于 5mm

B. 如使用砂轮安装轴上方砂轮部分,防护罩的开口角度不应大于 90°

C. 砂轮防护罩任何部位不得与砂轮装置各运动部件接触

D. 防护罩上方可调护板与砂轮圆周表面间隙应调整至 6mm 以下

E. 托架台面与砂轮主轴中心线等高,托架与砂轮圆周表面间隙应小于 3mm

专题 3 冲压剪切机械安全技术

建议用时 26′　　答案 P167

一、单项选择题

1. 下列选项中,属于压力机中安全保护控制装置的是(　　)。
   A. 推手式安全防护装置　　　　　　B. 拉手式安全防护装置
   C. 固定式安全防护装置　　　　　　D. 光电感应式保护装置

2. 冲压机常采用的安全防护控制类型有:双手操作式、光电感应式保护装置,对于双手操作式安全防护控制有具体的要求,下列关于该要求的说法,正确的是(　　)。
   A. 必须双手同时推按操纵器,离合器才能接合滑块下行程,只有同时松开两个按钮,滑块才会立即停止下行程或超过下死点
   B. 对于被中断的操作,需要恢复工作,松开一个按钮,然后再次按压后才能恢复运行
   C. 两个操纵器内缘装配距离至少隔 260mm,为防止意外触动,按钮不得凸出台面或加以遮盖
   D. 双手操作式安全控制既可以保护该装置操作者,又能保护其他相关人员安全

3. 下列机械安全防护装置中,仅能对操作者提供保护的是(　　)。
   A. 联锁安全装置　　　　　　　　　B. 双手控制安全装置
   C. 自动安全装置　　　　　　　　　D. 隔离安全装置

4. 压力机应安装危险区安全保护装置,并确保正确使用、检查、维修和可能的调整,以保护暴露于危险区的每个人员。下列关于压力机的安全防护装置的说法,错误的是(　　)。
   A. 如果压力机工作过程中需要从多个侧面接触危险区域,应为前后两侧安装提供相同等级的安全防护装置
   B. 双手操作式安全保护控制装置必须双手同时推按操纵器,离合器才能接合滑块下行程
   C. 对需多人协同配合操作的压力机,应为每位操作者都配置双手操纵装置
   D. 对于被中断的操作控制需要恢复以前,应先松开全部按钮,然后再次双手按压后才能恢复运行

5. 使用冲压剪切机械进行生产活动时,存在多种危险有害因素并可能导致生产安全事故的发生。在冲压剪切作业中,常见的危险有害因素是(　　)。
   A. 噪声危险、电气危险、热危险、职业中毒、振动危害
   B. 机械危险、电气危险、辐射危险、噪声危险、振动危险
   C. 振动危险、机械危险、粉尘危险、辐射危险、噪声危险
   D. 机械危险、电气危险、热危险、噪声危险、振动危险

6. 离合器是操纵曲柄连杆机构的关键控制装置,在设计时应保证(　　)。
   A. 任一零件失效可使其他零件联锁失效
   B. 在执行停机控制动作时离合器立即接合

C. 刚性离合器可使滑块停止在运行的任意位置

D. 急停按钮动作应优先于其他控制装置

7. 光电保护装置通过由在投光器和接收器二者之间形成光幕将危险区包围,或将光幕设在通往危险区的必经之路上,是目前压力机使用最广泛的安全保护控制装置。光电保护装置设置满足的功能是(　　)。

A. 当人体撤出光幕恢复通光时,光电装置应能使机器自动恢复运行

B. 光电保护装置应能对自身故障进行检查和控制

C. 光电保护装置的保护光幕应能保证在任意行程位置使滑块停止运行

D. 保护范围应能覆盖操作危险区,且以滑块最大行程为最大保护高度

8. 光电保护装置是目前压力机使用最广泛的安全保护控制装置。当人体的某个部位进入危险区或接近危险区时,立即被检测出来,滑块停止运动或不能启动。下列关于压力机光电保护装置的说法,正确的是(　　)。

A. 光电保护装置的响应时间不得超过 30ms

B. 光电保护装置可对自身发生的故障进行检查和控制,在故障排除以前不能恢复运行

C. 光电保护装置应保证在滑块下行程及回程时均起作用

D. 光电保护装置的保护高度不得高于滑块最大行程与装模高度调节量之和

二、多项选择题

1. 压力机应安装危险区安全保护装置,下列属于安全保护装置的有(　　)。

A. 固定栅栏式　　　　　　　　B. 双手操作式

C. 拉手式　　　　　　　　　　D. 推手式

E. 光电感应式

2. 冲压机的操作控制使动力系统、传动系统、执行系统彼此协调运行,包括离合器、制动器和脚踏或手操作装置。下列设置要求中,正确的有(　　)。

A. 在离合器、制动控制系统中须有急停按钮,急停按钮停止动作优先于其他控制装置且与其他安装装置不可相互替代

B. 脚踏操作与双手操作规范应具有联锁控制,当脚离开脚踏或双手同时离开操作按钮时,设备停止动作行程

C. 离合器及其控制系统应保证在气动、液压和电气失灵的情况下,离合器立即结合,制动器立即制动

D. 离合器与制动器应设置联锁控制,一般采用离合器-制动器组合结构,以减少二者同时结合的可能性

E. 在机械压力机上优先使用带式制动器来停止滑块

3. 在某次企业安全检查中,现场检查人员做了记录,以下现象中属于符合冲压机安全技术规定的有(　　)。

A. 该企业为每台冲压机配备了双手控制保护装置,装置试验时发现,必须双手同时推按操纵器,离合器才能接合滑块下行程,松开任一按钮,滑块立即停止下行程或超过下死点

B. 检查人员在试验双手控制装置时,不小心中断了电源,发现对于被中断的操作,需要恢复以前应松开全部按钮,然后再次双手按压后才能恢复运行

C. 该企业有数台大型冲压设备配备了光电感应幕保护装置,在试验该安全装置时,试验人员遮挡住了保护幕,发现滑块停止运行后,即使恢复通光,装置仍保持遮光状态,滑块不能恢复运行,必须按动"复位"按钮才可以重新运行

D. 检查人员发现有一台精度较高的冲压机,工作人员需要从左、右、前方同时接触危险区域,正前方接触次数最多,所以在正前方安装了防护等级最高的安全防护装置

E. 检查人员检查汇总中发现,有一台大型冲压设备需要4人同时操作,该企业为其中最危险的两人配备了双手控制保护装置

4. 操作控制系统包括离合器、制动器和脚踏或手操作装置。制动器和离合器是操纵曲柄连杆机构的关键控制装置,离合器与制动器工作异常,会导致滑块运动失去控制,引发冲压事故。下列关于离合器与制动器的说法,正确的有(　　)。

   A. 刚性离合器构造简单,不需要额外动力源,可使滑块停止在行程的任意位置
   B. 离合器与制动器的联锁控制动作应灵活、可靠,尽量提高二者同时结合的可能性
   C. 离合器及其控制系统应保证在电气失灵等情况下,离合器立即脱开,制动器立即制动
   D. 在离合器、制动器控制系统中,急停按钮停止动作应优先于其他控制装置
   E. 除另有规定外,应在机械压力机上使用带式制动器来停止滑块

5. 压力机应安装危险区安全保护装置,并确保正确使用、检查、维修和可能的调整以保护暴露于危险区的每个人员。安全防护装置分为安全保护装置与安全保护控制装置。下列关于安全防护装置的说法,正确的有(　　)。

   A. 安全保护控制装置包括活动式、固定栅栏式、推手式、拉手式安全装置
   B. 安全防护装置应具备的安全功能之一是在滑块运行期间,人体的任一部分不能进入工作危险区
   C. 安全防护装置应具备的安全功能之一是在滑块向下行程期间,当人体的任一部分进入危险区之前,滑块能停止下行程或超过下死点
   D. 安全保护装置包括双手操作式、光电感应式安全装置
   E. 危险区开口小于7mm的压力机可不配置安全防护装置

专题 4　木工机械安全技术

建议用时 24′　答案 P168

一、单项选择题

1. 进行木材加工的机械统称为木工机械,木工机械刀轴不仅锋利,而且转速高、噪声大,容易发生事故,下列危险有害因素中,不属于木工机械加工过程危险有害因素的是(　　)。

   A. 机械伤害　　　　　　　　　B. 火灾爆炸
   C. 引发中毒或癌症　　　　　　D. 电离辐射

2. 圆锯机是以圆锯片对木材进行锯切加工的机械设备。除锯片的切割伤害外,圆锯机特有的安全风险是(　　)。

   A. 木材反弹抛射打击　　　　　　　　B. 木材锯屑引发火灾

   C. 传动带绞入　　　　　　　　　　　D. 触电

3. 木工平刨床最常见的危险事件是伤害手指,因此应为这类设备配备有效的安全防护装置。下列关于木工平刨床安全防护装置的说法,正确的是(　　)。

   A. 刨刀刃口伸出量不能超过刀轴外径1.2mm

   B. 非工作状态下,护指键(或防护罩)必须在工作台面全宽度上盖住刀轴

   C. 导向板应不使用工具就能在整个刀轴长度上侧向可调

   D. 护指键刨削时仅打开与工件等宽的相应刀轴部分,其余的刀轴部分仍被遮盖,且回弹时间不应小于设计规定时间

4. 木材加工是指通过刀具切割破坏木材纤维之间的联系,从而改变木料形状、尺寸和表面质量的加工工艺过程。进行木材加工的机械称为木工机械。木工机械种类多、使用量大,广泛应用于建筑、家具行业,工厂的木模加工、木制品维修以及家庭装修业等。下列危险有害因素中,属于木工机械加工过程中产生的主要危险有害因素的是(　　)。

   A. 机械伤害、化学危害、木粉尘危害　　　B. 机械伤害、振动危害、电离辐射

   C. 火灾爆炸、噪声危害、热辐射危害　　　D. 火灾爆炸、生物效应危害、中毒和窒息

5. 木工机械刀轴转速高、噪声大,容易发生事故。其中平刨床、圆锯机和带锯机是事故发生较多的几种木工机械。下列关于带锯机的安全技术要求的说法,正确的是(　　)。

   A. 机器必须设有急停操纵装置

   B. 木工带锯机的锯轮应设置防护罩,锯条不允许设置防护罩

   C. 焊接接头不得超过3个,接头与接头之间的长度应为总长的1/3以上

   D. 上锯轮处于最高位置时,其上端与防护罩内衬表面之间的间隙不小于200m

6. 木工机械加工具有木材的生物效应危险,可能会引起操作人员身体不适。下列木材加工人员呈现的症状中,不属于化学危害造成的是(　　)。

   A. 中毒　　　　　　　　　　　　　　B. 损害呼吸道黏膜

   C. 皮炎　　　　　　　　　　　　　　D. 肺叶纤维化症状

7. 带锯机是由高速回转锯轮带动锯条实现直线锯切木材的加工作业,危险性通常来源于高速运动的带锯条。下列针对8.0m圆周长锯条的维护作业中,正确的是(　　)。

   A. 锯条存在肉眼可见的环向连续裂纹,应切断重新焊接

   B. 锯条焊接牢固平整,长度约1.0m的部分锯条裂缝超长的部分应切断重新焊接

   C. 带锯条的锯齿应平整,齿深不得小于锯宽的1/4

   D. 锯条连续断裂两齿或出现裂纹时,应停止使用

8. 刀轴由刨刀体、刀轴主轴、刨刀片和压刀组成,装入刀片后的总成称为刨刀轴或刀轴。下列关于刀轴的各组成部分及其装配应满足的安全要求的说法,正确的是(　　)。

　　A. 刀轴必须使用方形刀轴,严禁使用装配式圆柱形结构,组装后的刀槽应为封闭型或半封闭型

　　B. 组装后的刨刀片径向伸出量不得大于3.1mm

　　C. 刀轴的驱动装置所有外露旋转件都必须有牢固可靠的防护罩,并在罩上标出单向转动的明显标志

　　D. 组装后的刀轴须经拉伸试验和切断试验,试验后的刀片不得有卷刃、崩刃或显著磨钝现象

9. 木工平刨床刨刀轴由刨刀体、刀轴主轴、刨刀片和压刀组成,装入刀片后的总成称为刨刀轴或刀轴。下列关于木工平刨床刨刀轴的说法,正确的是(　　)。

　　A. 刀体上的装刀梯形槽应下底在外,上底靠近圆心

　　B. 刀轴必须是装配式方形结构,严禁使用圆柱刀轴

　　C. 组装后的刨刀片径向伸出量不得大于1.5mm

　　D. 组装后的刀轴须经强度试验和离心试验

二、多项选择题

1. 平刨床操作危险区必须设置安全防护装置,其基本功能是遮盖刀轴防止切手。可采用护指键式、护罩或护板等形式,控制方式有机械式、光电式、电磁式、电感应式等。下列关于平刨床遮盖式安全装置的安全技术要求的说法,正确的有(　　)。

　　A. 非工作状态下,护指键必须在工作台面全宽度上盖住刀轴

　　B. 防护装置在刨削时仅打开与工件等宽的相应刀轴部分,其余的刀轴部分仍被遮盖

　　C. 整体护罩或全部护指键应承受1kN径向压力,不得发生径向位移

　　D. 爪形护指键式的相邻键间距不得大于10mm

　　E. 安全防护装置应涂耀眼的红色,以便引起操作者注意

2. 下列属于木工行业存在的危险有害因素的有(　　)。

　　A. 木粉尘危害　　　　　　　　B. 生物、化学危害

　　C. 火灾和爆炸　　　　　　　　D. 电离辐射

　　E. 高温

3. 木工平刨床操作危险区必须设置可以覆盖刀轴防止切手的安全防护装置,常用护键式、护罩或护板等形式,控制方式有机械式、光电式、电磁式、电感应式。下列对平刨床遮盖式安全装置的安全要求,正确的有(　　)。

　　A. 安全装置应涂耀眼颜色,以引起操作者的注意

　　B. 组装后的刨刀片径向伸出量不得大于1.1cm

　　C. 组装后的刀槽为封闭型或半封闭型

　　D. 非工作状态下,护指键在工作台面上与工件等宽的相应刀轴部分盖住刀轴

　　E. 护指键安全装置闭合灵敏,应在设计规定时间内回弹实现全遮盖

专题 5　铸造安全技术

建议用时 26′　　答案 P169

一、单项选择题

1. 金属铸造是将熔融的金属浇注、压射或吸入铸型的型腔中使之成型的加工方法。铸造作业中存在着多种危险有害因素。下列危险有害因素中,不属于铸造作业危险有害因素的是(　　)。
   A. 机械伤害　　　　　　　　B. 高处坠落
   C. 噪声与振动　　　　　　　D. 乙炔爆炸

2. 铸造作为一种金属热加工工艺,是将熔融金属浇注、压射或吸入铸型型腔中,待其凝固后得到的一定形状和性能的铸件的方法。铸造作业中存在的危险有害因素较多,要从多方面采取安全技术措施。下列安全技术要求中,属于工艺方法的是(　　)。
   A. 造型、制芯工段设置在厂区全年主导风向的上风侧
   B. 球磨机必须设置在全密闭罩内
   C. 改进各种加热炉窑的结构和燃烧方法减少烟尘
   D. 金属仪器操作时必须进行预热

3. 铸造作为一种金属热加工工艺,将熔融金属浇注、压射或吸入铸型型腔中,待其凝固后得到一定形状和性能铸件的方法。下列关于铸造的说法,错误的是(　　)。
   A. 污染较小的造型、制芯工段在集中采暖地区应布置在非采暖季节最小频率风向的上风侧
   B. 凡产生粉尘污染的定型铸造设备,制造厂应配置密闭罩
   C. 造型、落砂、清砂、打磨、切割、焊补等工序宜固定作业工位或场地
   D. 混砂不宜采用扬尘大的爬式翻斗加料机和外置式定量器,宜采用带称量装置的密闭混砂机

4. 铸造作为一种金属热加工工艺,是将熔融金属浇注、压射或吸入铸型型腔中,待其凝固后得到的一定形状和性能铸件的方法。锻造作业和铸造作业的要求有所不同,下列关于这两种热加工技术的说法,正确的是(　　)。
   A. 铸造车间熔化、浇注区和落砂、清理区不得设置天窗
   B. 颚式破碎机上部直接给料,下部落差大于1m时,可只采取密闭措施
   C. 铸造作业过程中无论何种情况下都不应采用湿法作业
   D. 锻造可分为热锻、温锻和冷锻

5. 由于铸造车间的工伤事故远较其他车间为多,因此,需从多方面采取安全技术措施。其中,"冲天炉熔炼不宜加萤石"属于铸造作业安全工艺要求中的(　　)。
   A. 工艺布置　　　　　　　　B. 工艺设备
   C. 工艺方法　　　　　　　　D. 工艺操作

6. 为减少铸造过程中对周围环境的影响,铸造车间的建筑需满足相应的安全技术要求。下列关于铸造车间安全要求,不合理的是( )。

   A. 铸造车间应建在厂区其他不释放有害物质的生产建筑的上风侧

   B. 厂房主要朝向宜为南北向

   C. 铸造车间除设计有局部通风装置外,还应利用天窗排风或设置屋顶通风器

   D. 熔化、浇注区和落砂、清理区应设避风天窗

7. 金属铸造是将熔融的金属浇注、压射或吸入铸型的型腔中使之成型的加工方法。铸造作业中存在着火灾及爆炸、灼烫、高温和热辐射等多种危险有害因素。因此,铸造作业应有完善的安全技术措施。下列关于浇注作业的安全措施,错误的是( )。

   A. 浇注前检查浇包、升降机构、自锁机构、抬架是否完好

   B. 所有与铁液接触的工具使用前预热

   C. 浇包盛铁液不得超过容积的90%

   D. 操作工穿戴好防护用品

8. 由于铸造车间的工伤事故远比其他车间多,因此,需从多方面采取安全技术措施。下列关于铸造作业安全技术措施的说法,正确的是( )。

   A. 浇包盛铁液不得太满,不得超过容积的90%,以免洒出伤人

   B. 砂处理工段宜与造型工段直接毗邻

   C. 铸件凝固后应趁热将铸件从砂型中取出,防止冷却后变形

   D. 用热砂应进行降温去灰处理

9. 由于铸造车间的工伤事故远较其他车间为多,因此,需从多方面采取安全技术措施。下列关于铸造工艺要求的说法,正确的是( )。

   A. 造型工段在集中采暖地区应布置在非采暖季节最小频率风向的上风侧

   B. 造型、落砂、清砂等工序宜固定作业工位或场地,以方便采取防尘措施

   C. 混砂不宜采用带称量装置的密闭混砂机,宜采用爬式翻斗加料机和外置式定量器

   D. 为增强炉渣的流动性,使炉渣黏度降低,应在冲天炉熔炼辅料中加入萤石

二、多项选择题

1. 铸造作业中存在火灾、爆炸、尘毒危害等多种危险危害。为了保障铸造作业的安全,应从建筑、工艺、除尘等方面全面考虑安全技术措施。下列关于技术措施的说法,正确的有( )。

   A. 带式输送机应配置密闭罩

   B. 砂处理工段宜与造型工段直接毗邻

   C. 在允许的条件下应采用湿法作业

   D. 与高温金属溶液接触的火钳接触溶液前应预热

   E. 浇注完毕后不能等待其温度降低,而应尽快取出铸件

2. 金属铸造是将熔融的金属浇注、压射或吸入铸型的型腔中使之成型的加工方法,铸造作业应有完善的安全技术措施。下列关于浇注作业的安全措施,正确的有(　　)。

A. 浇注前检查浇包、升降机构、自锁机构、抬架是否完好

B. 所有与铁液接触的工具使用前需烘干但不需预热

C. 浇包盛铁液不得超过容积的85%

D. 浇注作业一般包括烘包、浇注和冷却三个工序

E. 使用的火钳等工具要注意防止接触铁液产生飞溅

3. 区别于3D打印造型,金属铸造是一种传统的金属热加工工艺,主要包括砂处理、造型、金属熔炼、浇注、铸件处理等工序。下列关于铸造工艺安全健康措施的说法,正确的有(　　)。

A. 铸造工艺用球磨机的旋转滚筒应设在全密闭罩内

B. 铸造车间应布置在厂区不释放有害物质的生产建筑物的上风侧

C. 铸造用熔炼炉的烟气净化设备宜采用干式高效除尘器

D. 铸造工艺用压缩空气的气罐、气路系统应设置限位、联锁和保险装置

E. 铸造工艺用颚式破碎机的上部直接给料,落差小于1m时,可只做密闭罩而不排风

4. 由于铸造车间的工伤事故远较其他车间多,因此,需从多方面采取安全技术措施。下列关于铸造车间安全技术措施的说法,正确的是(　　)。

A. 造型、制芯工段在非集中采暖地区应位于全年最小频率风向的上风侧

B. 浇注作业一般包括烘包、浇注和冷却三个工序,与高温金属溶液接触的火钳,接触溶液前应进行干燥处理

C. 为提高生产率,浇注完毕后不能等待其温度降低,而应尽快取出铸件进行落砂清理作业

D. 在浇注作业中,浇包盛铁液不得超过容积的80%,以免洒出伤人

E. 颚式破碎机上部直接给料,落差小于1m时,可只做密闭罩而不排风

专题6　锻造安全技术

⏱建议用时 16′　　📖答案 P170

一、单项选择题

1. 锻造是一种利用锻压机械对金属坯料施加压力,使其产生塑性变形以获得具有一定力学性能、一定形状和尺寸的锻件的加工方法。锻造生产中存在多种危险有害因素。下列关于锻造生产危险有害因素的说法,错误的是(　　)。

A. 锻造可能产生机械伤害等危害,但不会产生热辐射

B. 红热的锻件遇可燃物可能导致严重的火灾

C. 锻锤撞击、锻件或工具被打飞、模具或冲头打崩可导致人员受伤

D. 红热的锻件及飞溅的氧化皮可造成人员烫伤

2. 锻造机械的结构不仅应保证设备运行中的安全,而且还应保证安装、拆除和检修等工作的安全。下列关于锻造安全要求的说法,错误的是(　　)。

　　A. 锻压机的机架和凸出部分不得有棱角和毛刺

　　B. 启动装置的结构应能防止锻压机械意外地开动或自动开动

　　C. 安全阀的重锤必须随时放在机床表面,以方便在需要的时候取用

　　D. 较大型的空气锤或蒸汽-空气自由锤一般是用手柄操控的

3. 锻造生产是在金属灼热的状态下进行的,加热炉和灼热的钢锭、毛坯及锻件,不断发散出大量的辐射热。加热炉在燃烧过程中产生的烟尘排入车间的空气中,不但影响卫生,还降低了车间内的能见度。锻造加工所使用的设备工作时发出的都是冲击力,工作部件所产生的力量很大。工具更换频繁,存放杂乱。设备在运行中产生噪声和振动,使环境嘈杂。由于锻造生产具有以上特点,往往容易发生伤害事故,按其原因主要可分为(　　)。

　　A. 机械伤害、火灾爆炸、热辐射　　　　B. 火灾、爆炸、灼烫

　　C. 机械伤害、火灾爆炸、灼烫　　　　　D. 火灾、高处坠落、热辐射

4. 锻造是一种利用锻压机械对金属坯料施加压力,使其产生塑性变形以获得具有一定力学性能、一定形状和尺寸锻件的加工方法。下列关于锻造工艺安全措施的说法,正确的是(　　)。

　　A. 蓄力器通往水压机的主管上必须装有当水耗量突然增高时能自动泄压的装置

　　B. 锻锤端部出现卷曲应进行整体淬火处理,以便重新塑型修复后再使用

　　C. 高压蒸汽管道上必须装有安全阀和凝结罐,以消除水击现象,降低突然升高的压力

　　D. 任何类型的蓄力器都应有安全阀,安全阀的重锤必须设在显眼、便于操作处

5. 锻压机械的结构不但应保证设备运行中的安全,而且应能保证安装、拆卸和检修等各项工作的安全;此外,还必须便于调整和更换易损件,便于对在运行中应取下检查的零件进行检查。下列关于锻压机械安全技术要求的说法,错误的是(　　)。

　　A. 较大型的空气锤或蒸汽-空气自由锤一般是自动操纵的,为保证安全应该设置简易的操作室或屏蔽装置

　　B. 模锻锤的脚踏板应置于某种挡板之下,操作者需将脚伸入挡板内进行操纵

　　C. 高压蒸汽管道上必须装有安全阀和凝结罐,以消除水击现象,降低突然升高的压力

　　D. 任何类型的蓄力器都应有安全阀,且安全阀的重锤必须封在带锁的锤盒内

6. 锻造加工过程中,当红热的坯料、机械设备、工具等出现不正常情况时,易造成人身伤害。在作业过程中必须对设备采取安全措施加以控制。下列关于锻造作业安全措施的说法,错误的是(　　)。

　　A. 锻压机械的机架和凸出部分不得有棱角或毛刺

　　B. 高压蒸汽管道上必须装有安全阀和凝结罐

　　C. 锻压机械的启动装置不能将设备迅速关停

　　D. 安全阀的重锤必须封在带锁的锤盒内

二、多项选择题

1. 锻造是一种利用锻压机械对金属坯料施加压力,使其产生塑性变形以获得具有一定力学性能、一定形状和尺寸的锻件的加工方法。锻造的主要设备有锻锤、压力机、加热炉等。下列关于锻造设备安全技术措施的说法,正确的有(　　)。
   A. 锻压机械的机架和凸出部位不得有棱角
   B. 蓄力器应装有安全阀,且安全阀的重锤应位于明处
   C. 控制按钮有按钮盒,启动按钮为红色按钮,停车按钮为绿色按钮
   D. 启动装置的结构和安装应能防止锻造设备意外开启或自动开启
   E. 外露的齿轮传动、摩擦传动、曲柄传递、带传动机构有防护罩

2. 下列关于锻造安全措施的说法,正确的有(　　)。
   A. 安全阀的重锤必须封在带锁的锤盒内
   B. 锻压机械的机架和凸出部分不得有棱角和毛刺
   C. 启动装置的结构应能防止锻压机械意外地开动或自动开动
   D. 锻压机械的启动装置必须能保证对设备进行迅速开关
   E. 防护罩应用铰链安装在锻压设备的转动部件上

专题7　安全人机工程

⏱建议用时 46′　　📖答案 P170

一、单项选择题

1. 下列关于机械信息的交流与输出的说法,错误的是(　　)。
   A. 机器与人之间的信息交流只能通过特定的方式进行
   B. 能够输出极大的和极小的功率
   C. 精细的调整方面,多数情况下人手不如机械
   D. 只能按程序运转,不能随机应变

2. 人机作业环境与人的工作效率息息相关。下列关于人机作业环境的说法,错误的是(　　)。
   A. 适当的照明条件能提高近视力和远视力
   B. 视觉疲劳可通过闪光融合频率和反应时间等方法进行测定
   C. 使用的各种视觉显示器之间的亮度差应避免大于10∶1
   D. 照明条件与作业疲劳没有关系

3. 下列关于机械可靠性和适应性的说法,错误的是(　　)。
   A. 可连续、稳定、长期地运转
   B. 机器可进行单调的重复性作业而不会疲劳和厌烦
   C. 机器的特性固定不变,不易出错,但是一旦出错则不易修正
   D. 对设定的作业有很高的可靠性,对意外事件可及时处理

4. 人机系统是由相互作用、相互依存的人和机器两个子系统构成,能完成特定目标的一个整体系统。人机系统按系统的自动化程度可分为人工操作系统、半自动化系统和自动化系统三种。下列对半自动化人机系统的描述中,正确的是(　　)。

　　A. 在半自动化系统中,人是操作者与监视者

　　B. 在半自动化系统中,人是管理者与控制者

　　C. 在半自动化系统中,系统的安全性主要取决于人机功能分配的合理性、机器的本质安全性及人为失误状况

　　D. 在半自动化系统中,安全性主要取决于机器的本质安全性、机器的冗余系统是否失灵以及人处于低负荷时的应急反应变差等情形

5. 根据人机特性和人机功能合理分配的原则,适合机器做的是(　　)工作。

　　A. 快速、高可靠性、高精度的　　　　B. 单调、复杂、决策性的

　　C. 持久、笨重、维修性的　　　　　　D. 环境条件差、规律性、创造性的

6. 根据机器的特性,在信息处理方面,下列说法正确的是(　　)。

　　A. 图形识别能力比较强　　　　　　　B. 能连续进行超精密的重复操作

　　C. 能够正确地进行计算并且修正错误　D. 能够修正错误,但难以正确地进行计算

7. 在人与机器特性的比较中,下列关于人优于机器的功能的说法,错误的是(　　)。

　　A. 机器能够运用多种通道接收信息,而人只能获取单一信息

　　B. 人具有高度的灵活性和可塑性,能随机应变,而机器应付偶然事件的程序则非常复杂,均需要预先设定

　　C. 人具有总结和利用经验、除旧创新、改进工作的能力,而机器无论多么复杂,只能按照人预先编排好的程序进行工作

　　D. 人能进行归纳、推理,在获得实际观察资料的基础上,归纳出一般结论,形成概念,并能创造、发明

8. 依据对人的特性的描述,主要从信息接收、信息处理等七个方面描述机器的特性。下列关于机械的特性的说法,错误的是(　　)。

　　A. 机器在接受物理因素时,其检测度量的范围非常广

　　B. 对处理液体、气体和粉状体等比人优越

　　C. 机器的学习能力较差,灵活性也较差

　　D. 机器设备一次性投资和寿命期限内的运行成本较人工成本要高

9. 作业场所色彩设计时,应考虑色彩环境与作业安全、视觉工效之间的关系,色彩控制应注意运用合适的原理和手段。下列关于作业场所颜色设计应遵循的原则,正确的是(　　)。

　　A. 面对作业人员的墙壁,应采用强烈的颜色对比

　　B. 应尽可能多地使用黑色、暗色或深色

　　C. 避免有光泽的或具有反射性的涂料(包括地板在内)

　　D. 使用高饱和色彩

10. 人机系统可分为人工操作系统、半自动化的人机系统和全自动化控制的人机系统三种。下列关于人工操作系统、半自动化的人机系统的说法,错误的是(　　)。
   A. 人始终起着核心和主导作用
   B. 机器起着安全保障作用
   C. 机器的正常运转依赖于该闭环系统机器自身的控制
   D. 系统的安全性取决于该系统人机功能分配的合理性

11. 人机系统的核心始终是人,人在系统中占据主导地位,机器具有安全可靠的保障作用。在全自动化控制的人机系统中,人主要充当生产过程的(　　)。
   A. 操作者与控制者　　　　　　　　B. 操作者与管理者
   C. 监视者与控制者　　　　　　　　D. 监视者与管理者

12. 某职工在啤酒厂负责给回收的啤酒瓶进行翻洗工作,工作时间从8:00到17:00。工作一段时间后,该职工认为作业单一、乏味、没有兴趣,经常将啤酒瓶打碎。根据安全人机工程原理,造成该职工经常将酒瓶打碎的主要原因是(　　)。
   A. 肌肉疲劳　　　　　　　　　　　B. 体力疲劳
   C. 心理疲劳　　　　　　　　　　　D. 行为疲劳

13. 疲劳分为肌肉疲劳和精神疲劳两种。下列关于疲劳的说法,错误的是(　　)。
   A. 肌肉疲劳是指过度紧张的肌肉局部出现酸痛现象,一般只涉及大脑皮层的局部区域
   B. 精神疲劳则与中枢神经活动有关
   C. 肌体疲劳与主观疲劳感往往同时发生
   D. 劳动环境缺乏安全感会诱发心理疲劳

14. 色彩的生理作用主要表现在对视觉疲劳的影响。由于人眼对明度和彩度的分辨力较差,在选择色彩对比时,常以色调对比为主。下列关于色彩对人的影响,说法正确的是(　　)。
   A. 对引起眼睛疲劳而言,红、橙色最甚,蓝、紫色次之
   B. 黄绿、绿、绿蓝等色调不易引起视觉疲劳且认读速度快、准确度高
   C. 蓝色、绿色会使人的各种器官机能兴奋和不稳定,有促使血压升高及脉搏加快的作用
   D. 红色等色调则会抑制各种器官的兴奋并使机能稳定

15. 某生产车间,工人甲的操作可靠度为0.8000,工人乙的操作可靠度为0.7000,机器的可靠度为0.9000。二人同时监视这一台机器作业,发现存在异常,则该人机系统的可靠度为(　　)。
   A. 0.5040　　　　　　　　　　　　B. 0.8460
   C. 0.0560　　　　　　　　　　　　D. 1.3500

16. 机器是由各种金属和非金属部件组装成的装置,消耗能源,可以运转、做功。它是用来代替人的劳动、进行能量变换、信息处理,以及产生有用功。下列关于机器特性的说法,正确的是(　　)。
   A. 在可靠性和适应性方面,设计合理的机器对设定的作业有很高的可靠性,设计精密的机器对意外事件的处理能力非常强

B. 在成本方面，机器设备一次性投资可能过高，但是在寿命期限内的运行成本较人工成本要低

C. 在学习与归纳能力方面，机器的学习能力较差，但是灵活性较强，能理解特定的事物

D. 机器可快速、准确地进行工作，对处理液体、气体、粉状体及柔软物体等比人优越

17. 某产品由生产流水线进行生产，甲和乙进行第一道工序，最后由机器完成最后一道工序，方可出厂合格产品。现已知甲的可靠度为 0.8000，乙的可靠度为 0.9000，机器的可靠度为 0.9500。求机器正常情况下，产品合格的概率为（　　）。

A. 0.9310　　　　　　　　　　B. 0.7820

C. 0.9980　　　　　　　　　　D. 0.9530

二、多项选择题

1. 劳动过程中工作条件因素和劳动本身的因素都有可能是导致疲劳的原因。下列造成疲劳的原因中，不属于工作条件因素的有（　　）。

A. 作业条件需要劳动者长期半蹲作业　　B. 劳动内容单调

C. 劳动者的心理压力过大　　　　　　　D. 作业环境噪声过大

E. 劳动者长期熬夜

2. 人机系统是由相互作用、相互依存的要素组成的、具有特定功能的有机整体，按系统的自动化程度可分为人工操作系统、半自动化系统和自动化系统三种。下列关于人机系统的说法，错误的有（　　）。

A. 在人机系统中，人始终处于核心并起主导作用，机器起着安全可靠的保障作用

B. 人工操作系统、半自动化系统中，人在系统中主要充当生产过程的操作者与控制者，系统的安全性主要取决于机器的本质安全性、机器的冗余系统是否失灵以及人处于低负荷时的应急反应变差等情形

C. 自动化系统机器的正常运转完全依赖于闭环系统的机器自身的控制，人只是一个监视者和管理者，系统的安全性主要取决于人机功能分配的合理性、机器的本质安全性及人为失误状况

D. 人机系统按有无反馈控制可分为闭环人机系统和开环人机系统两类，其中开环人机系统也称为反馈控制人机系统

E. 闭环人机系统的特征是系统中没有反馈回路，系统输出不对系统的控制发生作用，所提供的反馈信息不能控制下一步的操作，即系统的输出对系统的控制作用没有直接影响

3. 体力劳动强度指数的不同能够划分出不同级别的劳动。下列劳动行为和劳动强度的划分中，正确的有（　　）。

A. 控制、查看设备是Ⅱ级中等体力劳动

B. 采摘蔬菜和水果是Ⅱ级中等体力劳动

C. 间断搬运中等重物是Ⅱ级重体力劳动

D. 缝纫机脚踏开关是Ⅰ级轻体力劳动

E. 锯木头是Ⅱ级中等体力劳动

4. 在人机系统中,人始终处于核心并起主导作用,机器起着安全可靠的保障作用。分析研究人和机器的特性有助于建构和优化人机系统。下列关于人机特性对比的说法,正确的有(　　)。

   A. 人能够运用多种通道接收信息,而机器只能按设计的固定结构和方法输入信息

   B. 人具有高度的灵活性和可塑性,能在恶劣的环境条件下工作,如一线工人在高温、低温等条件下都可以很好地工作,而机器则无法耐受恶劣的环境

   C. 高度精密的机器能长期大量储存信息并能综合利用记忆的信息进行分析和判断

   D. 人能同时完成多种操作,且可保持较高的效率和准确度,而机器一般只能同时完成1~2项操作,而且两项操作容易相互干扰

   E. 机器的动作速度极快,信息传递、加工和反应的速度也极快

5. 色彩可以从生理和心理两方面引起人的情绪反应,进而影响人的行为。下列关于色彩对人的生理和心理影响的说法,错误的有(　　)。

   A. 色彩只会对人的生理产生一定程度的影响,体现在对人视觉疲劳的影响

   B. 绿蓝色不易导致视觉疲劳,也有抑制各种器官的兴奋并使机能稳定,可起到一定的降低血压及减缓脉搏的作用

   C. 黄绿、绿、绿蓝等色调易引起视觉疲劳但认读速度快、准确度高

   D. 蓝色和绿色有一定降低血压和减缓脉搏的作用

   E. 红色色调会使人的各种器官机能兴奋和不稳定,有促使血压升高及脉搏加快的作用

6. 下列关于人机功能分配的说法,正确的有(　　)。

   A. 机器能够运用多种通道接收信息,对信息的感受能力和反应能力一般比人高

   B. 机器的持续性、可靠性优于人,故可将需要长时间、可靠作业的事交由机器处理,不易出错,但是一旦出错则不易修改

   C. 机器运行精度高,可有效进行图形识别和处理柔软物体

   D. 人具有高度的灵活性和可塑性,能随机应变,能更灵活地处理信息,机器则常按程序处理问题

   E. 传统机器的学习和归纳的能力不如人类,因此针对复杂问题的决策,目前仍然需要人的干预

第2章　电气安全技术

考纲要求

运用电气安全相关技术和标准,辨识、分析、评价作业场所和作业过程中存在的电气安全风险,解决防触电、防静电、防雷击、电气防火防爆和其他电气安全技术问题。

考点速览

序号	专题名	考试要点
1	电气事故及危害	1)电伤害分类 2)人体电阻特性
2	触电防护技术	1)直接接触触电防护 2)间接接触触电防护——电气隔离和接地装置 3)兼防触电防护——漏电保护和特低电压
3	电气防火防爆技术	1)危险物质分类 2)点火源分类
4	雷击和静电防护技术	雷电与静电
5	电气装置安全技术	电气装置安全技术

真题必刷

建议用时 94′　　答案 P172

考点 1　电伤害分类

1. [2023·单选] 电流通过人体可能引起一系列症状,对人体的伤害往往发生在短时间内。下列关于电流对人体作用的说法中,正确的是(　　)。

A. 人体感受到刺激的小电流不会使人体组织发生变异

B. 数百毫安的电流通过人体使人致命的原因是引起呼吸麻痹

C. 电流对机体除直接起作用外还可能通过中枢神经系统起作用

D. 电流对人体的作用与人的精神状态和人的心理因素无关

2. [2022·单选] 低压保护电器主要用来获取、转换和传递信号,并通过其他电器对电路实现控制。下列关于低压保护电器作用过程或适用场合的说法,正确的是(　　)。

A. 热继电器热元件温度达到设定值时通过控制触头断开主电路

B. 熔断器易熔元件的热容量小,动作很快,适用于短路保护

C. 热继电器和热脱扣器的热容量较大,适用于短路保护

D. 在有冲击电流出现的线路上,熔断器适用于过载保护

3. [2021·单选] 触电事故是由电流形态的能量造成的事故,分为电击和电伤。下列触电事故伤害中,属于电击的是( )。

A. 电弧烧伤
B. 电烙印
C. 皮肤金属化
D. 跨步电压触电

4. [2020·单选] 直接接触电击是触及正常状态下带电的带电体时发生的电击。间接接触电击是触及正常状态下不带电而在故障状态下带电的带电体时发生的电击。下列触电事故中,属于间接接触电击的是( )。

A. 作业人员在使用手电钻时,手电钻漏电发生触电

B. 作业人员在清扫配电箱时,手指触碰刀开关发生触电

C. 作业人员在清扫控制柜时,手臂触到接线端子发生触电

D. 作业人员在带电抢修时,绝缘鞋突然被钉子扎破发生触电

5. [2019·单选] 间接接触电击是触及正常状态下不带电,而在故障状态下意外带电的带电体时(如触及漏电设备的外壳)发生的电击,也称为故障状态下的电击。下列触电事故中,属于间接接触触电的是( )。

A. 小张在带电更换断路器时,由于使用螺钉旋具不规范造成触电事故

B. 小李清扫配电柜的刀开关时,使用绝缘的毛刷清扫时精力不集中造成触电事故

C. 小赵在带电作业时,无意中触碰带电导线的裸露部分发生触电事故

D. 小王使用手持电动工具时,由于使用时间过长绝缘破坏造成触电事故

6. [2019·多选] 按照电流转换成作用于人体的能量的不同形式,电伤分为电弧烧伤、电流灼伤、皮肤金属化、电烙印、电气机械性伤害、电光眼等类别。下列关于电伤情景及电伤类别的说法,正确的有( )。

A. 赵某在维修时发生相间短路,产生的弧光烧伤了手臂,属于电弧烧伤

B. 钱某在维修时发生相间短路,短路电流达到2000A使导线熔化烫伤手臂,属于电流灼伤

C. 孙某在维修时发生相间短路,产生的弧光造成皮肤内有许多铜颗粒,属于皮肤金属化

D. 李某在维修时发生手部触电,手接触的部位被烫出印记,属于电烙印

E. 张某在维修时发生手部触电,手臂被弹开碰伤,属于电气机械性伤害

考点 2 人体电阻特性

[2021·单选] 在电流途径左手到右手、大接触面积($50\sim100cm^2$)且干燥的条件下,当接触电压在 $100\sim220V$ 时,人体电阻大致在( )Ω。

A. $500\sim1000$
B. $2000\sim3000$
C. $4000\sim5000$
D. $6000\sim7000$

考点 3 直接接触触电防护

1. [2021·单选] 当施加于绝缘材料上的电场强度高于临界值时,绝缘材料发生破裂或分

解,完全失去绝缘能力,这种现象就是绝缘击穿。固体绝缘的击穿有电击穿、热击穿、电化学击穿、放电击穿等形式。其中,电击穿的特点是( )。

A. 作用时间短、击穿电压低
B. 作用时间短、击穿电压高
C. 作用时间长、击穿电压低
D. 作用时间长、击穿电压高

2. [2021·单选] 在中性点接地配电网中,对于有火灾、爆炸危险性较大的场所或有独立附设变电站的车间,应选用的接地(零)系统是( )。

A. TT 系统
B. TN-S 系统
C. TN-C 系统
D. TN-C-S 系统

3. [2020·单选] 间距是架空线路安全防护技术措施之一,架空线路之间及其与地面之间、与树木之间、与其他设施和设备之间均需保持一定的间距。下列关于架空线路间距的说法,错误的是( )。

A. 架空线路的间距须考虑气象因素和环境条件
B. 架空线路应与有爆炸危险的厂房保持必需的防火间距
C. 架空线路与绿化区或公园树木的距离不应小于3m
D. 架空线路穿越可燃材料屋顶的建筑物时,间距不应小于5m

4. [2020·单选] 重复接地是指 PE 线或 PEN 线上除工作接地外的其他点再次接地。下列关于重复接地作用的说法,正确的是( )。

A. 减小零线断开的故障率
B. 加速线路保护装置的动作
C. 提高漏电设备的对地电压
D. 不影响架空线路的防雷性能

5. [2019·单选] 良好的绝缘是保证电气设备和线路正常运行的必要条件,也是防止触及带电体的安全保障。下列关于绝缘材料性能的说法,正确的是( )。

A. 绝缘材料的耐热性能用最高工作温度表征
B. 绝缘材料的介电常数越大,极化过程越慢
C. 有机绝缘材料的耐弧性能优于无机材料
D. 绝缘材料的绝缘电阻相当于交流电阻

6. [2019·单选] 触电防护技术包括屏护、间距、绝缘、接地等,屏护是采用护罩、护盖、栅栏、箱体、遮栏等将带电体与外界隔绝。下列关于用于触电防护的户外栅栏的高度要求,正确的是( )。

A. 户外栅栏的高度不应小于1.2m
B. 户外栅栏的高度不应小于1.8m
C. 户外栅栏的高度不应小于2.0m
D. 户外栅栏的高度不应小于1.5m

7. [2019·多选] 当施加于绝缘材料上的电场强度高于临界值时,绝缘材料发生破裂或分解,电流急剧增加,完全失去绝缘性能,这种现象称为绝缘击穿。下列关于绝缘击穿的说法,正确的有( )。

A. 气体绝缘击穿是由碰撞电离导致的电击穿
B. 液体绝缘的击穿特性与其纯净程度有关

C. 电击穿的特点是作用时间短、击穿电压高

D. 热击穿的特点是电压作用时间短、击穿电压低

E. 电化学击穿的特点是电压作用时间很短、击穿电压高

考点 4 间接接触触电防护——电气隔离和接地装置

1. [2022·单选] 保护接地是用导线接电气设备的金属外壳与大地连接,是终止间接接触电击的基本技术措施之一。下列电气保护系统示意图中,属于 TT 保护接地系统的是(　　)。

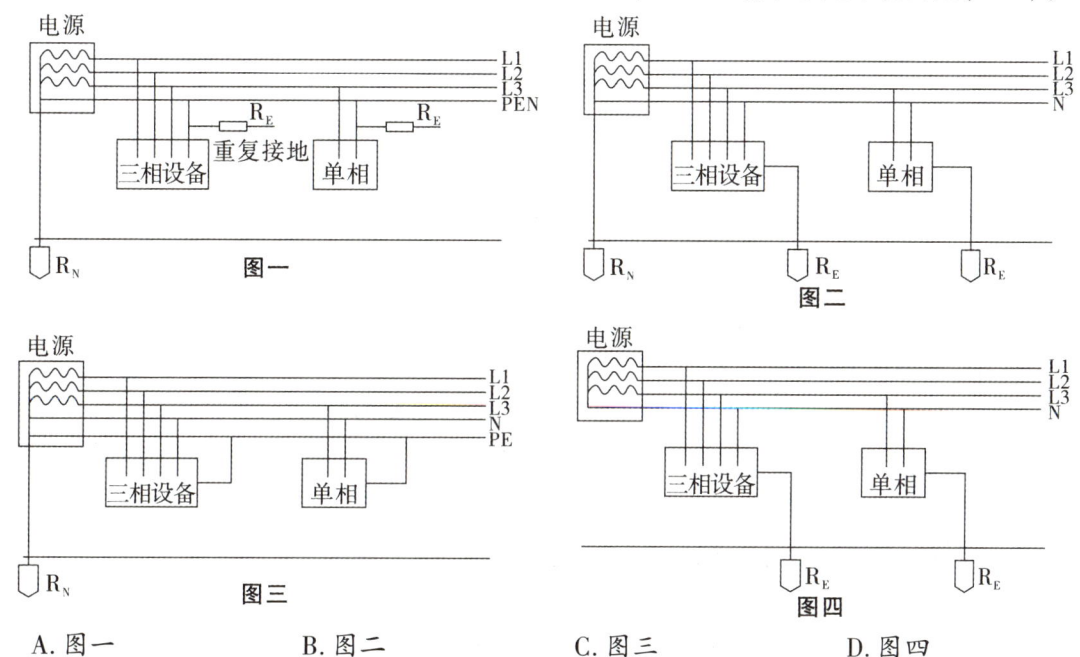

A. 图一　　　B. 图二　　　C. 图三　　　D. 图四

2. [2021·单选] 保护导体分为人工保护导体和自然保护导体。下列关于保护导体的说法,错误的是(　　)。

A. 低压系统中允许利用不流经可燃液体或气体的金属管道作为自然保护导体

B. 多芯电缆的芯线、与相线同一护套内的绝缘线可作为人工保护导体

C. 交流电气设备应优先利用建筑物的金属结构作为自然保护导体

D. 交流电气设备应优先利用起重机的轨道作为人工保护导体

3. [2021·单选] 电力线路的安全条件包括导电能力、力学强度、绝缘和间距、导线连接、线路防护和过电流保护、线路管理。下列针对导线连接安全条件的要求中,正确的是(　　)。

A. 导线连接处的力学强度不得低于原导线力学强度的 60%

B. 导线连接处的绝缘强度不得低于原导线绝缘强度的 80%

C. 铜导线与铝导线之间的连接应尽量采用铜-铝过渡接头

D. 接头部位电阻不得小于原导线电阻的 120%

4. [2021·单选] 接地保护是防止间接接触电击的基本技术措施。下列关于接地保护系统的说法,错误的是(　　)。

A. IT 系统适用于各种不接地配电网

B. TT 系统适用于三角形连接的低压中性点直接接地的配电网

C. TT 系统适用于星形连接的低压中性点直接接地的配电网

D. TT 系统中装设能自动切断漏电故障线路的漏电保护装置

5. ［2021·单选］接地装置是接地体和接地线的总称。运行中电气设备的接地装置应当始终保持良好状态。下列关于接地装置要求的说法，正确的是（　　）。

A. 埋设在地下的各种金属管道均可用作自然接地体

B. 自然接地体至少应有两根导体在不同地点与接地网相连

C. 管道保温层的金属外皮、金属网以及电缆的金属护层可用作接地线

D. 接地体顶端应埋入地表面下，深度不应小于 0.4m

6. ［2020·单选］电气设备在运行中，接地装置应始终保持良好状态，接地装置包括接地体和接地线。下列关于接地装置连接的说法，正确的是（　　）。

A. 有伸缩缝的建筑物的钢结构可直接作接地线

B. 接地装置地下部分的连接应采用搭焊

C. 接地线与管道的连接可采用镀铜件螺纹连接

D. 接地线的连接处有振动隐患时应采用螺纹连接

7. ［2020·单选］保护导体旨在防止间接接触电击，包括保护接地线、保护接零线和等电位联结线。下列关于保护导体应用的说法，正确的是（　　）。

A. 保护导体干线必须与电源中性点和接地体相连

B. 低压电气系统中可利用输送可燃液体的金属管道作保护导体

C. 保护导体干线应通过一条连接线与接地体连接

D. 电缆线路不得利用其专用保护芯线和金属包皮作保护接零线

8. ［2020·单选］安全电压既能防止间接接触电击，也能防止直接接触电击。安全电压通过采用安全电源和回路配置来实现。下列实现安全电压的技术措施中，正确的是（　　）。

A. 安全电压回路应与保护接地或保护接零线连接

B. 安全电压设备的插座应具有接地保护的功能

C. 安全隔离变压器二次边不需装设短路保护元件

D. 采用安全隔离变压器作为特低电压的电源

9. ［2020·单选］电力线路安全条件包括导电能力、力学强度、绝缘、间距、导线连接、线路防护和过电流保护、线路管理等。下列关于电力线路安全条件的说法，正确的是（　　）。

A. 导线连接处的绝缘强度不得低于原导线的绝缘强度的 90%

B. 电力线路的过电流保护专指过载保护，不包括短路保护

C. 线路导线太细将导致其阻抗过大，受电端得不到足够的电压

D. 导线连接处的电阻不得大于原导线电阻的 2 倍

10. ［2019·单选］接地装置是接地体和接地线的总称。运行中的电气设备的接地装置应当始终保持在良好状态。下列关于接地装置技术要求的说法，正确的是（　　）。

A. 自然接地体应有三根以上导体在不同地点与接地网相连

B.当自然接地体的接地电阻符合要求时,可不敷设人工接地体
C.三相交流电网的接地装置采用角钢作接地体时,埋在地下部分应不小于6mm
D.为了减小自然因素对接地电阻的影响,接地体上端离地面深度不应小于0.1m

考点 5　兼防触电防护——漏电保护和特低电压

1.[2023·单选] 为了提高电气设备与大地之间的绝缘强度,电气设备所处环境的地板、墙壁均采用不导电材料,从而形成不导电环境。下列关于不导电环境安全要求的说法中,正确的是(　　)。

A.不导电场应设置保护接零线或保护接地线
B.不导电环境应有防止场所内高电位引出场所外的措施
C.不导电环境中的地板或墙壁的电阻均应低于阈值
D.不导电场所应保持干燥环境以保证永久不导电特征

2.[2021·单选] 特低电压是在一定条件下、一定时间内不危及生命安全的电压,既能防止间接接触电击,也能防止直接接触电击。按照触电防护方式分类,由特低电压供电的设备属于(　　)。

A.0类设备 B.Ⅰ类设备
C.Ⅱ类设备 D.Ⅲ类设备

3.[2019·单选] 漏电保护装置主要用于防止间接接触电击和直接接触电击。下列关于装设漏电保护装置要求的说法,正确的是(　　)。

A.使用特低电压供电的电气设备,应安装漏电保护装置
B.医院中可能直接接触人体的电气医用设备,应装设漏电保护装置
C.一般环境条件下使用Ⅲ类移动式电气设备,应装设漏电保护装置
D.隔离变压器且二次侧为不接地系统供电的电气设备,应装设漏电保护装置

4.[2020·多选] 漏电保护装置主要用于防止间接接触电击和直接接触电击,也可用于防止漏电火灾及监视单相接地故障。下列关于漏电保护装置使用场合的说法,正确的有(　　)。

A.中灵敏度漏电保护装置,可用于防止漏电火灾
B.高灵敏度漏电保护装置,可用于防止触电事故
C.低灵敏度漏电保护装置,可用于监视单相接地故障
D.报警式漏电保护装置,可用于消防水泵的电源
E.定时限型漏电保护装置,可用于应急照明电源

考点 6　危险物质分类

1.[2021·单选] 爆炸性粉尘环境的危险区域划分,应根据爆炸性粉尘量、释放率、浓度和其他特性,以及同类企业相似厂房的实践经验等确定。下列对面粉生产车间爆炸性粉尘环境的分区,错误的是(　　)。

A.筛面机容器内为20区 B.取样点周围区为22区
C.面粉灌袋出口为22区 D.旋转吸尘器内为20区

2. [2020·多选] 释放源是划分爆炸危险区域的基础,通风情况是划分爆炸危险区域的重要因素,因此,划分爆炸危险区域时应综合考虑释放源和通风条件。下列关于爆炸危险区分原则的说法,正确的有(　　)。

A. 局部机械通风不能降低爆炸危险区域等级
B. 存在连续级释放源的区域可划分为1区
C. 存在第一级释放源的区域可划分为2区
D. 在凹坑处,应局部提高爆炸危险区域等级
E. 如通风良好,可降低爆炸危险区域等级

考点 7　点火源分类

1. [2021·单选] 电气装置运行中产生的危险温度会形成事故的引燃源,造成危险温度的原因有:短路、接触不良、过载、铁芯过热、漏电、散热不良、机械故障、电压过高或过低等。下列造成危险温度的故障中,属于机械故障造成的是(　　)。

A. 电气设备的散热油管堵塞
B. 运行中的电气设备的通风道堵塞
C. 交流异步电动机转子被卡死或者轴承损坏、缺油
D. 电动机、变压器等电气设备的铁芯通电后过热

2. [2021·单选] 电火花是电极之间的击穿放电呈现出的现象,其电弧温度高达8000℃,能使金属熔化、飞溅,构成二次引燃源。电火花可分为工作火花和事故火花。下列电火花中,属于事故火花的是(　　)。

A. 熔丝熔断时产生的火花　　B. 开关开合时产生的火花
C. 电源插头拔出时产生的火花　　D. 手持电钻碳刷产生的火花

3. [2021·单选] 电气线路短路、过载、电压异常等会引起电气设备异常运行,发热量增加,温度升高,乃至产生危险温度,构成电气引燃源。下列关于电压异常造成危险温度的说法,正确的是(　　)。

A. 对于恒定电阻负载,电压过高,工作电流增大,发热增加,可能导致危险温度
B. 对于恒定功率负载,电压过低,工作电流变小,发热增加,可能导致危险温度
C. 对于恒定功率负载,电压过高,工作电流变大,发热增加,可能导致危险温度
D. 对于恒定电阻负载,电压过低,工作电流变小,发热增加,可能导致危险温度

4. [2020·单选] 电气电极之间的击穿放电可产生电火花,大量电火花汇集起来即构成电弧。下列关于电火花和电弧的说法,正确的是(　　)。

A. 电火花和电弧只能引起可燃物燃烧,不能使金属熔化
B. 电气设备正常操作过程中不会产生电火花,更不会产生电弧
C. 静电火花和电磁感应火花属于外部原因产生的事故火花
D. 绕线式异步电动机的电刷与滑环的滑动接触处产生的火花属于事故火花

5. [2021·多选] 爆炸危险区域的等级应根据释放源的级别和位置、易燃物质的性质、通风条件、障碍物及生产条件、运行经验综合确定。下列关于爆炸危险区域等级及范围的划分，正确的有( )。

   A. 存在连续级释放源的区域可划分为0区

   B. 区域通风良好，可降低爆炸危险区域等级

   C. 在障碍物、凹坑和死角处，应局部提高爆炸危险区域等级

   D. 区域采用局部机械通风，可降低整个爆炸危险区域等级

   E. 利用墙限制比空气重的爆炸性气体混合物扩散，可缩小爆炸危险区域范围

考点 8　雷电与静电

1. [2022·单选] 工艺过程中产生的静电可能引起各种危害，对静电的安全防护，必须掌握静电特效产生原因、有效降低静电危害。下列关于静电危害的说法，正确的是( )。

   A. 静电能量小不易发生放电　　B. 静电不会干扰无线电设备

   C. 静电电击会直接致人死亡　　D. 静电可能影响生产或产品质量

2. [2021·单选] 雷电可破坏电气设备或电力线路，易造成大面积停电、火灾等事故。下列雷电事故中，不属于雷电造成电气设备或电力线路破坏事故的是( )。

   A. 直击雷落在变压器电源侧线路上造成变压器爆炸起火

   B. 直击雷落在超高压输电线路上造成大面积停电

   C. 球雷侵入棉花仓库造成火灾烧毁库里所有电器

   D. 雷电击毁高压线绝缘子造成短路引起大火

3. [2021·单选] 建筑物防雷分类按其火灾和爆炸的危险性、人身伤亡的危险性、政治经济价值分为三类。下列关于建筑物防雷分类的说法，错误的是( )。

   A. 具有0区爆炸危险场所的建筑物是第一类防雷建筑物

   B. 国家级重点文物保护建筑物是第一类防雷建筑物

   C. 国际特级和甲级大型体育馆是第二类防雷建筑物

   D. 省级重点文物保护建筑物是第三类防雷建筑物

4. [2020·单选] 电气设备运行过程中，可能产生静电积累，应对电气设备采取有效的静电防护措施。下列关于静电防护措施的说法，正确的是( )。

   A. 用非导电性工具可有效泄放接触-分离静电

   B. 接地措施可以从根本上消除感应静电

   C. 增湿措施不宜用于消除高温绝缘体上的静电

   D. 静电消除器主要用来消除导体上的静电

5. [2019·单选] 工艺过程中产生的静电可能引起爆炸和火灾，也可能给人以电击，还可能妨碍生产。下列燃爆事故中，属于静电因素引起的是( )。

   A. 实验员小王忘记关氢气阀门，当他取出金属钠放在水中时产生火花发生燃爆

   B. 实验员小李忘记关氢气阀门，当他在操作台给特钢做耐磨试验过程中发生燃爆

C. 驾驶员小张跑长途用塑料桶盛装汽油备用,当他开到半路给汽车加油瞬间发生燃爆

D. 维修工小赵未按规定穿防静电服维修天然气阀门,当他用榔头敲击钎子瞬间发生燃爆

6. [2021·多选] 静电防护的主要措施有环境危险程度控制、工艺控制、接地、增湿、加入抗静电添加剂、采用静电消除器等。下列关于静电防护措施的说法,正确的有( )。

A. 接地的主要作用是消除导体上的静电

B. 采用接地措施,可以消除感应静电的全部危险

C. 增湿的方法不宜用于消除高温绝缘体上的静电

D. 高绝缘材料中加入抗静电添加剂,可加速静电释放

E. 静电消除器主要用来消除导体上的静电

7. [2021·多选] 在工业生产和日常生活中,受材质、工艺设备、工艺参数和环境条件等因素的影响,会产生和积累大量静电,对生产生活造成较大危害。下列关于静电危害的说法,正确的有( )。

A. 在爆炸性混合物场所静电积累可能产生静电火花引起爆炸或火灾

B. 带静电的人体接近接地导体时可能发生火花放电,是爆炸或火灾的因素

C. 接地的人体接近带静电物体时不会发生火花放电,但会伤害人体

D. 生产过程中积累的静电放电造成的瞬间冲击性电击可能致人死亡

E. 生产过程中产生的静电可能妨碍生产或降低产品质量

8. [2020·多选] 建筑物的防雷分类按其火灾和爆炸的危险性、人身伤害的危险性、政治经济价值可分为第一类防雷建筑物、第二类防雷建筑物、第三类防雷建筑物。下列关于建筑物防雷分类的说法,正确的有( )。

A. 具有0区爆炸危险场所的建筑物,是第一类防雷建筑物

B. 有爆炸危险的露天气罐和油罐,是第二类防雷建筑物

C. 省级档案馆,是第三类防雷建筑物

D. 大型国际机场航站楼,是第一类防雷建筑物

E. 具有2区爆炸危险场所的建筑物,是第三类防雷建筑物

9. [2020·多选] 生产过程中产生的静电可能引起火灾爆炸、电击伤害、妨碍生产。其中,火灾爆炸是最大的危害。下列关于静电危害的说法,正确的有( )。

A. 人体接近接地导体,会发生火花放电,导致爆炸和火灾

B. 静电能量虽然不大,但因其电压很高而容易发生放电

C. 生产过程中积累的静电发生电击可使人致命

D. 带静电的人体接近接地导体时可能发生电击

E. 生产过程中产生的静电,可能降低产品质量

考点 9 电气装置安全技术

1. [2023·单选] 热继电器和熔断器通过自身动作或熔断达到保护电气设备安全的目的。下列关于热继电器或熔断器的功能、原理及使用情形的说法中,正确的是( )。

A. 热继电器仅能用于电气设备的短路保护

B. 热继电器的保护作用基于电流的热效应

C. 熔断器是将易熔元件并联在电气线路上

D. 熔断器可用于有冲击电流线路的过载保护

2. [2023·单选] 高压断路器和高压负荷开关是断开变压器高压侧电源的重要电器。下列关于使用高压断路器和高压负荷开关的说法中,错误的是(　　)。

A. 倒闸时先拉开隔离开关再拉开断路器

B. 高压断路器与高压隔离开关串联使用

C. 高压负荷开关必须串联有高压熔断器

D. 跌开式熔断器可用来操作空载变压器

3. [2023·多选] 手持电动工具和移动式电气设备如检查或使用不当存在触电风险。下列关于手持电动工具和移动式电气设备安全要求的说法中,正确的有(　　)。

A. 移动式电气设备保护线应单独敷设

B. 在金属容器内应使用Ⅱ类设备

C. Ⅰ类设备应采用保护接地或保护接零

D. 在TN-S系统中不得由隔离变压器供电

E. 单相设备的相线和中性线上都应装有熔断器

专题必刷

专题 1　电气事故及危害

建议用时 34′　　答案 P177

一、单项选择题

1. 保护装置在触电防护中使用非常普遍,漏电保护装置主要用于防止直接接触电击和间接接触电击。下列关于剩余电流动作保护器动作跳闸的说法,错误的是(　　)。

A. 手电钻漏电导致剩余电流动作保护器动作跳闸,属于直接接触电击跳闸

B. 电吹风漏电导致剩余电流动作保护器动作跳闸,属于间接接触电击跳闸

C. 手指触碰配电箱接线柱导致剩余电流动作保护器动作跳闸,属于直接接触电击跳闸

D. 手指误塞入插座导致剩余电流动作保护器动作跳闸,属于直接接触电击跳闸

2. 按照人体触及带电体的方式和电流流过人体的途径,电击可分为单线电击、两线电击和跨步电压电击。下列人员的行为中,可能发生跨步电压电击的是(　　)。

A. 甲站在泥地里,左手和右脚同时接触带电体

B. 乙左右手同时触及不同电位的两导体

C. 丙在打雷下雨时跑向大树下面避雨

D. 丁站在水泥地面上,身体某一部位触及带电体

3. 电流对人体的作用事先没有任何预兆,伤害往往发生在瞬息之间,而且,人体一旦遭到电击后,防卫能力迅速降低。下列关于电流对人体伤害的说法,正确的是(　　)。

   A. 小电流给人以不同程度的刺激,但人体组织不会发生变异

   B. 电流除对机体直接起作用外,还可能对中枢神经系统起作用

   C. 数百毫安的电流通过人体时,使人致命的原因是引起呼吸麻痹

   D. 发生心室纤维性颤动时,心脏每分钟颤动上万次

4. 触电事故是由电流形态的能量造成的事故,触电事故分为电击和电伤。其中,电击按照人体触及带电体的方式和电流流过人体的途径,分为多种形式。下列关于电击事故的说法,正确的是(　　)。

   A. 单线电击是人体在导电性地面或接地导体上,人体某一部位触及带电导体时,由接触电压造成的电击

   B. 两线电击是在接地状态下的人体某2个部位同时触及不同电位的2个导体时,由接触电压造成的电击

   C. 跨步电压电击是人体在带电区域走路时,身体遭受的电击

   D. 跨步电压电击是发生最多的触电事故

5. 人体阻抗是由皮肤、血液、肌肉、细胞组织及其结合部所组成的,是含有电阻和电容的阻抗。下列关于人体阻抗的说法,错误的是(　　)。

   A. 人体阻抗与个体特征有关

   B. 在干燥条件下,当接触电压在100~220V范围内时,人体阻抗大致上在2000~3000Ω

   C. 随着接触电压升高,人体阻抗急剧降低

   D. 温度升高时,人体阻抗也会升高

6. 人体与带电体接触,电流通过人体时,因电能转换成的热能引起的伤害被称为(　　)。

   A. 机械损伤　　　　　　　　　　B. 电流灼伤

   C. 电弧　　　　　　　　　　　　D. 电烙印

7. 2023年2月,河南省某市市郊发生一起触电事故。事故经过为某市郊区高压输电线路由于损坏被大风刮断,线路一端掉落在地面上。某日清晨附近有6名中学生上学路过此处,出于好奇,其中2名学生欲上前观察情况,在距离高压线仍有4m距离的地方,这2名中学生突然触电,倒地死亡。此次事故为(　　)。

   A. 直接接触电击　　　　　　　　B. 间接接触电击

   C. 跨步电压电击　　　　　　　　D. 单线触电

8. 按照发生电击时电气设备的状态,电击分为直接接触电击和间接接触电击。下列触电导致人遭到电击的状态中,属于直接接触电击的是(　　)。

   A. 带金属防护网外壳的排风机漏电,工作人员触碰到排风机防护网而遭到电击

   B. 电动机线路短路漏电,工作人员触碰电动机时触电

C. 泳池漏电保护器损坏,游客游泳过程中遭到电击

D. 工作人员在起重臂上操作,起重机吊臂碰到380V架空线,挂钩工人遭到电击

9. 对于工频电流,人的感知电流为0.5~1mA、摆脱电流为5~10mA、室颤电流约为50mA。某事故现场如下图所示,电动机接地装置的接地电阻为2Ω;该电动机漏电,流过其接地装置的电流为5A;地面十分潮湿。如果电阻为1000Ω的人站在地面接触该电动机,最有可能发生的情况是(　　)。

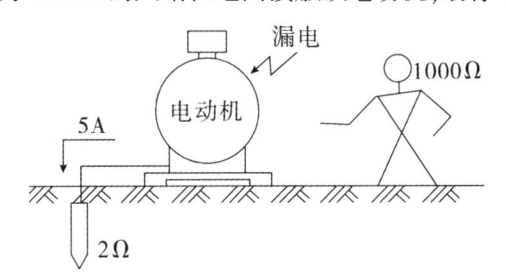

A. 引起此人发生心室纤维性颤动　　B. 使此人不能脱离带电体

C. 使此人有电击感觉　　D. 使此人受到严重烧伤

10. 按照电流转换成作用于人体的能量的不同形式,电伤分为电弧烧伤、电流灼伤、皮肤金属化、电烙印、电气机械性伤害、电光眼等伤害。下列关于电伤的说法,正确的是(　　)。

A. 一般情况下,高压电弧会造成严重烧伤,低压电弧只会造成轻微烧伤

B. 电流灼伤是电流通过人体由电能转换成热能造成的伤害,是最危险的电伤

C. 电流越大、通电时间越长、电流途径上的电阻越小,电流灼伤越严重

D. 电光眼是发生弧光放电时,由红外线、可见光、紫外线对眼睛的伤害

11. 员工甲擅自登上正在进行特高压试验的列车顶部,当走到受电弓处,弯腰穿越输电线路时,线路放电导致其触电受伤。甲受到的触电方式是(　　)。

A. 单线电击　　B. 两线电击　　C. 电流灼伤　　D. 电弧烧伤

12. 下图是某工地一起特大触电事故的描述图片。20余名工人抬着瞭望塔经过10kV架空线下方时发生强烈放电,导致多人触电死亡。按照触电事故的类型,该起触电事故属于(　　)。

A. 低压直接接触电击

B. 高压直接接触电击

C. 高压间接接触电击

D. 低压间接接触电击

二、多项选择题

1. 电击分为直接接触电击和间接接触电击,直接接触电击是指电气设备在正常运行条件下,人体直接触及了设备的带电部分所形成的电击。下列说法中,属于直接接触电击的有(　　)。

A. 打开电动机的绝缘外壳,使用非绝缘螺钉旋具维修带电电动机导致触电

B. 高压电线断裂掉落到路边的起重机上,导致车上休息的起重机驾驶员触电

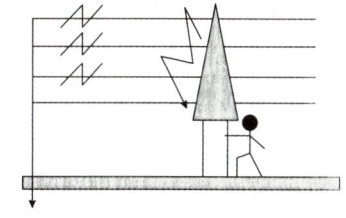

C. 电动机接线盒盖脱落,手持金属工具碰到接线盒内的接线端子

D. 电风扇漏电,手背直接碰到电风扇的金属保护罩

E. 检修工人手持电工刀割带电的导线

2. 触电事故分为电击和电伤,电击是电流直接作用于人体所造成的伤害;电伤是电流转换成热能、机械能等其他形式的能量作用于人体造成的伤害。人触电时,可能同时遭到电击和电伤。电击的主要特征有(   )。

A. 受伤严重程度和人体自身情况有密切关系

B. 主要伤害人的皮肤和肌肉

C. 人体表面受伤后留有大面积明显的痕迹

D. 受伤害的严重程度与电流的种类有关

E. 受伤害程度与电流的大小有关

3. 下列属于防止间接接触电击的安全措施的有(   )。

A. 接地   B. 接零

C. 绝缘   D. 屏护

E. 等电位联结

4. 电击分为直接接触电击和间接接触电击,针对这两类电击应采取不同的安全技术措施。下列技术措施中,对预防直接接触电击有效的有(   )。

A. 应用安全电压的设备(Ⅲ类设备)   B. 应用加强绝缘的设备(Ⅱ类设备)

C. 将电气设备的金属外壳接地   D. 与带电体保持安全距离

E. 将带电体屏蔽起来

5. 电伤是指电对人体外部造成局部伤害,即由电流的热效应、化学效应、机械效应对人体外部组织或器官的伤害,如电灼伤、皮肤金属化、电烙印等。下列关于电伤情景及电伤类别的说法,正确的有(   )。

A. 吴某在检修时发生了相间短路,产生弧光放电,熔化了的炽热金属飞溅出来造成的烫伤属于皮肤金属化

B. 赵某在检修时手部误触裸导线,手部与导线接触的部位留下的永久性瘢痕属于电弧烧伤

C. 钱某在检修时发生了相间短路,产生的电弧使金属熔化、汽化,金属微粒渗入皮肤造成的伤害属于皮肤金属化

D. 李某在检修时手部误触裸导线,手臂出现应激反应弹开撞到铁架子导致骨折属于电气机械性伤害

E. 周某在焊接钢筋笼时被电焊的光闪到眼睛感到有剧烈的异物感和疼痛,流泪和睁不开眼属于电光眼

专题 2　触电防护技术

建议用时 56′　　答案 P178

一、单项选择题

1. 当绝缘体受潮或受到过高的温度、过高的电压时,可能完全失去绝缘能力而导电,称为绝缘击穿或绝缘破坏。下列关于绝缘击穿的说法中,正确的是(　　)。

   A. 气体击穿是碰撞电离导致的电击穿,击穿后绝缘性能不可恢复

   B. 液体绝缘的击穿特性与其纯净度有关,纯净液体击穿也是电击穿,密度越大越难击穿

   C. 液体绝缘击穿后,绝缘性能能够很快完全恢复

   D. 固体绝缘击穿后只能在一定程度上恢复其绝缘性能

2. 绝缘材料性能有电性能、热性能、力学性能、化学性能、吸潮性能、抗生物性能等多项性能指标。下列关于电性能的说法,错误的是(　　)。

   A. 介电常数越大,极化过程越慢

   B. 绝缘物受潮后绝缘电阻降低

   C. 随着使用时间延长,力学性能将逐渐降低

   D. 有机绝缘材料的耐弧性能优于无机绝缘材料的耐弧性能

3. 不导电环境是指地板和墙都用不导电材料制成,即大大地提高了绝缘水平的环境。下列关于不导电环境的要求,错误的是(　　)。

   A. 环境中有防止场所内高电位引出场所外和低电位引入场所内的措施

   B. 为保持不导电特征,场所内应采取保护接地或接零

   C. 环境具有永久性特征,场所不会因为受潮而失去不导电性能

   D. 环境应能防止人体在绝缘损坏后同时触及不同电位的导体

4. 当绝缘体受潮或受到过高的温度、过高的电压时,可能完全失去绝缘能力而导电,称为绝缘击穿或绝缘破坏。下列关于绝缘击穿的说法,正确的是(　　)。

   A. 液体绝缘的击穿特性与其纯净度无关

   B. 气体击穿后绝缘性能不可恢复

   C. 液体绝缘击穿后,绝缘性能能够很快完全恢复

   D. 固体电击穿的特点是作用时间短、击穿电压高

5. 延时型只能用于动作电流 30mA 以上的漏电保护装置,其动作时间不可选用(　　)s。

   A. 0.2　　　　B. 0.5　　　　C. 0.8　　　　D. 2.0

6. 固定式屏护装置所用材料应有足够的力学强度和良好的耐燃性能。屏护装置须符合一些安全条件。其中,遮栏下部边缘离地面高度不应大于(　　)m。

   A. 0.05　　　B. 0.10　　　C. 0.50　　　D. 1.00

7. 当设备某相带电体碰连设备外壳(外露导电部分)时,设备外壳形成短路,短路电流促使线路上的短路保护迅速动作,从而将故障部分断开电源,消除电击危险。这种保护模式称为接零保护,下列关于接零保护的说法,错误的是(　　)。

   A. 除非接地的设备装有快速切断故障的自动保护装置,不得在 TN 系统中混用 TT 方式

   B. 如移动式电气设备电压 220V 者故障持续时间超过 0.4s,应采取等电位联结措施

   C. 接零系统的等电位联结措施不可以做到将故障电压限制在许可范围之内

   D. TN-S 系统可用于有爆炸危险,或火灾危险性较大的场所

8. 屏护是采用护罩、护盖、栅栏、箱体、遮栏等将带电体同外界隔绝开来。下列关于屏护的安全条件的说法,错误的是(　　)。

   A. 遮栏高度不应小于 1.7m　　　　　　B. 遮栏下部边缘离地面高度不应大于 1m

   C. 户内栅栏高度不应小于 1.2m　　　　D. 户外栅栏高度不应小于 1.5m

9. 保护接地的做法是将电气设备故障情况下可能呈现危险电压的金属部位经接地线、接地体同大地紧密地连接起来。下列关于保护接地的说法,正确的是(　　)。

   A. 保护接地能够将故障电压限制在安全范围内

   B. 保护接地能够消除电气设备的漏电状态

   C. IT 系统中的 I 表示设备外壳接地,T 表示配电网不接地

   D. 煤矿井下低压配电网不适用保护接地

10. 间接接触触电的防护措施有保护接地和保护接零。根据接地保护的方位和方式不一样,系统分为 IT 系统、TT 系统、TN 系统,下列说法正确的是(　　)。

    A. IT 系统通过低电阻接地,把故障电压限制在安全范围以内

    B. TN 系统须装设剩余电流动作保护装置

    C. TN 系统的原理是通过中性点接地

    D. TT 系统的原理是通过单相短路促使线路上的短路保护迅速动作

11. 保护导体包括保护接地线、保护接零线和等电位联结线。下列关于对保护导体截面面积要求的说法,正确的是(　　)。

    A. 没有机械防护的 PE 线截面面积不得小于 10.0mm^2

    B. 有机械防护的 PE 线截面面积不得小于 2.5mm^2

    C. 铜质 PEN 线截面面积不得小于 16.0mm^2

    D. 铝质 PEN 线截面面积不得小于 25.0mm^2

12. 采用不同的接地、接零保护方式的配电系统,属于间接接触电击防护措施。下列关于这三种系统的说法,正确的是(　　)。

    A. 除非接地的设备装有快速切断故障自动保护装置,否则不得在 TN 系统中混用 TT 方式

    B. TT 系统必须安装电流保护装置,并且优先选择过电流保护器

    C. TN 系统能把设备故障电压限制在安全范围内

    D. IT 系统能够通过接地小电阻将故障部分断开电源,消除电击危险

13. 保护接零系统就是 TN 系统。TN 系统中的字母 N 表示电气设备在正常情况下不带电的金属部分与配电网中性点(N 点)之间做金属性连接,也即与配电网保护零线(保护导体)的直接连接。下列关于 TN 系统的说法,错误的是(　　)。

    A. TN-C-S 是保护零线与中性线完全分开的系统

    B. TN-C 系统是干线部分保护零线与中性线完全共用的系统

    C. TN-S 系统适合有爆炸危险、火灾危险及其他安全要求高的场所

    D. TN-C 系统适合触电危险性小、用电设备简单的场合

14. 保护接零系统中要求有合格的工作接地和合格的保护导体面积。下列关于保护接零系统中接地装置和保护导体的说法,正确的是(　　)。

    A. 电气线路宜在有爆炸危险的建(构)筑物的墙内敷设

    B. 爆炸危险环境应优先采用铝线

    C. 接地装置与公路交叉口可能受到损伤处应穿管或用角钢保护

    D. 接地导体与独立避雷针之间的距离小于1m,离建筑物的距离等于1m

15. 有保护作用的 PEN 线上均不得安装(　　)。

    A. 高压负荷开关和变压器　　　　　B. 单极开关和熔断器

    C. 熔断器和继电器　　　　　　　　D. 单极开关和继电器

16. 安全电压是在一定条件下、一定时间内不危及生命安全的电压。我国标准规定的工频安全电压等级有 42V、36V、24V、12V 和 6V(有效值)。不同的用电环境、不同种类的用电设备应选用不同的安全电压。金属容器内、特别潮湿处等特别危险环境中使用的手持照明灯应为(　　)V。

    A. 12　　　　　B. 24　　　　　C. 36　　　　　D. 42

17. Ⅱ类设备的绝缘电阻在直流电压为 500V 的条件下测试,其包括的内容中,错误的是(　　)。

    A. 工作绝缘的绝缘电阻不得低于2MΩ

    B. 保护绝缘的绝缘电阻不得低于5MΩ

    C. 加强绝缘的绝缘电阻不得低于7MΩ

    D. 双重绝缘的绝缘电阻不得低于10MΩ

18. 额定剩余动作电流是制造厂对剩余电流保护装置规定的剩余动作电流,在该电流时,剩余电流动作保护装置在规定的条件下动作,该值反映了剩余电流动作保护装置的灵敏度。下列额定剩余动作电流中能够防止触电事故发生的是(　　)。

    A. 100mA　　　B. 0.08A　　　C. 0.3A　　　D. 30mA

19. 采用不同的接地、接零保护方式的配电系统,如 IT 系统(保护接地)、TT 系统和 TN 系统(保护接零),属于间接接触电击防护措施,下列关于上述三种系统的说法,正确的是(　　)。

    A. IT 系统能够将故障电压限制在安全范围内但漏电状态并未消失,故只有在采用其他防止间接接触电击的措施有困难的条件下才考虑采用 IT 系统

B. TN 系统能够将漏电设备上的故障电压降低到安全范围内,并利用短路保护装置能够将故障设备的电源断开,消除电击危险

C. IT 系统、TT 系统和 TN 系统的供电回路中,均应强制设置短路保护装置,切断故障回路

D. IT 系统、TT 系统和 TN 系统的供电回路中,均应强制设置漏电保护装置,切断故障回路

20. 接地保护和接零保护都是防止间接接触电击的基本技术措施。这两种技术措施还与低压系统的防火性能有关。下列有关接地保护和接零保护的说法,正确的是(　　)。

A. 只有在接地配电网中,由于单相接地电流较小,才有可能通过保护接地把漏电设备故障对地电压限制在安全范围之内

B. 在 TT 系统中应优先装设能自动切断漏电故障的过电流保护装置

C. 保护接零系统的原理是当设备外壳漏电时,线路上的短路保护迅速动作,将故障部分断开电源,消除电击危险

D. 一般情况下,保护接零能将漏电设备对地电压限制在某一安全范围内

21. 保护接地的做法是将电气设备故障情况下可能呈现危险电压的金属部位经接地线、接地体同大地紧密的连接起来。下列关于保护接地的做法,正确的是(　　)。

A. 只有在不接地配电网中,由于单相接地电流较小,才有可能通过保护接地把漏电设备故障电压限制在安全范围以内

B. 保护接地强制要求设置漏电保护装置,消除电气设备漏电状态

C. 保护接地适用于接地配电网,利用设备外壳的低电阻接地将故障电压限定在安全范围之内

D. 保护接地不应设置短路保护装置,应保障短路状态下设备的持续供电

22. Ⅱ类设备是带有双重绝缘结构和加强绝缘结构的设备。市售手持电动工具基本上都是Ⅱ类设备。Ⅱ类设备不需要采取接地或接零措施,其电源线插头没有接地插销。为便于识别,铭牌上表明Ⅱ类设备的标志是(　　)。

A. ⊓_ B. ▢
C. ～ D. ≈

二、多项选择题

1. 电气设备的绝缘应符合(　　)的要求。

A. 电压等级 B. 电流大小
C. 环境条件 D. 使用条件
E. 价格高低

2. 绝缘材料的性能决定了该材料被击穿的可能性。下列关于绝缘材料性能和绝缘材料击穿特性的说法中,错误的有(　　)。

A. 介电常数是表明绝缘极化特征的性能参数,介电常数越大,材料的极化过程越慢

B. 材料的耐弧性能是热性能的一项重要指标,一般无机物的耐弧性能要大于有机物

C. 固体击穿中的电击穿,作用时间短、击穿电压高;热击穿电压作用时间长,电压较低

D. 气体击穿是碰撞电离导致的电击穿,击穿后绝缘性能将无法恢复

E. 液体被击穿后,绝缘性能将完全无法恢复

3. 重复接地是指 PE 线或 PEN 线上除工作接地以外其他点的再次接地。下列属于重复接地的作用的有(　　)。

   A. 减轻零线断开或接触不良时电击的危险性

   B. 降低漏电设备的对地电压

   C. 通过短路电流提供线路保护

   D. 缩短漏电故障持续时间

   E. 改善架空线路的防雷性能

4. 绝缘是用绝缘物把带电体封闭起来,绝缘材料包括固体绝缘材料、液体绝缘材料和气体绝缘材料,绝缘材料有多项性能指标,受到电气、高温、潮湿、机械、化学、生物等因素的作用时绝缘性能均可能遭到破坏,下列说法中正确的有(　　)。

   A. 绝缘材料的热性能包括耐热性能、耐弧性能、阻燃性能、软化温度和黏度

   B. 材料恰好能保持燃烧状态所需要的最高氧浓度用氧指数表示,故在不考虑材料成本的前提下,绝缘材料的氧指数越高阻燃性能越好

   C. 气体绝缘击穿是由碰撞电离导致的电击穿,气体击穿后绝缘性能会很快恢复

   D. 液体绝缘的击穿特性与其纯净程度有关,杂质和电解质越多越难以被击穿

   E. 耐弧性能是指接触电弧表面抗碳化的能力,有机绝缘材料的耐弧性能优于无机绝缘材料的耐弧性能

5. 保护接零(TN 系统)中,N 表示电气设备在正常情况下不带电的金属部分与配电网中性点之间直接连接。以下说法正确的有(　　)。

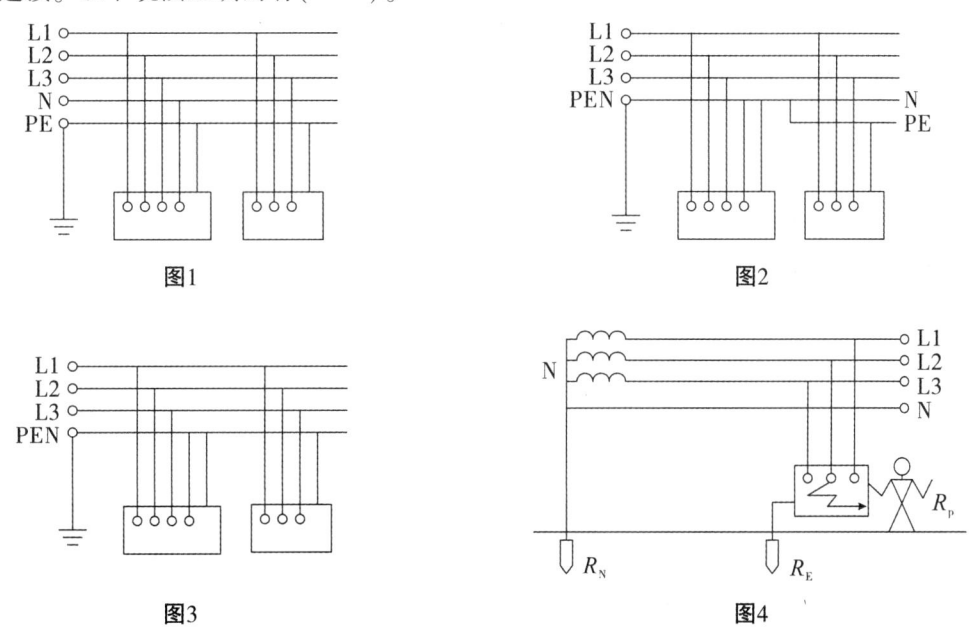

   图1　　图2

   图3　　图4

   A. 图 1 为 TN-S 供电方式,通常适用于有爆炸危险或火灾危险性较大或安全要求较高的场所

   B. 图 2 为 TN-CS 供电方式,通常适用于厂内低压配电的场所及非生产性楼房的消防及安防设备的正常供电

C. 图3为TT供电方式,只有在采用其他防止间接接触电击的措施有困难的条件下才考虑采用TT系统

D. 图4为TT供电方式,只有在采用其他防止间接接触电击的措施有困难的条件下才考虑采用TT系统

E. 图3为TN-C供电方式,用于有爆炸危险,或火灾危险性较大,或安全要求较高的场所

6. 双重绝缘是兼防直接接触电击和间接接触电击的措施。Ⅱ类设备就是靠双重绝缘进行防护的设备。下列关于Ⅱ类设备双重绝缘的说法,错误的有(　　)。

A. 具有双重绝缘的设备,工作绝缘电阻不低于2MΩ,保护绝缘电阻不低于5MΩ

B. Ⅱ类设备在采用双重绝缘的基础上可以再次接地以保证安全

C. Ⅱ类设备在明显位置处必须有"回"形标志

D. 潮湿场所及金属构架上工作时,应尽量选择Ⅱ类设备

E. 位于带电体与不可触及金属件之间,用以保证电气设备工作和防止触电的基本绝缘是保护绝缘

专题3　电气防火防爆技术

建议用时 18′　　答案 P180

一、单项选择题

1. 由于不存在100%的效率,电气设备运行时总是要发热的。电气设备稳定运行时,其最高温度和最高温升都不会超过允许范围;当电气设备的正常运行遭到破坏时,发热量增加,温度升高,乃至产生危险温度。电气装置的下列状态中,不能产生危险温度的是(　　)。

A. 荧光灯镇流器散热不良　　　　B. 电气接点接触压力不够

C. 电动机电源电压过高　　　　　D. 18W节能灯连续点亮4h

2. 下列电火花中属于工作火花的是(　　)。

A. 电路发生短路的火花　　　　　B. 线路断开时产生的火花

C. 熔丝熔断时产生的火花　　　　D. 接触器接通和断开线路时产生的火花

3. 根据爆炸性气体混合物出现的频繁程度和持续时间,对危险场所分区,分为0区、1区、2区。固定式储罐液体上方空间属于(　　)区。

A. 3　　　　　　　　　　　　　　B. 2

C. 1　　　　　　　　　　　　　　D. 0

4. 通风条件和释放源的等级综合决定了环境的爆炸危险性。同时,释放源也是划分爆炸危险区域的基础。下列关于爆炸危险区域的划分和释放源的说法,正确的是(　　)。

A. 一级释放源是连续、长时间释放或短时间频繁释放的释放源

B. 包含连续级释放源的区域可划分为0区

C. 二级释放源是正常运行时周期性释放或偶然释放的释放源

D. 包含一级释放源的区域可划分为0区

5. 防爆电器应有具体的标志,并且应设置在设备外部主体部分的明显地方。以 Ex d Ⅱ B T3Gb 为例,下列解释正确的是(　　)。

   A. 表示该设备为隔爆型"d",保护级别为 Gb,用于ⅡB 类 T3 组爆炸性气体环境

   B. 表示该设备为正压型"d",保护级别为ⅡB,用于 Gb 类 T3 组爆炸性气体环境

   C. 表示该设备为隔爆型"d",保护级别为 Gb,用于 DB 类 T3 组爆炸性气体环境

   D. 表示该设备为正压型"d",保护级别为ⅡB,用于 DB 类 T3 组爆炸性气体环境

6. 电气火灾爆炸是由电气引燃源引起的火灾和爆炸。电气引燃源中形成危险温度的原因有短路、过载、漏电、散热不良、机械故障、电压异常、电磁辐射等。下列情形中,属于散热不良形成危险温度的情况是(　　)。

   A. 电动机卡死或轴承损坏造成负载转矩过大

   B. 铁芯短路过热造成温度升高

   C. 电流集中在一点,引起局部过热导致危险温度

   D. 油管堵塞,距离热源太近导致危险温度

7. 某厂进行设备的周期性巡检,检查防爆设备的铭牌,如下图所示。试分析该设备的防爆标识所代表的含义及其适用范围(　　)。

   额定功率:0.55~315kW
   机座号:80~355
   电压与频率:380V 50Hz,
   　　　　　　380V/660V 50Hz
   冷却方式:IC411
   隔爆标志:Ex d ⅡB T4 Gb
   防护等级:IP55
   绝缘系统:F级
   注油装置:机座号为250~355的
   　　　　　电动机标配
   环境温度:-20~40℃
   海拔高度:不超过1000m

   A. 隔爆型,保护级别为 Gb,适用于ⅡB 类 T4 组的爆炸性粉尘环境

   B. 正压型,保护级别为 Gb,适用于 B 类 T4 组的爆炸性气体环境

   C. 保护级别为 Gb,具有"很高"的保护级别,使设备在正常运行过程中、在预期的或者罕见的故障条件下不会成为点燃源

   D. 隔爆型,保护级别为 Gb,适用于ⅡB 类 T4 组的爆炸性气体环境

二、多项选择题

正确划分爆炸危险区域的级别和范围是电气防爆设计的基本依据之一。下列关于爆炸危险区域划分的说法,正确的有(　　)。

   A. 固定顶式油罐内部油面上方的空间应划为爆炸性气体环境0区

   B. 正常运行时偶然释放爆炸性气体的空间可划分为爆炸性气体环境1区

   C. 正常运行时偶尔且只能短时间释放爆炸性气体的空间不划为爆炸性气体环境

D. 良好、有效的通风可降低爆炸性环境的危险等级

E. 爆炸性气体密度大于空间密度时,应提高地沟、凹坑内爆炸性环境的危险等级

专题 4　雷击和静电防护技术

建议用时 22′　　答案 P181

一、单项选择题

1. 防止雷电伤害的方法包括设置防雷装置和人身防雷措施。下列关于防雷装置措施的说法,正确的是(　　)。

   A. 避雷器在正常时处在导通的状态,出现雷击时切断电路,雷电过后又恢复成导通状态

   B. 电涌保护器无冲击波时表现为高阻抗,冲击到来时急剧转变为低阻抗

   C. 防雷接地装置严禁和其他接地装置共用

   D. 第一类防雷建筑物防止二次放电的最小距离不得小于5m

2. 下列属于第一类防雷建筑物的是(　　)。

   A. 国家级的会堂　　　　　　　　　　B. 国际特级和甲级大型体育馆

   C. 有爆炸危险的露天气罐和油罐　　　D. 具有0区、20区爆炸危险场所的建筑物

3. 雷击有电性质、热性质、机械性质等多方面的破坏作用,并产生严重后果,对人的生命、财产构成很大的威胁。下列各种危险,不属于雷击危害的是(　　)。

   A. 二次放电引起的电击事故　　　　　B. 导致变压器断路

   C. 引起火灾和爆炸　　　　　　　　　D. 使人遭受致命电击

4. 静电最为严重的危险是引起爆炸和火灾。因此,静电安全防护主要是对爆炸和火灾的防护。这些措施对于防止静电电击和防止静电影响产生也是有效的。静电防护措施包括环境危险程度的控制、工艺控制和静电接地等。下列属于环境危险程度的控制的是(　　)。

   A. 限制物料的运动速度

   B. 加大静电消散过程

   C. 取代易燃介质

   D. 采用位于静电序列中段的金属材料制成生产设备

5. 静电的产生方式有很多,也受多种因素影响。下列关于静电的影响因素的说法,错误的是(　　)。

   A. 静电的产生和积累受材质、工艺设备和工艺参数、环境条件等因素的影响

   B. 湿度对静电泄漏的影响很大

   C. 设备的几何形状也对静电有影响

   D. 杂质对静电有很大的影响,一般情况下杂质有降低静电的趋势

6. 建筑物按其火灾和爆炸的危险性、人身伤亡的危险性、政治经济价值分为三类。下列建筑物防雷分类中,正确的是(　　)。

   A. 具有20区爆炸危险场所的建筑物属于第二类防雷建筑物

   B. 乙炔站属于第二类防雷建筑物

C. 露天钢质封闭气罐属于第一类防雷建筑物

D. 省级档案馆属于第三类防雷建筑物

7. 下列关于静电防护措施中接地的说法,错误的是(　　)。

   A. 接地的主要作用是消除导体上的静电

   B. 金属导体不应直接接地

   C. 防静电接地电阻原则上不超过 1MΩ 即可

   D. 感应静电接地只能消除部分危险

8. 某胶粘剂厂曾发生一起由静电引起的爆炸事故。下图是事故现场简图。汽油桶中装满了甲苯。开动空气压缩机后,压缩空气经橡胶软管将甲苯经塑料软管顶入反应釜。灌装十几分钟后反应釜内发生燃爆,导致6人死亡,1人重伤。橡胶软管内空气流速和塑料软管内甲苯流速都很高。这起事故中,产生危险静电的主要过程是(　　)。

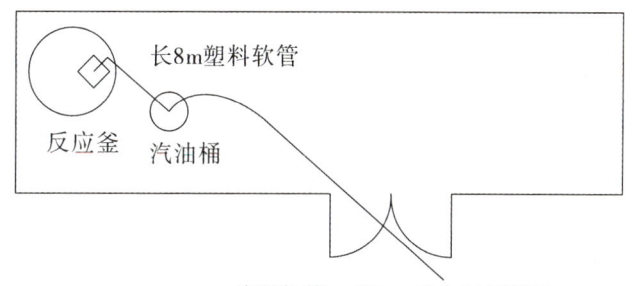

   A. 压缩空气在橡胶软管内高速流动　　　　B. 甲苯在塑料软管内高速流动

   C. 工作人员在现场走动　　　　　　　　　D. 空气压缩机合闸送电

二、多项选择题

1. 工艺过程中产生的静电可能引起爆炸、火灾、电击,还可能妨碍生产。下列关于静电防护的说法,错误的有(　　)。

   A. 限制管道内物料的运行速度是静电防护的工艺措施

   B. 增湿的方法不宜用于消除高温绝缘体上的静电

   C. 接地的主要作用是消除绝缘体上的静电

   D. 静电消除器主要用来消除非导体上的静电

   E. 为防止大量带电,相对湿度应在 60% 以上

2. 静电危害是由静电电荷或静电场能量引起的。静电通常是引发生产企业发生火灾、爆炸的重要原因之一。下列关于静电特性的说法,正确的有(　　)。

   A. 静电产生的电压可高达数十千伏以上,能够造成人的直接致命

   B. 静电产生的电压高,蓄积的电能泄漏较慢

   C. 静电具有多种放电形式,常见的有电晕放电、刷形放电、火花放电

   D. 一般情况下,接触面积越大,产生的静电越多,工艺速度越高,产生的静电越强

   E. 一般情况下,杂质有增加静电的趋势

3. 工艺过程中产生的静电可能引起爆炸、火灾、电击,还可能妨碍生产。下列关于静电防护措施的说法,正确的有(   )。

　A. 为了防止静电引燃成灾,可采取取代易燃介质、降低爆炸性混合物的浓度、减少氧化剂含量等措施

　B. 为有利于静电的泄漏,可采用导电性工具

　C. 静电消除器主要用来消除非导体上的静电

　D. 对于吸湿性很强的聚合材料,为了保证降低静电的效果,相对湿度应提高到60%~70%

　E. 为防止静电放电,在液体搅拌过程中进行取样操作应使用绝缘器具

专题5　电气装置安全技术

建议用时28′　　答案P181

一、单项选择题

1. 低压电气保护装置有热继电器、熔断器、配电箱和配电柜,高压电气保护装置有电力变压器、高压断路器、高压隔离开关、高压负荷开关等。下列关于低压电气保护和高压电气保护的说法,错误的是(   )。

　A. 在低压电气保护装置中,有冲击电流出现的线路上,熔断器不可以用作过载保护元件

　B. 在高压电气保护装置中,高压断路器有强有力的灭弧装置,既能在正常情况下接通和分断负荷电流,又能借助继电保护装置在故障情况下切断过载和短路电流

　C. 高压负荷开关有简单的灭弧装置,但必须与有高分断能力的高压熔断器配合使用

　D. 在高压电气保护中,如需断电,应先断开高压隔离开关,然后断开断路器

2. 测量绝缘电阻常用的设备是兆欧表。下列关于兆欧表的使用要求,错误的是(   )。

　A. 必须在被测量设备停电状态下测量

　B. 测量应尽可能在设备停止运行前进行测量

　C. 对于有较大电容的设备,应立即测量

　D. 兆欧表与接地电阻测量仪、谐波测试仪、红外测温仪统称为电气安全检测仪

3. 低压配电箱落地安装的箱柜底面应高出底面50~100m,操作手柄中心高度一般为(   )m。

　A. 0.8~1.0　　　　　　　　　　　B. 1.0~1.2

　C. 1.2~1.5　　　　　　　　　　　D. 1.5~2.0

4. 兆欧表是用于现场测量绝缘电阻大小的电气安全检测仪器。下列关于兆欧表的说法,正确的是(   )。

　A. 绝缘电阻是兆欧级的电阻,要求在较低的电压下进行测量

　B. 测量时应采用绝缘良好的双股线分开连接

　C. 测量新的和大修后的线路或设备应采用较高电压的兆欧表

　D. 测量绝缘电阻应尽可能在设备完全冷却后进行测量

5. 下列关于使用兆欧表测量绝缘电阻时,应当注意的事项的说法,错误的是(   )。
   A. 被测量设备必须在停电状态下测量
   B. 兆欧表在转速120r/min左右时持续摇动1min,待指针稳定后读数
   C. 使用指针式兆欧表测量过程中,如果指针指向"12"位时,表明被测绝缘已经失效
   D. 对于有较大电容的线路和设备,测量终了也应进行放电

6. 电动机和低压电器的外壳防护包括两种防护。第一种防护是对固体异物进入内部以及对人体触及内部带电部分或运动部分的防护;第二种防护是对水进入内部的防护。电气设备的外壳防护等级用"IP+数字+数字"表示。第一位数字表示第一种防护形式等级;第二位数字表示第二种防护形式等级。下列关于电气设备第一种防护性能等级的说法,正确的是(   )。
   A. 0代表防护大于50mm的固体   B. 2代表防护大于2.5mm的固体
   C. 3代表防护大于1mm的固体   D. 5代表防尘

7. 居民所使用的电流通常是从电站输出后经过长距离输电线路输送后,经过变压器转换为低电压后进入配电箱和配电柜,再从配电箱和配电柜由电力线路输送到各个用电器。下列关于电力线路的安全管理的说法,错误的是(   )。
   A. 接头部位电阻不得大于原导线电阻的1.2倍
   B. 接头过多的导线不宜使用,导线连接必须紧密
   C. 铜导线与铝导线之间连接应尽量采用铜-铝过渡接头
   D. 导线连接处的力学强度不得低于原导线力学强度的60%

8. 下列关于电气照明基本安全要求的说法,错误的是(   )。
   A. 白炽灯的功率不应超过1000W
   B. 爆炸危险环境应选用防爆型灯具
   C. 库房内灯具应装设碘钨灯
   D. 建筑物照明电源线路的进户处,应装设带有保护装置的总开关

9. 隔离开关不具备操作负荷电流的能力,切断电路时,必须(   )。
   A. 先拉开断路器,后拉开隔离开关   B. 先拉开隔离开关,后拉开断路器
   C. 先拉开中相,再拉开下风侧边相   D. 先拉开下风侧边相,再拉开中相

10. 电气设备的外壳防护等级用"IP+数字+数字"表示。第一位数字表示第一种防护形式等级;第二位数字表示第二种防护形式等级。下列关于电气设备第二种防护性能等级的说法,错误的是(   )。
    A. 1代表防滴水   B. 3代表防淋水
    C. 5代表防溅水   D. 6代表防海浪或强力喷水

11. 电气照明按安装部位可分为一般照明、局部照明和混合照明等;按应用功能分为一般照明、应急照明和备用照明。选择合理的照明方式,对改善照明质量、提高经济效益和节约能源等有重要作用。以下照明安全技术措施中,符合要求的是(   )。
    A. 特别潮湿场所、高温场所、有导电灰尘或有导电地面的场所,应强制使用安全电压供电

B. 应急照明的电源,应区别于正常照明的电源并根据需要选择切换装置,保障故障状态下的持续供电

C. 灯饰所用材料应选择氧指数小于21%的难燃性材料

D. 爆炸危险性的库房内装设的碘钨灯、卤钨灯应选用防爆型灯具,其防爆形式及防爆结构应满足爆炸危险环境的使用要求

12. 绝缘是防止直接接触电击的基本措施之一,电气设备的绝缘电阻应经常检测。绝缘电阻用兆欧表测定。下列关于绝缘电阻测定的做法,正确的是(　　)。

A. 在电动机满负荷运行情况下进行测量

B. 在电动机空载运行情况下进行测量

C. 在电动机断开电源情况下进行测量

D. 在电动机超负荷运行情况下进行测量

二、多项选择题

1. 手持电动工具包括手电钻、手砂轮、冲击电钻、电锤、手电锯等工具。移动式设备包括蛙夯、振捣器、水磨石磨平机等电气设备。按照触电防护方式,下列关于电气设备的分类及特性的说法,正确的有(　　)。

A. 仅仅依靠基本绝缘来防止触电的设备属于0类设备,外壳应由绝缘材料制成

B. 0、Ⅰ类设备是依靠基本绝缘来防止触电的,也可以有Ⅱ类结构或Ⅲ类结构的部件

C. Ⅰ类设备可以有Ⅱ类结构或Ⅲ类结构的部件

D. Ⅱ类设备具有双重绝缘和加强绝缘的结构,Ⅱ类设备不得有Ⅲ类结构的部件

E. Ⅲ类设备依靠安全特低电压供电以防止触电,设备内不得产生高出安全特低电压的电压

2. 手持电动工具和移动式电气设备有很大的移动性,其电源线容易受拉、磨而损坏,电源线容易接错,而且连接处容易脱落而使金属外壳带电,导致触电事故。为保证使用安全,移动式电气设备的安全要求应当符合相应的技术规范。下列关于手持电动工具和移动式电气设备安全使用的说法,正确的有(　　)。

A. Ⅰ类设备必须采取保护接地或保护接零措施,Ⅱ类、Ⅲ类设备没有保护接地或保护接零的要求

B. 单相设备的相线和中性线上都应该装有熔断器,并装有双极开关

C. 移动式电气设备的保护线应当与电源线有同样的防护措施并单独敷设

D. 在锅炉内、金属容器内、管道内等狭窄的特别危险场所,应使用Ⅱ类设备

E. Ⅱ、Ⅲ类设备的控制箱和电源连接器件等必须放在内部,以防误触

第 3 章 特种设备安全技术

考纲要求

运用特种设备安全相关技术和标准,辨识、分析、评价特种设备和作业过程中存在的安全风险,解决锅炉、压力容器(含气瓶)、压力管道、电梯、起重机械、场(厂)内专用机动车辆、客运索道、大型游乐设施等特种设备安全技术问题。

考点速览

序号	专题名	考试要点
1	特种设备的基础知识	特种设备分类
2	特种设备事故的类型	无考点
3	锅炉安全技术	锅炉安全技术
4	气瓶安全技术	气瓶安全技术
5	压力容器安全技术	压力容器安全技术
6	压力管道安全技术	压力管道安全技术
7	起重机械安全技术	起重机械安全技术
8	场(厂)内专用机动车辆安全技术	场(厂)内专用机动车辆安全技术
9	客运索道安全技术	其他特种设备安全技术
10	大型游乐设施安全技术	其他特种设备安全技术

真题必刷

建议用时 98′　　答案 P182

考点 1　特种设备分类

1. [2023·单选] 某港口用于装卸作业的起重机,回转臂安装在原架上,沿地面轨道运行,下方可通过铁路或公路车辆。该起重机属于(　　)。

A. 桥式起重机　　　　　　　　　B. 门式起重机

C. 流动式起重机　　　　　　　　D. 门座式起重机

2. [2022·单选] 起重机械是指用于垂直升降或者垂直升降并水平移动重物的机电设备,根据《质检总局关于〈特种设备目录〉的公告》,下列起重机械中,属于特种设备的是(　　)。

A. 额定起重量为 2t 的桥式起重机　　　　B. 生产率为 200t/h 的装卸桥

C. 层数为 3 层的机械式停车设备　　　　D. 额定起重力矩 30t·m 的塔式起重机

3. [2020·单选] 根据《特种设备安全监察条例》,大型游乐设施是指用于经营目的,承载乘客游乐的设施,其范围规定为运行高度距地面高于或者等于 2m,或者设计最大运行线速度大于或等于( )m/s 的载人大型游乐设施。

A. 1   B. 2   C. 3   D. 4

考点 2 锅炉安全技术

1. [2023·单选] 安全阀的作用是防止设备容器内压力过高而引起爆炸,包括防止物理爆炸和化学爆炸,因此,安全阀的安装位置有很多注意事项。依据《安全阀安全技术监察规程》,下列关于安全阀的安装位置及方式的说法中,错误的是( )。

A. 在设备或者管路上的安全阀水平安装
B. 液体安全阀装在正常液面的下面
C. 蒸汽安全阀装在锅炉的蒸汽集箱的最高位置
D. 蒸汽安全阀装在锅炉的锅筒气相空间

2. [2022·单选] 安全阀是锅炉上的重要安全附件之一,对锅炉内部压力极限值的控制及对锅炉的安全运行起着重要作用。每年对锅炉进行外部检验时,需审查安全阀定期校验记录或者校验报告是否符合相关要求。下列安全阀性能参数中,需要每年校验的是( )。

A. 工作压力   B. 回座压力
C. 整定压力   D. 额定压力

3. [2021·单选] 室燃锅炉运行时火焰不能直接烧灼水冷壁管,应力求燃烧室内火焰分布均匀,充满整个炉膛。当锅炉要增加负荷时,正确的做法是( )。

A. 先加大引风,后加大送风,最后增加燃料
B. 先增加燃料,后加大送风,最后加大引风
C. 先加大引风,后增加燃料,最后加大送风
D. 先加大送风,后加大引风,最后增加燃料

4. [2020·单选] 锅炉通常装设防爆门防止再次燃烧造成破坏。当作用在防爆门上的总压力超过其本身的质量或强度时,防爆门就会被冲开或冲破,达到泄压的目的。下列锅炉部件中,防爆门通常装设在( )易爆处。

A. 过热器和再热器   B. 高压蒸汽管道
C. 烟道和炉膛   D. 锅筒或锅壳

5. [2019·单选] 锅炉水位高于水位表最高安全水位刻度线的现象,称为锅炉满水。严重满水时,锅水可进入蒸汽管道和过热器,造成水击及过热器结垢,降低蒸汽品质,损害以致破坏过热器。下列针对锅炉满水的处理措施,正确的是( )。

A. 加强燃烧,开启排污阀及过热器、蒸汽管道上的疏水阀
B. 启动"叫水"程序,判断满水的严重程度
C. 立即停炉,打开主汽阀加强疏水
D. 立即关闭给水阀停止向锅炉上水,启用省煤气再循环管路

6.［2023·多选］由于锅炉在启动期间不能经省煤器连续上水,省煤器、过热器、再热器等受热面中没有连续流动的水汽介质,因而可能被连续流过的烟气烧坏。下列在锅炉启动时,对省煤器、过热器和再热器采取的保护措施中,正确的有(　　)。

A.点火升压时开启再热器旁路阀门　　B.点火升压时打开过热器对空排气阀

C.上水时开启省煤器出口集箱疏水阀　　D.点火升压时打开省煤器再循环阀门

E.上水时打开过热器再循环阀门

7.［2019·多选］正确操作对锅炉的安全运行至关重要,尤其是在启动和点火升压阶段,经常由于误操作而发生事故,下列针对锅炉启动和点火升压的安全要求,正确的有(　　)。

A.长期停用的锅炉,在正式启动前必须煮炉,以减少受热面腐蚀,提高锅水和蒸汽品质

B.新投入运行锅炉在向共用蒸汽母管并汽前应减弱燃烧,打开蒸汽管道上的所有疏水阀

C.点燃气、油、煤粉炉时,应先送风,之后投入点燃火炬,最后送入燃料

D.新装锅炉的炉膛和烟道的墙壁非常潮湿,在向锅炉上水前要进行烘炉作业

E.对省煤器,在点火升压期间,应将再循环管上的阀门关闭

考点 3　气瓶安全技术

1.［2022·单选］气瓶的装卸、运输、储存、保管和发送等环节都必须建立安全制度,气瓶装运人员都应掌握气体的基础知识以及相应消防器材和防护器材的用法。下列关于气瓶装卸及运输环节安全要求的说法,错误的是(　　)。

A.运输前应检查气瓶是否配有瓶嘴、防振圈

B.运送过程中严禁肩扛、背驮、怀抱等,需要升高或降低气瓶时应2人同时操作

C.气瓶吊运时,不得用金属链绳捆绑气瓶

D.使用叉车、翻斗车和铲车搬运气瓶时,必须严格执行双人监督、单人指挥制度

2.［2021·单选］气瓶的爆破片装置由爆破片和夹持器等组成,其安装位置应视气瓶的种类而定。无缝气瓶的爆破片装置一般装设在气瓶的(　　)。

A.瓶颈上　　B.瓶帽上

C.瓶底上　　D.瓶阀上

3.［2021·单选］气瓶入库时,应按照气体的性质、公称工作压力及空实瓶等进行分类分库存放,并设置明确标志。下列气瓶中,可与氢气瓶同库存放的是(　　)。

A.氨气瓶　　B.氮气瓶

C.乙炔气瓶　　D.氧气瓶

4.［2021·单选］根据《气瓶安全技术规程》,下列关于气瓶公称工作压力的说法,错误的是(　　)。

A.盛装压缩气体气瓶的公称工作压力,是指在基准温度(20℃)下,瓶内气体达到完全均匀状态时的限定(充)压力

B.盛装液化气体气瓶的公称工作压力,是指温度为60℃时瓶内气体压力的下限值

C.盛装溶解气体气瓶的公称工作压力,是指瓶内气体达到化学、热量以及扩散平衡条件下的静置压力(15℃)

D.焊接绝热气瓶的公称工作压力,是指在气瓶正常工作状态下,内胆顶部气相空间可能达到的最高压力

5. [2020·单选] 运输散装直立气瓶时,运输车辆应具有固定气瓶的相应装置并确保气瓶处于直立状态,气瓶高出车辆栏板部分不应大于气瓶高度的(　　)。

A. 1/2　　　　　　B. 1/3　　　　　　C. 1/5　　　　　　D. 1/4

6. [2020·单选] 安全泄压装置是在气瓶超压、超温时迅速泄放气体、降低压力的装置。气瓶的安全泄压装置应根据盛装介质、使用条件等进行选择安装。下列安全泄压装置中,车用压缩天然气气瓶应当选装的是(　　)。

A.易熔合金塞装置　　　　　　　　B.爆破片装置

C.爆破片-易熔合金塞复合装置　　　D.爆破片-安全阀复合装置

7. [2019·单选] 易熔合金塞装置由钢制塞体及其中心孔中浇注的易熔合金构成,其工作原理是通过温度控制气瓶内部的温升压力,当气瓶周围发生火灾或遇到其他意外高温达到预定的动作温度时,易熔合金即熔化,易熔合金塞装置动作,瓶内气体由此塞孔排出,气瓶泄压。车用压缩天然气气瓶的易熔合金塞装置的动作温度为(　　)℃。

A. 80　　　　　　　B. 95　　　　　　　C. 110　　　　　　D. 125

8. [2020·多选] 气瓶入库应按照气体的性质、公称工作压力及空实瓶严格分类存放,并应有明确的标志。盛装下列物质的气瓶中,不能与氢气瓶同库储存的有(　　)。

A.氯乙烷　　　　　　　　　　　B.二氧化碳

C.氮　　　　　　　　　　　　　D.乙炔

E.环氧乙烷

考点 4　压力容器安全技术

1. [2021·单选] 按照在生产流程中的作用,压力容器可分为反应压力容器、换热压力容器、分离压力容器和储存压力容器四类。下列容器中,属于反应压力容器的是(　　)。

A.聚合釜　　　　　B.洗涤塔　　　　　C.蒸发器　　　　　D.烘缸

2. [2020·单选] 无损检测广泛应用于金属材料表面裂纹、内部裂纹等缺陷的诊断。下列无损检测方法中,能对内部裂纹缺陷进行检测的是(　　)。

A.涡流检测　　　　　　　　　　B.超声检测

C.渗透检测　　　　　　　　　　D.磁粉检测

3. [2019·单选] 压力容器专职操作人员在容器运行期间应经常检查容器的工作状况,以便及时发现其不正常状态并进行针对性处置。下列对压力容器的检查项目中,不属于运行期间检查的项目是(　　)。

A.容器、连接管道的振动情况　　　B.容器材质劣化情况

C.容器工作介质的化学组成　　　　D.容器安全附件的完好状态

4.［2019·单选］压力容器一般泛指在工业生产中盛装用于完成反应、传质、传热、分离和储存等生产工艺过程的气体或液体,并能承载一定压力的密闭设备。压力容器的种类和形式很多,分类方法也很多,根据压力容器在生产中作用的分类,石油化工装置中的吸收塔属于(　　)。

　　A.反应压力容器　　　　　　　　B.换热压力容器
　　C.分离压力容器　　　　　　　　D.储存压力容器

5.［2021·多选］安全阀和爆破片是压力容器最常用的安全泄压装置,可以单独或组合使用。安全阀出口侧串联安装爆破片装置时,应满足的条件有(　　)。

　　A.爆破片的泄放面积不大于安全阀的进口面积
　　B.容器和系统内介质洁净,不含胶着物质或阻塞物质
　　C.爆破片的最小爆破压力不得大于容器的工作压力
　　D.安全阀与爆破片装置之间设置放空管或者排污管
　　E.当安全阀与爆破片之间产生背压时,安全阀仍能准确开启

考点 5　压力管道安全技术

1.［2023·单选］埋地敷设的燃气管道泄漏的检查难度较大,一般查漏时先按燃气气味的浓度初步确定大致的漏气范围,然后再选用其他检测方法进行确认。下列检查管道泄漏的方法中,不适用于埋地燃气管道泄漏的是(　　)。

　　A.泄漏点附近钻孔查漏　　　　　　B.检查安全阀工作状况
　　C.观察泄漏点附近植物生长情况　　D.观测凝水缸抽水量变化情况

2.［2019·单选］材料在一定的高温环境下长期使用,所受到的拉应力低于该温度下的屈服强度,会随时间的延长而发生缓慢持续的伸长,即蠕变现象。材料长期发生蠕变,会导致性能下降或产生蠕变裂纹,最终造成破坏失效。下列关于管道材料蠕变失效现象的说法,错误的是(　　)。

　　A.管道在长度方向有明显的变形　　B.蠕变断口表面被氧化层覆盖
　　C.管道焊缝熔合线处蠕变开裂　　　D.管道在运行中沿轴向开裂

3.［2021·多选］压力管道的安全操作、维护保养和故障处理是影响管道安全的重要因素。下列关于压力管道使用和维护安全技术的说法,正确的有(　　)。

　　A.高温管道在开工升温过程中需进行热紧
　　B.低温管道在开工降温过程中需进行冷紧
　　C.进行焊接时,可将管道或支架作为电焊的地线
　　D.管道接头发生泄漏时,不得带压紧固连接件
　　E.巡回检查项目应包括静电跨接、静电接地状况

4.［2021·多选］根据《压力管道安全技术监察规程——工业管道》,压力管道由压力管道元件和附属设施等组成。下列压力管道系统涉及的器件中,属于压力管道元件的有(　　)。

　　A.阀门　　　　　　　　　　　　B.过滤器
　　C.管道支吊架　　　　　　　　　D.密封件
　　E.阴极保护装置

考点 ❻ 起重机械安全技术

1. [2021·单选] 起重机的安全装置包括电气保护装置、防止吊臂后倾装置、回转限位装置、抗风防滑装置、力矩限制器等。夹轨钳、锚定装置和铁鞋属于(　　)。

   A. 防止吊臂后倾装置　　　　　　　　B. 回转限位装置

   C. 抗风防滑装置　　　　　　　　　　D. 力矩限制器

2. [2021·单选] 起重机的安全操作是防止起重伤害的重要保证。下列关于起重机安全操作的要求,错误的是(　　)。

   A. 开机作业前,确认所有控制器置于零位

   B. 正常作业时,可利用极限位置限制器停车

   C. 吊载接近或达到额定值,要利用小高度、短行程试吊

   D. 对于紧急停止信号,无论任何人发出,都必须立即执行

3. [2021·单选] 起重机司索工的工作质量与整个起重作业安全关系很大。下列关于司索工安全作业的要求,正确的是(　　)。

   A. 不允许多人同时吊挂同一重物

   B. 不允许司索工用诱导绳控制所吊运的既大又重的物体

   C. 吊钩要位于被吊物重心的正上方,不得斜拉吊钩硬挂

   D. 重物与吊绳之间必须加衬垫

4. [2020·单选] 起重机驾驶员作业前应检查起重机与其他设备或固定建筑物的距离,以保证起重机与其他设备或固定建筑物的最小距离在(　　)m 以上。

   A. 1.0　　　　B. 1.5　　　　C. 0.5　　　　D. 2.0

5. [2020·单选] 某公司清理废旧设备重叠堆放的场地,使用汽车起重机进行吊装,场地中单件设备质量均小于汽车起重机的额定起重量。当直接起吊一台被其他设备包围的设备时,汽车起重机失稳前倾,吊臂折断,造成事故。下列该事故的原因中,最可能的直接原因是(　　)。

   A. 吊物被埋置　　　　　　　　　　　B. 吊物质量不清

   C. 吊物有浮置物　　　　　　　　　　D. 吊物捆绑不牢

6. [2020·单选] 使用单位除每年对在用起重机械进行 1 次全面检查外,在某些特殊情况下也应进行全面检查。下列特殊情况中,需要进行全面检查的是(　　)。

   A. 遇 4.2 级地震灾害　　　　　　　　B. 起重机械停用半年

   C. 发生一般起重机械事故　　　　　　D. 露天作业经受 7 级风力后

7. [2020·单选] 起重机司索工在吊装作业前,应估算吊物的质量和重心,以免吊装过程中吊具失效导致事故。根据安全操作要求,如果目测估算,所选吊具的承载能力应为估算吊物质量的(　　)倍以上。

   A. 1.1　　　　B. 1.3　　　　C. 1.5　　　　D. 1.2

8. [2019·单选] 起重机械作业过程中,由于起升机构取物缠绕系统出现问题而经常发生重物坠落事故,如脱绳、脱钩、断绳和断钩等。下列关于起重机械起升机构安全要求的说法,错误的是( )。

   A. 为防止钢丝绳脱槽,卷筒装置上应用压板固定
   B. 钢丝绳在卷筒上应有下降限位保护
   C. 每根起升钢丝绳两端都应固定
   D. 钢丝绳在卷筒上的极限安全圈应保证在1圈以上

9. [2019·单选] 起重机械是指用于垂直升降或者垂直升降并水平移动重物的机电设备。根据水平运动形式的不同,分为桥架类型起重机和臂架类型起重机两大类别。下列起重机械中,属于臂架类型起重机的是( )。

   A. 垂直起重机   B. 门式起重机
   C. 流动式起重机   D. 缆索式起重机

10. [2019·单选] 起重机械吊运的准备工作和安全检查是保证起重机械安全作业的关键。下列关于起重机械吊运作业安全要求,错误的是( )。

    A. 流动式起重机应将支撑地面垫实垫平,支撑应牢固可靠
    B. 开机作业前,应确认所有控制器都置于零位
    C. 大型构件吊运前需编制作业方案,必要时报请有关部门审查批准
    D. 不允许用两台起重机吊运同一重物

11. [2019·单选] 起重作业司索工主要从事地面工作,其工作质量与起重作业安全关系极大。下列对司索工操作安全的要求,正确的是( )。

    A. 司索工主要承担准备吊具、捆绑挂钩、摘钩卸载等作业,不能承担指挥任务
    B. 捆绑吊物时,形状或尺寸不同的物品不经特殊捆绑不得混吊
    C. 目测估算吊物的质量和重心,按估算质量增大5%选择吊具
    D. 摘钩卸载时,应采用抖绳摘索,摘钩时应等所有吊索完全松弛再进行

12. [2019·多选] 起重机械使用单位应进行起重机械的每日检查、每月检查和年度检查。其中每日检查应在每天作业前进行。检查发现有异常情况时,必须及时处理,严禁带病运行。下列起重机械的检查项目中,每日必须检查的有( )。

    A. 安全装置   B. 紧急报警装置
    C. 电气系统工作性能   D. 动力系统和控制器
    E. 轨道的安全状况

考点 7 场(厂)内专用机动车辆安全技术

1. [2023·单选] 叉车及非公路旅游观光车是常见的场(厂)内专用机动车辆,在其使用中必须严格执行安全操作规程。下列关于叉车及非公路旅游观光车安全要求的说法中,正确的是( )。

   A. 任何情况下,观光车驾驶员不得在方向盘的极限位置起步
   B. 叉车叉装重量不明的物件时,应叉离地面100mm检查机械的稳定性

C. 叉车使用过程中，严禁两辆叉车同时装卸一辆货车

D. 观光车行驶中，驾驶员应对离合器和制定器进行检查

2. [2022·单选] 叉车、蓄电瓶车及非公路用旅游观光车是常见的厂内专用机动车辆，近年来，因违反厂内机动车辆安全操作流程发生的事故较多，下列关于叉车及观光车安全操作要求的说法，正确的是(　　)。

A. 当物件重量不明时，应将其叉起离地面150mm 确认无超载后方可作业

B. 不得单叉作业和使用叉车顶货或拉货，严禁两辆叉车同时对一辆货车装载货物

C. 观光车靠近高站台行驶时，车身与站台的间隙至少为观光车轮胎的宽度

D. 驾驶观光车在坡道上面要掉头时，应注意双向来车，并由专人指挥

3. [2021·单选] 使用叉车必须按照出厂使用说明书中的技术性能、承载能力和使用条件进行操作和使用，严禁超载作业或任意扩大使用范围。下列针对叉车安全操作的要求，正确的是(　　)。

A. 不得使用两辆叉车同时装卸同一辆货车

B. 以内燃机为动力的叉车严禁进入易燃易爆仓库内部作业

C. 叉运物件时，当物件提升离地后，将起落架放平后方可行驶

D. 任何情况下叉车都不得叉装重量不明的物件

4. [2020·单选] 叉车是常用的场(厂)内专用机动车辆，由于作业环境复杂，容易发生事故，因此，安全操作非常重要。下列关于叉车安全操作的要求，错误的是(　　)。

A. 两辆叉车可以同时对一辆货车进行装卸作业

B. 叉车将物件提升离地后，后仰起落架方可行驶

C. 内燃机叉车进入易燃易爆仓库作业应保证通风良好

D. 不得使用叉车的货叉进行顶货、拉货作业

5. [2020·多选] 叉车的液压系统一般都使用中高压供油，高压胶管是液压系统的主要元件之一，其可靠性应既能保证叉车的正常工作，又能保护人身安全。因此，高压胶管性能和质量必须通过各项试验检测合格后方可用于叉车。下列试验项目中，高压胶管在生产验收时必须通过的试验有(　　)。

A. 脉冲试验　　　　　　　　　　B. 耐压试验

C. 长度变化试验　　　　　　　　D. 爆破试验

E. 真空试验

考点 8　其他特种设备安全技术

1. [2023·单选] 大型游乐设施是一种日常生活中比较常见的特种设备，该设备的操作人员必须掌握相关知识，并能正确处理各种突发情况。下列关于大型游乐设施操作人员安全操作要求的说法中，错误的是(　　)。

A. 设备运行中乘客产生恐惧大声叫喊时，操作人员应立即停机，让其下来

B. 必须确保设备紧急停车按钮位置让本机所有取得证件的操作人员知道

C. 游乐设施正式运营前，操作人员应将空车按实际工况运行1次

D. 设备运行中，操作人员不能离开岗位，遇到紧急情况时，应及时采取措施

2. [2022·单选] 大型游乐设施的使用单位应遵行大型游乐设施的自我检查、每日检查、每月检查和年度检查,下列关于大型娱乐设施的检查项目中,属于每日检查的是(　　)。

A. 动力装置,传动系统
B. 限速装置,制动装置
C. 绳索、链条和乘坐物
D. 控制电路与电气元件

3. [2021·单选] 大型游乐设施机械设备的运动部件上设置有行程开关,当行程开关的机械触头碰上挡块时,联锁系统将使机械设备停止运行或改变运行状态。这类安全装置称为(　　)。

A. 锁紧装置
B. 止逆装置
C. 限速装置
D. 限位装置

4. [2020·单选] 当有两组以上(含两组)无人操作的游乐设施在同轨道、专用车道运行时,应设置防止相互碰撞的自动控制装置和缓冲装置。其中,缓冲装置的核心部分是缓冲器,游乐设施常见的缓冲器分为蓄能型缓冲器和耗能型缓冲器。下列缓冲器中,属于耗能型缓冲器的是(　　)。

A. 弹簧缓冲器
B. 聚氨酯缓冲器
C. 油压缓冲器
D. 橡胶缓冲器

专题必刷

专题 1　特种设备的基础知识

建议用时 28′　　答案 P186

一、单项选择题

1. 根据《特种设备安全监察条例》,大型游乐设施是指用于经营目的,承载乘客游乐的设施,其范围规定为运行高度距地面高于或者等于(　　)m,或者设计最大运行线速度大于或等于(　　)m/s 的载人大型游乐设施。

A. 1;1
B. 2;2
C. 3;3
D. 4;4

2. 特种设备依据其主要工作特点分为承压类特种设备和机电类特种设备。下列选项中,不属于承压类特种设备的是(　　)。

A. 气瓶
B. 压力管道
C. 起重机械
D. 锅炉

3. 压力容器有众多分类方法,可以按压力等级分,按在生产中的作用分,按安装方式分,按制造许可分,按安全技术管理(基于危险性)分类等。按照容器在生产中的作用划分,可以分为反应压力容器、换热压力容器、分离压力容器以及储存压力容器,其中,过滤器属于(　　)。

A. 反应压力容器
B. 换热压力容器
C. 分离压力容器
D. 储存压力容器

4. 压力容器当壳壁或元件金属温度低于( )℃,按最低温度确定设计温度;除此之外,设计温度一律按最高温度选取。
   A. -20　　　　　　　　B. -10　　　　　　　　C. 5　　　　　　　　D. 10

5. 按照《特种设备安全监察条例》中的定义,特种设备包括锅炉、压力容器、压力管道等八类设备。下列设备中,不属于特种设备的是( )。
   A. 旅游景区观光车辆　　　　　　　　B. 建筑工地升降机
   C. 场(厂)内专用机动车辆　　　　　　D. 浮顶式原油储罐

6. 按照承压方式分类,压力容器可以分为内压容器和外压容器。若某内压容器设计压力为12MPa,则该压力容器为( )。
   A. 低压容器　　　　　　　　B. 中压容器
   C. 高压容器　　　　　　　　D. 超高压容器

7. 压力管道是指利用一定的压力,用于输送气体或者液体的管状设备,其范围规定为最高工作压力大于或者等于( )MPa(表压),介质为气体、液化气体、蒸汽或者可燃、易爆、有毒、有腐蚀性、最高工作温度高于或者等于标准沸点的液体,且公称直径大于或者等于( )mm 的管道。
   A. 0.1;50　　　　　　B. 0.2;100　　　　　　C. 0.5;150　　　　　　D. 1.0;150

8. 为便于安全监察、使用管理和检验检测,需将压力容器进行分类。某压力容器盛装介质为水蒸气,压力为10MPa,容积为 10m³。根据《固定式压力容器安全技术监察规程》的压力容器分类如下图所示,该压力容器属于( )。
   A. Ⅰ类　　　　　　　　B. Ⅱ类
   C. Ⅲ类　　　　　　　　D. Ⅱ类或Ⅲ类

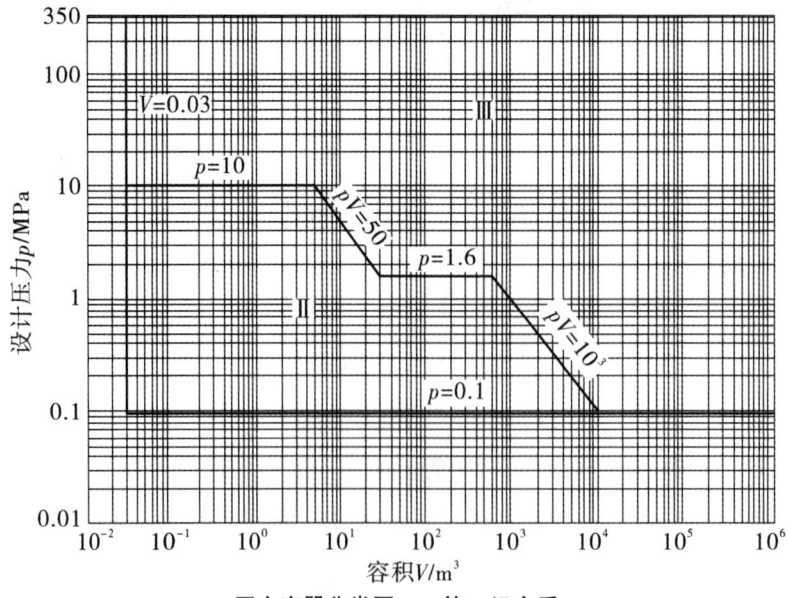

压力容器分类图——第一组介质

压力容器分类图——第二组介质

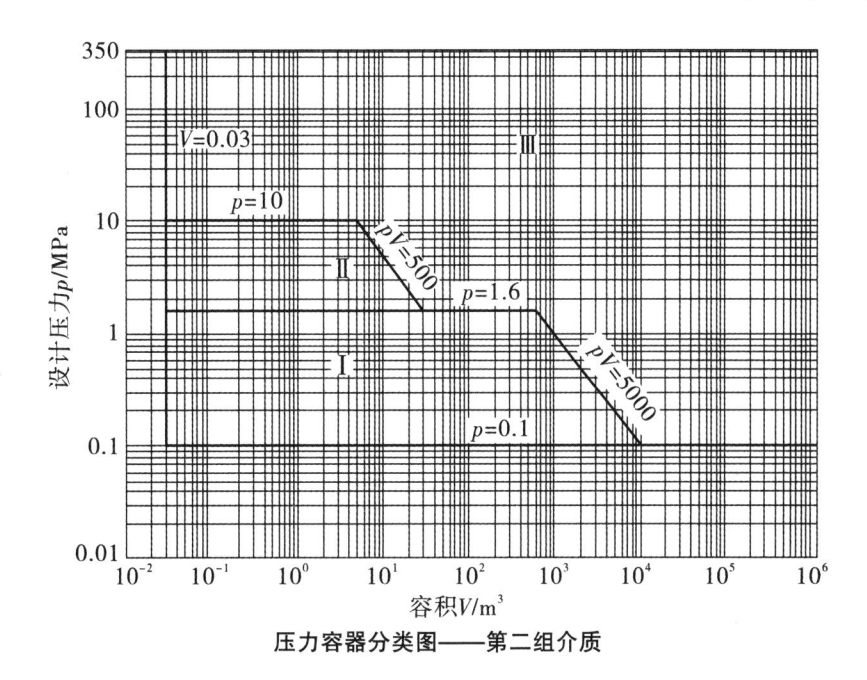

9. 压力容器的主要参数为压力、温度、介质。下列关于压力容器参数的说法,错误的是(　　)。

   A. 压力容器的设计压力值不得低于最高工作压力值

   B. 试验温度是指压力试验时,压力容器的内部温度

   C. 最高工作压力是容器顶部可能出现的最高压力

   D. 设计温度与设计压力一起作为设计载荷条件

10. 压力容器一般泛指工业生产中用于盛装反应、传热、分离等生产工艺过程的气体或液体并能承载一定压力的密闭设备。下列关于压力容器设计参数的说法,正确的是(　　)。

    A. 最高工作压力是指正常情况下可能出现的最高压力,应略低于容器设计压力

    B. 设计压力是设定的容器顶部的最高压力,其值不应高于工作压力

    C. 设计温度为正常情况下设定的元件(允许)温度,一律按最高温度确定

    D. 安全阀起跳压力应高于容器设计压力,达到超压泄放的目的

11. 压力管道属于一种承压类的特种设备,是指利用一定的压力,用于输送气体或者液体的管状设备。下列介质中,必须应用压力管道输送的是(　　)。

    A. 最高工作温度低于标准沸点的气体

    B. 有腐蚀性、最高工作温度低于标准沸点的液化气体

    C. 最高工作温度低于标准沸点的液体

    D. 有腐蚀性、最高工作温度高于或者等于标准沸点的液体

12. 特种设备是指对人身和财产安全有较大危险性的锅炉、压力容器(含气瓶)、压力管道、电梯、起重机械、客运索道、大型游乐设施、场(厂)内专用机动车辆。下列属于特种设备的是(　　)。

    A. 设计正常水位容积为 $3m^3$,且额定蒸汽压力等于 $1kPa$(表压)的承压蒸汽锅炉

    B. 盛装公称工作压力等于 $0.2MPa$(表压),且容积为 $4L$、标准沸点为 $60℃$ 液体的气瓶

C. 层数为2层的机械式停车设备

D. 公称直径小于150mm,且其最高工作压力小于1.6MPa(表压)的输送氮气的管道

13. 压力容器的压力可以来自两个方面,一是在容器外产生(增大)的,二是在容器内产生(增大)的,下列关于其最高工作压力的表述,正确的是(　　)。

A. 最高工作压力是指在正常操作情况下,容器顶部可能出现的最高压力

B. 压力容器的设计压力值不得高于最高工作压力

C. 最高工作压力是指在正常操作情况下,容器端口可能出现的最高压力

D. 最高工作压力是指相应设计温度下,用以确定容器壳体厚度及其元件尺寸的压力

二、多项选择题

桥架类型起重机的特点是以桥形结构作为主要承载构件,取物装置悬挂在可沿主梁运行的起重小车上。下列起重机属于桥架类型起重机的有(　　)。

A. 塔式起重机　　　　　　　　　B. 桥式起重机

C. 门座式起重机　　　　　　　　D. 流动式起重机

E. 绳索起重机

专题2　特种设备事故的类型

建议用时 52′　　答案 P188

一、单项选择题

1. 防止锅炉尾部烟道二次燃烧的措施有提高燃烧效率减少不完全燃烧、减少锅炉的启停次数、加强尾部受热面的吹灰等,采取这些措施的主要目的是为防止(　　)。

A. 可燃物随烟气在尾部烟道积存　　B. 尾部烟道的压力过大

C. 尾部烟道的气流速度过慢　　　　D. 尾部烟道气体产生紊流

2. 李某在对运行锅炉进行日常巡查的过程中发现锅炉运行存在异常状况,水位表内看不到水位,但表内发暗,高水位报警器动作并发出警报,过热蒸汽温度降低,给水流量不正常的大于蒸汽流量。李某立即记录并汇报值班班长。班长经查验后,拟采取一系列措施,下列关于班长准备采取的措施的说法,错误的是(　　)。

A. 冲洗水位表,检查水位表有无故障

B. 立即打开给水阀,加大锅炉上水

C. 立即关闭给水阀停止向锅炉上水,启用省煤器再循环管路

D. 减弱燃烧,打开排污阀及过热器、蒸汽管道上的疏水阀

3. 下列选项中,不属于过热器损坏的原因的是(　　)。

A. 材质缺陷或材质错用　　　　　B. 制造或安装时的质量问题

C. 吹灰不当,损坏管壁　　　　　D. 给水品质不符合要求

4. 锅炉缺水是锅炉运行中最常见的事故之一,尤其当出现严重缺水时,常常会造成严重后果。如果对锅炉缺水处理不当,可能导致锅炉爆炸。某容水量较小的锅炉出现严重缺水,此时合理的做法是(　　)。
   A. 进行"叫水"操作　　　　　　　　B. 立即停炉
   C. 立即给锅炉补水　　　　　　　　D. 全开排污阀

5. 某锅炉蒸发表面(水面)汽水共同升起,产生大量泡沫并上下波动翻腾的现象,水位表内也出现泡沫,水位急剧波动,汽水界线难以分清,过热蒸汽温度急剧下降。这种现象属于(　　)。
   A. 锅炉爆炸事故　　　　　　　　　B. 缺水事故
   C. 满水事故　　　　　　　　　　　D. 汽水共腾

6. 炉膛爆炸事故是指炉膛内积存的可燃性混合物瞬间同时爆燃,从而使炉膛烟气侧突然升高,超过了设计允许值而产生的正压爆炸。下列关于炉膛爆炸事故预防方法,不适用的是(　　)。
   A. 提高炉膛及刚性梁的抗爆能力
   B. 在启动锅炉点火时认真按操作规程进行点火,严禁采用"爆燃法"
   C. 在炉膛负压波动大时,应精心控制燃烧,严格控制负压
   D. 控制火焰中心位置,避免火焰偏斜和火焰冲墙

7. 下列情况可以采用带压堵漏技术进行处理的是(　　)。
   A. 毒性极大的介质管道　　　　　　B. 压力低需连续生产的管道
   C. 管道腐蚀、冲刷壁厚状况不清　　D. 管道受压元件因裂纹而产生泄漏

8. 某日赵某在某金属冶炼企业锅炉房内值班,巡视时听见高水位报警器发出警报。赵某初步判断锅炉发生满水,并紧急进行满水处理。下列关于值班班长采取的一系列措施,正确的是(　　)。
   A. 增强燃烧力度,降低负荷,关小主汽阀
   B. 立即关闭给水阀停止向锅炉上水,启用省煤器再循环管路
   C. 关闭连续排污阀和定期排污阀放水
   D. 全开连续排污阀,并关闭定期排污阀放水

9. 2023年,某化工厂锅炉正在满负荷运行时,忽然从炉顶传来较大而急促的水击声,经确定,该锅炉给水管道与上锅筒连接处到附近止回阀间发生水击事故。下列关于水击事故的预防及处理的说法,正确的是(　　)。
   A. 给水管道的阀门启闭不应过于频繁,开闭速度要缓慢
   B. 应控制可分式省煤器的出口水温低于同压力下的饱和温度20℃
   C. 上锅筒进水速度应缓慢,下锅筒进汽速度应迅速
   D. 消除水击事故后,为减少损失,锅炉应立即投入运行

10. 锅炉缺水是锅炉运行中最常见的事故之一,尤其当出现严重缺水时,常会造成严重后果。如果对锅炉缺水处理不当,可能导致锅炉爆炸。当锅炉出现严重缺水时,正确的处理方法是(　　)。
    A. 立即给锅炉上水　　　　　　　　B. 立即停炉
    C. 进行"叫水"操作　　　　　　　　D. 加强水循环

11. 锅炉烟道尾部二次燃烧是锅炉事故的一种,可能发生在停炉后的几分钟或几小时以后。下列关于锅炉尾部烟道二次燃烧的说法,正确的是( )。

A. 尾部烟道二次燃烧主要发生在煤粉锅炉上

B. 当引风机将可燃物吸引到尾部烟道上,由于烟气流速极快,容易发生尾部烟道二次燃烧

C. 为防止产生尾部烟道二次燃烧,要保证烟道各种门孔及烟气挡板通风良好

D. 尾部烟道二次燃烧有可能造成空气预热器、省煤器损坏

12. 锅炉结渣是指灰渣在高温下粘结于受热面、炉墙、炉排之上并越积越多的现象。下列关于锅炉结渣预防措施的说法,错误的是( )。

A. 在设计上要控制炉膛出口温度,使之超过灰渣变形温度,增加灰渣流动性

B. 应控制水冷壁间距不要太大,要把炉膛出口处受热面管间距拉开

C. 在运行上要避免超负荷运行,控制火焰中心位置,避免火焰偏斜和火焰冲墙

D. 对沸腾炉和层燃炉,要控制送煤量,均匀送煤,及时调整燃料层和煤层厚度

13. 锅炉蒸发表面(水面)汽水共同升起,产生大量泡沫并上下波动翻腾的现象称为汽水共腾。汽水共腾会使蒸汽带水,降低蒸汽品质,造成过热器结垢,损坏过热器或影响用汽设备的安全运行。下列锅炉运行异常状况中,可导致汽水共腾的是( )。

A. 蒸汽管道内发生水冲击 B. 过热蒸汽温度急剧下降

C. 锅水杂质含量太低 D. 负荷增加和压力降低过快

14. 压力容器专职操作人员在容器运行期间应经常检查容器的工作状态,以便及时发现容器上的不正常状态,采取相应的措施进行调整或消除,保证容器安全运行。压力容器运行中出现下列异常情况时,应立即停止运行的是( )。

A. 操作压力达到规定的标称值 B. 运行温度偏离正常设计温度

C. 压力容器保温层破损 D. 承压部件鼓包变形

15. 起重操作要坚持"十不吊"原则,其中有一条原则是斜拉物体不吊,因为斜拉斜吊物体最有可能造成重物失落事故中的( )事故。

A. 脱绳事故 B. 脱钩事故

C. 断绳事故 D. 断钩事故

16. 李某是企业蒸汽锅炉的司炉工,某日在对运行锅炉进行日常巡查的过程中发现锅炉运行存在异常状况,李某立即记录并汇报值班班长。在记录的异常状况中,可导致汽水共腾事故的是( )。

A. $66×10^4$ kW 超临界机组1号锅炉锅水过满

B. $66×10^4$ kW 超临界机组1号锅炉过热蒸汽温度急剧下降

C. $66×10^4$ kW 超临界机组2号锅炉锅水黏度太低

D. $66×10^4$ kW 超临界机组2号锅炉负荷增加和压力降低过快

17. 锅炉蒸发表面(水面)汽水共同升起,产生大量泡沫并上下波动翻腾的现象称为汽水共腾。汽水共腾会使蒸汽带水,降低蒸汽品质,造成过热器结垢,损坏过热器或影响用汽设备的安全运行,下列处理锅炉汽水共腾的方法中,正确的是(   )。

    A. 加大燃烧力度
    B. 开大主蒸汽管道阀门
    C. 加强蒸汽管道和过热器的疏水
    D. 全开连续排污阀,关闭定期排污阀

18. 锅炉结渣是指灰渣在高温下粘结于受热面、炉墙、炉排之上并越积越多的现象。结渣使锅炉(   )。

    A. 受热面吸热能力减弱,降低了锅炉的出力和效率
    B. 受热面吸热能力增加,降低了锅炉的出力和效率
    C. 受热面吸热能力减弱,提高了锅炉的出力和效率
    D. 受热面吸热能力增加,提高了锅炉的出力和效率

19. 某电力工程公司实施农村电网改造工程,需要拔出废旧电线杆重新利用。在施工过程中,施工人员为提高工作效率,使用小型汽车起重机吊拔废旧电线杆。在吊装作业中,最可能发生的起重机械事故是(   )。

    A. 坠落事故
    B. 倾翻事故
    C. 挤伤事故
    D. 断臂事故

二、多项选择题

1. 锅炉发生重大事故会对工作人员造成严重的伤害,知晓并能够实践锅炉事故的应急措施是降低伤害的重要途径,下列关于锅炉重大事故应急措施的说法,错误的有(   )。

    A. 发生重大事故和爆炸事故时,司炉工应迅速找到起火源和爆炸点,进行应急处理,之后判断查明原因
    B. 发生锅炉重大事故时,要停止供给燃料和送风,减弱引风
    C. 发生锅炉重大事故时,司炉工应及时找到附近水源取水向炉膛浇水,以熄灭炉膛内的燃料
    D. 发生锅炉重大事故时,应打开炉门、灰门、烟风道闸门等,以冷却炉子
    E. 发生重大事故和爆炸事故时,应启动应急预案,保护现场,并及时报告有关领导和监察机构

2. 下列属于汽水共腾的处置措施的有(   )。

    A. 全开连续排污阀,并打开定期排污阀
    B. 停止上水,以减少气泡产生
    C. 减弱燃烧力度,关小主汽阀
    D. 增加负荷,迅速降低压力
    E. 关闭水位表的汽连接管旋塞,关闭放水旋塞

3. 锅炉发生汽水共腾的原因有(   )。

    A. 锅水品质太差
    B. 水循环故障
    C. 严重缺水
    D. 负荷增加过快
    E. 压力降低过快

4. 省煤器是安装于锅炉尾部烟道下部用于回收所排烟的余热的一种装置,将锅炉给水加热成汽包压力下的饱和水的受热面,由于它吸收高温烟气的热量,降低了烟气的排烟温度,节省了能源,提高了效率,所以称之为省煤器。下列现象中,属于省煤器损坏事故的有(　　)。

   A. 给水流量不正常的小于蒸汽流量

   B. 给水流量不正常的大于蒸汽流量

   C. 锅炉水位上升,烟道潮湿或漏水

   D. 过热蒸汽温度上升,排烟温度下降

   E. 烟速过低或烟气含灰量过大,飞灰磨损严重

5. 起重机机体摔伤事故可能导致机械设备的整体损坏甚至造成严重的人员伤亡,下列起重机中能够发生机体摔伤事故的有(　　)。

   A. 汽车起重机   B. 门座起重机

   C. 塔式起重机   D. 履带起重机

   E. 门式起重机

6. 在典型起重机械事故中,造成脱钩事故的主要原因有(　　)。

   A. 护钩保护装置机能失效   B. 吊钩因长期磨损,使断面减小

   C. 吊钩缺少护钩装置   D. 吊装方法不当

   E. 超载起吊拉断钢丝绳

7. 机体毁坏事故的主要类型有(　　)。

   A. 断臂事故   B. 机体摔伤事故

   C. 倾翻事故   D. 坠落事故

   E. 相互撞毁事故

专题 3　锅炉安全技术

建议用时 32′　　答案 P190

一、单项选择题

1. 锅炉上水时,从防止产生过大热应力出发,水温与筒壁温差不超过(　　)℃。

   A. 20　　　　　　B. 30　　　　　　C. 40　　　　　　D. 50

2. 下列关于锅炉上水的说法,正确的是(　　)。

   A. 从防止产生过大热应力出发,上水温度最高不超过70℃

   B. 水温与筒壁温差不超过20℃

   C. 对水管锅炉,全部上水时间在夏季不小于2h,在冬季不小于5h

   D. 冷炉上水至最低安全水位时应停止上水

3. 某企业购进一台额定蒸发量为1.2t/h的蒸汽锅炉,下列关于该锅炉水位计的安装表述,正确的是(　　)。

   A. 水位计位置应便于观察

   B. 安装一只水位计即可

C. 特殊环境下水位计无须设置放水管

D. 玻璃管式水位计位置合理时可以不安装防护装置

4. 当锅炉内的水位高于最高安全水位或低于最低安全水位时,水位警报器就会自动发出警报,提醒司炉人员采取措施。防止此类事故发生的保护装置是(　　)。

A. 超温报警装置　　　　　　　　　B. 高低水位警报和低水位联锁保护装置

C. 炉内水质变差检测装置　　　　　D. 锅炉自动启停装置

5. 锅炉水位是保证供汽和安全运行的重要指标,运行人员应不断地通过(　　)监视锅内的水位。

A. 压力表　　　B. 安全阀　　　C. 水位表　　　D. 温度表

6. 为防止锅炉炉膛爆炸,下列关于燃油、燃气和煤粉锅炉的点火程序的表述,正确的是(　　)。

A. 点火→送风→送入燃料　　　　B. 点火→送入燃料→送风

C. 通风→点火→送入燃料　　　　D. 通风→送入燃料→点火

7. 为避免锅炉满水和缺水的事故发生,锅炉水位的监督很重要,以保证锅炉水位在正常水位线处,上下浮动范围为(　　)mm。

A. 50　　　B. 100　　　C. 150　　　D. 200

8. 锅炉启动初期及整个启动过程升压速度应缓慢、均匀,并严格控制在规定范围内。下列针对锅炉点火升压阶段的启动步骤及注意事项,满足要求的是(　　)。

A. 新装、移装、大修或长期停用的锅炉,在点火升压前应进行烘炉、煮炉

B. 新投入运行锅炉向共用的蒸汽母管供汽称为并汽,并汽前应加强燃烧,保证蒸汽品质

C. 为防止产生过大热应力,冷炉上水至最高安全水位时应停止上水

D. 在升压过程中,开启过热器出口集箱疏水阀、紧闭对空排气阀,防止过热器水击、结垢

9. 下列关于启动锅炉的步骤排序,正确的是(　　)。

A. 煮炉、烘炉、上水、点火升压、暖管

B. 上水、烘炉、煮炉、点火升压、暖管

C. 暖管烘炉、煮炉、上水、点火升压

D. 煮炉、烘炉、上水、点火升压、暖管与并汽

二、多项选择题

1. 停炉保养的方式有(　　)。

A. 压力保养　　　　　　　　　　B. 无压保养

C. 湿法保养　　　　　　　　　　D. 干法保养

E. 充气保养

2. 锅炉遇到严重的情况应及时紧急停炉。下列关于紧急停炉的说法,正确的有(　　)。

A. 立即停止添加燃料和送风,减弱引风

B. 向炉膛浇水以快速熄灭炉膛内的燃料

C. 灭火后即把炉门、灰门及烟道挡板打开,加强冷却通风

D. 锅内迅速降压并更换锅水

E. 严重缺水导致的紧急停炉,应立即增加锅炉上水防止受热面变形

3. 在操作锅炉的过程中,若遇到一些危险情况需要紧急停炉。下列选项中,属于需要紧急停炉的情况有(　　)。
   A. 锅炉水位低于水位表的下部可见边缘
   B. 不断加大向锅炉进水及采取其他措施,但水位仍继续下降
   C. 水位表内发白发亮
   D. 设置在汽相空间的压力表全部失效
   E. 锅炉蒸发表面汽水共同升起,产生大量泡沫并上下翻滚

4. 对新装、移装、大修或长期停用的锅炉,启动之前要进行全面检查。下列关于锅炉启动要求的说法,正确的有(　　)。
   A. 启动前要检查安全附件和测量仪表是否齐全
   B. 上水温度最高不超过90℃,水温与筒壁温差不超过60℃
   C. 长期停用的锅炉在上水后,启动前要进行烘炉
   D. 新装锅炉在启动前必须煮炉
   E. 对于层燃炉应当用挥发性强,引燃能力强的油类或易燃物引火

5. 正常停炉是预先计划内的停炉。停炉中应注意的主要问题是防止降压降温过快,以避免锅炉部件因降温收缩不均匀而产生过大的热应力。下列关于锅炉正常停炉操作规程的说法中,正确的有(　　)。
   A. 锅炉正常停炉时应相应地减少锅炉上水,但应维持锅炉水位稍高于正常水位
   B. 为保护过热器,防止其金属超温,可打开过热器出口集箱疏水阀适当放气
   C. 对于燃气、燃油锅炉,炉膛停火后,引风机至少要继续引风3min及以上
   D. 省煤器出口水温应低于锅筒压力下饱和温度40℃
   E. 停炉18~24h,在锅水温度降至70℃以下时,方可全部放水

6. 为保证使用安全,应在锅炉正常运行过程中对其进行监督调节。下列关于锅炉监督调节安全技术要求的说法,正确的有(　　)。
   A. 锅炉在高负荷运行时,水位应稍高于正常水位
   B. 锅炉燃烧减弱时,人工烧炉在投煤、扒渣时严禁上水
   C. 对负压燃烧锅炉,应保持炉膛一定的负压,以保证操作安全和减少排烟损失
   D. 当锅炉蒸发量和负荷不相等时,气压就要变动,若负荷小于蒸发量,气压就下降
   E. 锅炉水位应经常保持在正常水位线处,并允许在正常水位线上下50mm内波动

7. 安全阀是锅炉上的重要安全附件之一,为保证锅炉使用过程的安全,安全阀应按规定配置,合理安装。下列关于锅炉安全阀安全技术要求的说法,正确的有(　　)。
   A. 在用锅炉的安全阀每年至少校验一次,校验一般在锅炉停运状态下进行
   B. 安全阀经校验后,应加锁或铅封
   C. 锅炉运行中安全阀应当解列
   D. 新安装锅炉的安全阀及检修后的安全阀应检验其整定压力和密封性
   E. 控制式安全阀应当分别进行控制回路可靠性试验和开启性能检验

专题 4　气瓶安全技术

建议用时 24′　　答案 P191

一、单项选择题

1. 瓶装气体品种多、性质复杂。在储存过程中,气瓶的储存场所应符合设计规范,库房管理人员应熟悉有关安全管理要求。下列关于气瓶储存的要求,错误的是(　　)。
   A. 可燃、有毒、窒息气瓶库房应有自动报警装置
   B. 可燃气体的气瓶不可与氧化性气体气瓶同库储存
   C. 气瓶库房出库不得少于 2 个
   D. 应当遵循先入库的气瓶后发出的原则

2. 下列关于安全泄压装置的说法,错误的是(　　)。
   A. 盛装低压有毒气体的气瓶允许装设易熔合金塞装置
   B. 液化石油气钢瓶,不宜装设安全泄压装置
   C. 盛装剧毒气体的气瓶,不应使用安全阀,应使用爆破片
   D. 盛装溶解乙炔的气瓶,应当装设易熔塞合金装置

3. 气瓶运输车辆应具有固定气瓶的相应装置,散装直立气瓶高出栏板部分不应大于气瓶的高度的(　　)。
   A. 1/2　　　　B. 1/3　　　　C. 1/4　　　　D. 1/5

4. 车用压缩天然气气瓶的易熔塞合金装置的动作温度为(　　)℃。
   A. 70.0　　　　　　　　B. 100.0
   C. 102.5　　　　　　　D. 110.0

5. 气瓶充装溶解乙炔,充装过程中,瓶壁温度不得超过(　　)℃。
   A. 20　　　　B. 30　　　　C. 40　　　　D. 50

6. 气瓶安全泄压装置的作用是保护气瓶在遇到周围发生火灾时、内部介质突增时,不会因瓶体受热、瓶内压力升高过快而造成气瓶爆炸,下列要求中,正确的是(　　)。
   A. 易熔合金塞为防止易熔合金塞因受压力脱落,塞体内孔只能做成带螺纹形
   B. 易熔塞合金装置的公称动作温度有 102.5℃、100℃和 70℃三种,其中用于溶解乙炔的易熔合金塞装置,其公称动作温度为 102.5℃
   C. 由于无缝气瓶瓶体上不宜开孔,用于永久气体气瓶的爆破片一般装配在气瓶阀门或瓶肩上
   D. 复合装置只有在环境温度和瓶内压力都分别达到了规定值的条件才发生动作、泄压排气,一般不会发生误动作

7. 运输和装卸气瓶时,下列选项中,属于不安全的行为的是(　　)。
   (1)气瓶必须佩戴好瓶帽,轻装轻卸,严禁抛、滑、滚、碰
   (2)由于气瓶多是钢瓶,吊装时,可以使用电磁起重机和链绳
   (3)瓶内气体相互接触能引起燃烧、爆炸气瓶,不得同车(厢)运输

(4)如果必经城市繁华区时,由于夜间黑暗易出错,应尽可能在白天运输

(5)夏季运输应有遮阳设施,避免暴晒

(6)运输可燃气体气瓶时,运输工具上备有灭火器材

A.(1)(3) B.(2)(4)
C.(5)(6) D.(1)(5)

二、多项选择题

1. 充装站日常要对气瓶实施管理工作,主要包括气瓶的装卸、运输、储存、保管和发送等环节。下列关于气瓶的装卸运输说法中,正确的有(　　)。

   A.检查气瓶的气体产品合格证、警示标签是否与充装气体及气瓶标志的介质名称一致,要配带瓶帽、防振圈
   B.严禁用叉车、翻斗车或铲车搬运气瓶
   C.化学性质相抵触的气体不得同车运输,氧化或强氧化气体气瓶不准和易燃品、油脂及沾有油脂的物品同车运输
   D.装运气瓶的货车只能少量载客
   E.运输车停靠时,驾驶员和押运员不得同时离开车辆

2. 下列属于常用安全泄压装置的有(　　)。

   A.易熔合金塞装置   B.爆破片装置
   C.安全阀   D.保护罩
   E.密封圈

3. 安全泄压装置是包括气瓶在内的所有承压设备的保护装置,其设置原则包括(　　)。

   A.车用气瓶或者其他可燃气体气瓶、呼吸器用气瓶应当装设安全泄压装置
   B.盛装溶解乙炔的气瓶,应当装设易熔合金塞装置
   C.盛装剧毒气体的气瓶,应当装设安全泄压装置
   D.液化石油气钢瓶,不宜装设安全泄压装置
   E.爆破片装置(或者爆破片)的公称爆破压力为气瓶的水压试验压力

4. 充装站日常要对气瓶实施管理工作,主要包括气瓶的装卸、运输、储存、保管和发送等环节。下列关于充装站对气瓶的日常管理的说法,错误的有(　　)。

   A.将散装瓶装入集装箱内,可直接用机械起重设备吊运
   B.不得使用电磁起重机吊运气瓶
   C.不得使用金属链绳捆绑后吊运气瓶
   D.氧气瓶不可与可燃气体气瓶同车
   E.大量气瓶横放时,头部应朝向相反方向均匀分布

5. 气瓶安全附件是气瓶的重要组成部分,对气瓶安全使用起着至关重要的作用。下列部件中,属于气瓶安全附件的有(　　)。

   A.瓶阀   B.瓶帽
   C.液位计   D.汽化器
   E.防振圈

专题 5 压力容器安全技术

建议用时 30′　　答案 P192

一、单项选择题

1. 压力容器在运行中,应当紧急停止运行的情况是(　　)。
   A. 容器的操作压力即将达到安全操作规程规定的极限值
   B. 容器的操作温度即将达到安全操作规程规定的极限值
   C. 高压容器的信号孔泄漏
   D. 容器接管法兰有渗漏

2. 为提高压力容器的安全保护性能,通常将安全阀与爆破片装置组合使用。当安全阀与爆破片装置并联组合使用时,下列关于安全阀的说法,正确的是(　　)。
   A. 安全阀开启压力高于压力容器的设计压力
   B. 安全阀开启压力略高于压力容器的设计压力
   C. 安全阀开启压力略低于爆破片装置的标定爆破压力
   D. 安全阀开启压力略高于爆破片装置的标定爆破压力

3. 由安全阀和爆破片组合构成的压力容器安全附件,一般采用并联或串联安装安全阀和爆破片。当安全阀与爆破片装置并联组合时,爆破片的标定爆破压力不得超过压力容器的(　　)。
   A. 工作压力　　　　　　　　　　B. 设计压力
   C. 最高工作压力　　　　　　　　D. 爆破压力

4. 腐蚀是造成压力容器失效的一个重要因素,对于有些工作介质来说,只有在特定的条件下才会对压力容器的材料产生腐蚀。因此,要尽力消除这种能够引起腐蚀的条件,下列关于压力容器日常保养的说法,错误的是(　　)。
   A. 盛装一氧化碳的压力容器应采取干燥和过滤的方法
   B. 盛装压缩天然气的钢制容器只需采取过滤的方法
   C. 盛装氧气的碳钢容器应采取干燥的方法
   D. 介质含有稀碱液的容器应消除碱液浓缩的条件

5. 下列属于压力容器日常维护保养项目的是(　　)。
   A. 容器及其连接管道的振动检测　　B. 保持完好的防腐层
   C. 进行容器耐压试验　　　　　　　D. 检查容器受压元件缺陷扩展情况

6. 压力容器的使用寿命主要取决于能否做好压力容器的维护保养工作。下列关于压力容器的维护保养的说法,错误的是(　　)。
   A. 多孔性介质适用于盛装稀碱液
   B. 常采用防腐层,如涂漆、喷镀或电镀来防止对压力容器器壁的腐蚀
   C. 一氧化碳气体应尽量干燥
   D. 盛装氧气的容器,最好使氧气经过干燥,或在使用中经常排放容器中的积水

7. 做好压力容器的维护保养工作,可以使容器经常保持完好状态,提高工作效率,延长容器使用寿命。下列关于压力容器维护保养的说法,正确的是(　　)。

　　A. 如果只是局部防腐层损坏,可以继续使用压力容器

　　B. 防止氧气罐腐蚀,最好使氧气经过干燥,或在使用中经常排放容器中的积水

　　C. 对于临时停用的压力容器,不应清除内部的存储介质

　　D. 压力容器上的安全装置和计量仪表,定期进行维护,根据需要进行校正

8. 为保证压力容器安全运行,通常设置安全阀、爆破片等安全附件。下列关于安全阀、爆破片组合设置要求的说法,正确的是(　　)。

　　A. 安全阀与爆破片装置并联组合,爆破片的标定爆破压力应略低于安全阀的开启压力

　　B. 安全阀进口和容器之间串联安装爆破片装置,容器内的介质应是洁净的

　　C. 安全阀出口侧串联安装爆破片装置,容器内的介质应是洁净的

　　D. 安全阀出口侧串联安装爆破片装置,爆破片的泄放面积不得小于安全阀的出口面积

9. 压力容器的安全附件包括安全阀、爆破片、爆破帽、易熔塞等。下列关于压力容器的安全附件说法,正确的是(　　)。

　　A. 安全阀具有重闭功能,对于有毒物质和含胶着物质安全阀能够更有效地泄压

　　B. 爆破片属于非重闭式泄压装置,爆破片受压爆破而泄放出介质,以防止容器或系统内的压力超过预定的安全值

　　C. 安全阀与爆破片装置并联组合时,安全阀的开启压力应略高于爆破片的标定爆破压力

　　D. 为便于安全阀的清洗与更换,安全阀与压力容器阀一般可装设截止阀,但正常运行期间必须保证常闭状态

10. 下列关于安全阀、爆破片设置要求的说法,错误的是(　　)。

　　A. 安全阀与爆破片并联组合时,安全阀开启压力应略低于爆破片的标定爆破压力

　　B. 安全阀与爆破片并联组合时,爆破片的标定爆破压力不得超过容器的设计压力

　　C. 安全阀出口侧串联安装爆破片时,容器内介质应不含胶着物质

　　D. 安全阀进口与容器间串联安装爆破片时,爆破片破裂后泄放面积不得大于安全阀的进口面积

11. 为实现安全阀的在线校验,可在安全阀与压力容器之间装设(　　)。

　　A. 爆破片　　　　　　　　　　B. 截止阀

　　C. 减压阀　　　　　　　　　　D. 紧急切断阀

二、多项选择题

1. 压力容器的专职操作人员在容器运行期间应经常检查容器的工作状况,以便及时发现设备上的不正常状态,采取相应的措施进行调整或消除,保证容器安全运行。当运行中出现(　　)异常情况时,压力容器应立即停止运行。

　　A. 容器的操作压力或壁温超过安全操作规程规定的极限值,而且采取措施仍无法控制,并有继续恶化的趋势

　　B. 容器的承压部件出现裂纹、鼓包变形、焊缝或可拆连接处泄漏等危及容器安全的迹象

C. 安全装置全部失效,连接管件断裂,紧固件损坏等,难以保证安全操作

D. 压力容器中有声响

E. 操作岗位发生火灾,威胁到容器的安全操作

2. 下列关于压力容器安全操作的说法,正确的有(　　)。

A. 加载和卸载应缓慢,并保持运行期间载荷的相对稳定

B. 操作中压力频繁、大幅度地波动,对容器的抗疲劳强度是不利的,应尽可能避免,保持操作压力平稳

C. 防止压力容器过载主要是防止超压

D. 压力容器的操作温度也应严格控制在设计规定的范围内,短期的超温运行会立即导致容器的破坏

E. 储装液化气体的容器,为了防止液体受热膨胀而超压,一定要严格计量

3. 压力容器的安全附件包括安全阀、爆破片、爆破帽、易熔塞等。下列关于压力容器的安全附件的说法,正确的有(　　)。

A. 安全阀是一种由出口静压开启的自动泄压阀门,具有重闭功能,对于有毒物质和含胶着物质,安全阀能有更有效的泄压作用

B. 爆破片是一种非重闭式泄压装置,由进口静压使爆破片受压爆破而泄放出介质,以防止容器或系统内的压力超过预定的安全值

C. 爆破片与安全阀相比具有结构简单、泄压反应快、密封性能好、适应性强等优点

D. 安全阀与爆破片装置并联组合时,安全阀的开启压力应略高于爆破片的标定爆破压力

E. 当安全阀与爆破片串联组合时,爆破片破裂后的泄放面积应小于安全阀的进口面积

4. 对运行中的压力容器进行检查的内容主要包括工艺条件、设备状况以及安全装置等。其中在工艺条件方面主要检查的内容包括(　　)。

A. 操作压力、操作温度、液位是否在安全操作规程规定的范围内

B. 容器工作介质的化学组成,特别是影响容器安全的成分是否符合要求

C. 安全装置以及与安全有关的计量器具是否保持完好状态

D. 各连接部位有无泄漏、渗漏现象

E. 容器的部件和附件有无塑性变形

专题 6　压力管道安全技术

ⓐ建议用时 16′　　▷答案 P193

一、单项选择题

1. 按功能划分,阻火器中阻止火焰以音速、超音速传播的阻火器称作(　　)。

A. 超速阻火器　　　　　　　　　B. 限速阻火器

C. 爆燃阻火器　　　　　　　　　D. 轰爆阻火器

2. 阻火器是压力管道常用的安全附件之一。下列关于阻火器安装及选用的说法,正确的是( )。

A. 安全阻火速度应小于安装位置可能达到的火焰传播速度

B. 选用阻火器时,其最大间隙应不小于介质在操作工况下的最大试验安全间隙

C. 单向阻火器安装时,应当将阻火侧朝向潜在点火源

D. 阻火器应安装在压力管道热源附近,以防止热源发生火灾

3. 压力管道是指利用一定的压力,用于输送气体或者液体的管状设备,其范围规定为最高工作压力大于或者等于0.1MPa(表压)的气体,对于压力管道的安全操作和管理显得尤为重要。下列关于压力管道安全技术的说法,正确的是( )。

A. 处于运行中可能超压的管道系统可以不设置泄压装置

B. 安全阻火速度应不能超过安装位置可能达到的火焰传播速度

C. 管道受压元件因裂纹而产生泄漏时采取带压堵漏

D. 高温管道需对法兰连接螺栓进行热紧,低温管道需进行冷紧

4. 压力管道的安全附件需要定期进行保养,以保证安全附件的可靠性。下列关于压力管道的保养的说法,错误的是( )。

A. 静电跨接和接地装置要保持良好完整,及时消除缺陷

B. 及时消除压力管道的"跑、冒、滴、漏"现象

C. 经常对管道底部、弯曲处等薄弱环节进行检查

D. 将管道及支架作为电焊零线或起重工具的锚点和撬抬重物的支撑点

5. 阻火器按其结构形式可以分为金属网型、波纹型、泡沫金属型等;按功能可分为爆燃型和轰爆型。下列关于阻火器选用安全技术要求的说法,正确的是( )。

A. 爆燃型阻火器是用于阻止火焰以音速或超音速通过的阻火器

B. 阻火器的填料要有一定强度,且不能与介质起化学反应

C. 选用的阻火器的安全阻火速度应小于安装位置可能达到的火焰传播速度

D. 选用阻火器时,其最大间隙应不小于介质在操作工况下的最大试验安全间隙

6. 阻火器是用来阻止易燃气体、液体的火焰蔓延和防止回火而引起爆炸的安全装置。通常安装在可燃易爆气体、液体的管路上,当某一段管道发生事故时,阻止火焰影响另一段管道和设备。下列关于阻火器的设置,符合要求的是( )。

A. 当工艺物料含有醋酸蒸汽时,阻火器可不设置防冻或者解冻措施

B. 工艺物料含有颗粒时,应当在阻火器进、出口安装压力表,监控阻火器的压力降

C. 单向阻火器安装时,应当将阻火侧背向潜在点火源

D. 阻火器在任何情况下,均不得靠近炉子和加热设备

7. 压力管道日常运行中发生的故障主要有接头和密封填料处泄漏,管道异常振动和摩擦,安全阀动作失灵,管道内部堵塞和仪表失灵等。下列关于压力管道故障处理的说法,正确的是( )。

A. 可拆卸接头和密封填料处发生泄漏后,一般可采取带压紧固连接件的措施消除泄漏

B. 管道发生异常振动和摩擦时,应采取隔断振源、调整支承、使相互摩擦的部位隔离等措施

C. 工业管道内部堵塞往往是由于介质黏度过大而引发的,故冷凝水不会堵塞管道

D. 为避免萘蒸气对管道防腐层的腐蚀破坏,应对管道进行定期清洗

二、多项选择题

阻火器是用来阻止易燃气体和易燃液体火焰蔓延和防止回火而引起爆炸的安全装置,一般安装在输送可燃气体、液体的管道上。下列关于阻火器安全装置的使用及设计条件,不符合要求的有( )。

A. 为防止储罐内介质损耗并降低爆炸性物质的积聚,储罐通气管上设呼吸阀后增设阻火器,防止飞火进入罐内

B. 单向阻火器安装时,应将阻火侧背向潜在点火源

C. 阻火器也可应用于可燃性液体火灾

D. 阻火器最大间隙应不大于介质在操作工况下的最大试验安全间隙

E. 阻火器的阻火速度应不大于安装位置可能达到的火焰传播速度

专题 7　起重机械安全技术

建议用时 26′　　答案 P194

一、单项选择题

1. 下列关于司索工安全操作技术的说法,错误的是( )。

    A. 对吊物的质量和重心估计要准确

    B. 每次吊装都要对吊具进行认真的安全检查

    C. 对于旧吊索应当根据情况降级使用

    D. 在合理的情况下可以适当超载

2. 下列各项起重机械检查,不需要进行全面检查的是( )。

    A. 停用 1 年以上　　　　　　　　B. 遇到 4 级以上地震

    C. 发生重大设备事故　　　　　　D. 露天作业经受 7 级以上风力后的起重设备

3. 根据《起重机械安全规程　第 1 部分:总则》,凡是动力驱动的起重机,其起升机构(包括主、副起升机构)均应装设( )。

    A. 偏斜显示(限制)装置　　　　　B. 上升极限位置限制器

    C. 轨道清扫器　　　　　　　　　D. 风速仪

4. 使用单位除每年对在用起重机械进行 1 次全面检查外,在某些特殊情况下也应进行全面检查。下列情况中,需要进行全面检查的是( )。

    A. 起重机械停用半年　　　　　　B. 遇 5 级地震灾害

    C. 发生一般起重机械事故　　　　D. 露天作业经受 8 级风力后

5. 同层多台起重机同时作业情况比较普遍,也存在两层,甚至三层起重机共同作业的情况。能保证起重机交叉作业安全的是( )。
   A. 位置限制与调整装置 B. 力矩限制器
   C. 回转锁定装置 D. 防碰撞装置

6. 下列常见机体毁坏事故的类型中,( )是自行式起重机的常见事故。
   A. 断臂事故 B. 机体摔伤事故
   C. 相互撞毁事故 D. 倾翻事故

7. 下列关于起重机安全操作技术的说法,错误的是( )。
   A. 开车前,必须鸣铃或示警
   B. 严格按指挥信号操作,对紧急停止信号,无论何人发出,都必须立即执行
   C. 有主、副两套起升机构的,允许同时利用主、副钩工作
   D. 被吊重物棱角与吊索之间未加衬垫不得起吊

8. 起重机驾驶员在操作过程中要坚持"十不吊"原则。下列情形中,可以起吊的是( )。
   A. 为赶工期,每次起吊的时候都可以适当地超重
   B. 夜间施工的时候,可以借助月光照明
   C. 吊装电线杆时不加衬垫可以起吊
   D. 吊装的铁液装了一半

9. 挂钩要坚持"五不挂"。下列关于"五不挂"的说法,错误的是( )。
   A. 起重或吊物质量不明不挂
   B. 重心位置不清楚不挂
   C. 尖棱利角和易滑工件无垫物不挂
   D. 用两台或多台起重机吊运同一重物时不挂

10. 某公司清理废旧设备堆放的场地,使用汽车起重机进行吊装。根据作业背景,下述起吊作业符合安全技术规程的是( )。
    A. 起吊已知质量且小于起重机额定起重量的设备,考虑到该设备被其他设备相互包围、挤压,应采用小高度、短行程试吊,确认无问题后再吊运
    B. 用两台或多台起重机吊运同一设备时,设备重量不应小于起重机额定起重量之和
    C. 起吊作业过程中,紧急停止信号无论何人发出,立即执行
    D. 起吊重量不明的设备时,应用小高度、短行程试吊,确认无问题后再吊运

二、多项选择题

1. 起重机械造成的伤害是特种设备常见的伤害之一,为了避免伤害发生,须对起重机进行定期检验。下列属于起重机械每日检查内容的有( )。
   A. 动力系统控制装置 B. 安全装置
   C. 轨道的安全状况 D. 机械零部件安全情况
   E. 紧急报警装置

2. 起重机的安全操作与避免事故的发生紧密相关,起重机械操作人员在起吊前应确认各项工作和周边环境是否符合安全要求。下列关于起重机吊运前的准备工作的说法,错误的有(　　)。

   A. 起吊前应进行一次性长行程、大高度试吊,以确定起重机的载荷承受能力

   B. 主、副两套起升机构不得同时工作

   C. 被吊重物与吊绳之间必须加衬垫

   D. 司索工一般负责检查起吊前的安全,不担任指挥任务

   E. 起吊前确认起重机与其他设备或固定建筑物的距离在 0.5m 以上

3. 桥架类型起重机的特点是以桥形结构作为主要承载构件,取物装置悬挂在可沿主梁运行的起重小车上。下列起重机中,属于桥架类型起重机的有(　　)。

   A. 塔式起重机　　　　　　　　B. 桥式起重机

   C. 门座式起重机　　　　　　　D. 桅杆式起重机

   E. 门式起重机

专题 8　场(厂)内专用机动车辆安全技术

⏱建议用时 18′　　📖答案 P194

一、单项选择题

1. 关于场(厂)内专用机动车辆主要安全部件,下列说法错误的是(　　)。

   A. 高压油管应通过耐压试验、长度变化试验、爆破试验、脉冲试验、泄漏试验等

   B. 货叉应通过重复加载的载荷试验检测

   C. 链条应进行静载荷和动载荷试验

   D. 护顶架应进行静态和动态两种载荷试验检测

2. 叉车护顶架是为保护驾驶员免受重物落下造成的伤害而设置的安全装置。下列关于叉车护顶架的说法,错误的是(　　)。

   A. 起升高度在 2m 的叉车必须设置护顶架

   B. 护顶架一般都是由型钢焊接而成

   C. 护顶架必须能够遮掩驾驶员的上方

   D. 二次加工的护顶架可只进行疲劳载荷试验检测

3. 叉车是工业搬运车辆,是指对成件托盘货物进行装卸、堆垛和短距离运输作业的各种轮式搬运车辆。下列关于叉车的说法,正确的是(　　)。

   A. 叉装时,物件应靠近起落架,重心应靠近起落架边缘

   B. 叉取易碎物品时,必须有人同时站在货叉上稳定货物

   C. 紧急情况下,不得使用单叉作业,也不得使用货叉顶货

   D. 严禁用叉车叉取质量不明的物体

4. 根据《场(厂)内专用机动车辆安全技术规程》,下列关于叉车系统与装置的要求的说法,正确的是(　　)。
   A. 叉车液压系统用软管、硬管和接头至少能承受液压回路 3 倍的工作压力
   B. 静压传动叉车,只有处于接合状态时才能启动发动机
   C. 防止防护罩意外关闭的装置,不用固定连接在叉车上或者安装在叉车的安全处
   D. 叉车向前运行时,顺时针转动方向盘或者对转向控制装置的等同操作,应当使叉车左转

5. 工业企业内,常将叉车用于仓储大型物件的运输,通常使用燃油机或者电池驱动。下列关于叉车安全使用的说法,正确的是(　　)。
   A. 物件提升离地后,应将起落架保持平放,方可行驶
   B. 两辆叉车同时装卸一辆货车时,保证安全作业应保持同时作业
   C. 以内燃机为动力的叉车,在易燃易爆仓库作业时应安装防火防爆设施
   D. 驾驶室除规定的操作人员外,严禁其他任何人进入或在室外搭乘

6. 叉车是指对成件托盘货物进行装卸、堆垛和短距离运输作业的各种轮式搬运车辆。下列关于叉车的说法,正确的是(　　)。
   A. 物件提升离地后,应保持起落架水平稳定不得后仰
   B. 叉取易碎物品时,必须有人站在货叉上稳定货物
   C. 紧急情况下,可以使用单叉作业,但不得使用货叉顶货
   D. 当物件质量不明时,应将该物件叉起离地面 100mm 后检查机械的稳定性,确认无误后,方可运送

7. 在场(厂)内机动车辆的液压系统中,如果超载或者液压缸到达终点油路仍未切断,以及油路堵塞引起压力突然升高,会造成液压系统损坏。因此,液压系统中必须设置(　　)。
   A. 安全阀　　　　B. 切断阀　　　　C. 止回阀　　　　D. 调节阀

二、多项选择题

1. 叉车护顶架是为了保护驾驶员免受重物落下造成伤害而设置的安全装置。下列关于叉车护顶架的说法,正确的有(　　)。
   A. 起升高度超过 1.8m,必须设置护顶架
   B. 护顶架一般都是由型钢焊接制成
   C. 护顶架必须能够遮掩驾驶员的上方
   D. 护顶架应进行疲劳载荷试验检测
   E. 护顶架应保证驾驶员有良好的视野

2. 叉车是指对成件托盘货物进行装卸、堆垛和短距离运输作业的各种轮式搬运车辆。针对叉车的运行特点及安全性要求,以下主要附件的标准检测符合要求的有(　　)。
   A. 货叉是安装在叉车货叉梁上的 L 形承载装置,应通过重复加载的载荷试验检测
   B. 起升货叉架的链条进行极限拉伸载荷和检验载荷试验
   C. 护顶架一般由型钢焊接而成,保护驾驶员免受重物落下造成伤害,应进行重复加载的载荷试验检测

D. 高压胶管必须符合相关标准,并通过耐压试验、拉伸试验、变形试验、脉冲试验、泄漏试验等试验检测

E. 液压系统中必须设置安全阀,用于控制系统最高压力

专题 9　客运索道安全技术

⏱建议用时 12′　　▷答案 P195

一、单项选择题

1. 单线循环脱挂抱索器客运架空索道,应根据地形情况配备救护工具和救护设施,在吊具距地高度大于(　　)m 时,应配备缓降器救护工具。

   A. 8　　　　B. 10　　　　C. 15　　　　D. 18

2. 我国各类客运架空索道众多,每年发生的危险事故数量也居高。下列关于单线循环固定抱索器客运索道的安全装置的说法,正确的是(　　)。

   A. 吊厢门应安装闭锁系统,但应保证紧急情况下车门可以由车内打开

   B. 应设超速保护,在运行速度超过额定速度的 50% 时,能自动停车

   C. 驱动迂回轮应有防止钢丝绳滑出轮槽飞出的装置

   D. 索道张紧小车的前部或后部应择其一个部分装设缓冲器

3. 客运索道是指利用动力驱动、柔性绳索牵引箱体等运载工具运送人员的机电设备,包括客运架空索道、客运缆车、客运拖牵索道等。客运索道的运行管理和日常检查、维修是其安全运行的重要保障。下列关于客运索道安全运行的要求,正确的是(　　)。

   A. 客运索道每天开始运送乘客之前都应进行一次空车循环试车

   B. 客运索道值班电工、钳工对专责设备每周至少检查 2 次

   C. 单线循环固定抱索式索道有负力的索道应设超速保护,在运行速度超过额定速度 50% 时,能自动停车

   D. 客运索道线路巡视工至少每周进行一次全线巡视

4. 下列关于单线循环固定抱索器客运架空索道线路机电设施及安全装置的说法,错误的是(　　)。

   A. 应根据地形情况配备救护工具和救护设施

   B. 吊具距地大于 10m 时,应有缓降器救护工具

   C. 压索支架应有防脱索二次保护装置及地锚

   D. 托压索轮组内侧应设有防止钢丝绳往回跳的挡绳板,外侧应安装捕捉器和 U 形开关

5. 索道的工作原理是钢索回绕在索道两端(上站和下站),两站之间的钢索由设在索道线路中间的若干支架支托在空中。载有乘客的运载工具通过抱索器吊挂在钢索上,驱动装置驱动钢索,带动运载工具沿线路运行,达到运送乘客的目的。下列说法不满足要求的是(　　)。

   A. 制动液压站和张紧液压站应设有油压上下限开关,上限补油、下限泄油

B. 有负力的索道应设超速保护,在运行速度超过额定速度15%时自动停车

C. 吊厢门应安装闭锁系统,不能由车内打开,也不能由于撞击或大风的影响而自动开启

D. 对于单线循环固定抱索器脉动式索道还应设有进站速度检测开关,当索道减速后,应能按设定减速曲线可靠减速至低速进站

二、多项选择题

客运索道是由钢索(运载索或承载索和牵引索)、钢索的驱动装置、迂回装置、张紧装置、支承装置、抱索器、运载工具、电气设备及安全装置组成。下列关于单线循环固定抱索器客运架空索道安全装置的说法,正确的有( )。

A. 行程保护装置应在张紧小车、重锤或液压缸行程达到极限之前,发出报警信号或自动停车

B. 有负力的索道应设超速保护,在运行速度超过额定速度10%时,能自动停车

C. 张紧小车前后均应装设缓冲器防止意外撞击

D. 如索道夜间运行时,站内及线路上应有针对性照明,支架上电力线不允许超过42V

E. 吊具距地大于15m时,应有缓降器救护工具,绳索长度应适应最大高度救护要求

专题 10 大型游乐设施安全技术

建议用时 16′　　答案 P195

一、单项选择题

1. 大型游乐设施的安全装置中,斜坡牵引的提升系统,必须设有( )。

   A. 限时装置　　　　　　　　B. 缓冲装置

   C. 防碰撞装置　　　　　　　D. 止逆行装置

2. 为了使游乐设施安全停止或减速,大部分运行速度较快的设备都采用了( )。

   A. 止逆系统　　　　　　　　B. 制动系统

   C. 限速系统　　　　　　　　D. 限位系统

3. 游乐设施正式运营前,操作员应将空车按实际工况运行( )次以上,确认一切正常再开机营业。

   A. 1　　　　B. 2　　　　C. 3　　　　D. 4

4. 根据《大型游乐设施安全规范》规定,下列关于栅栏门的叙述,错误的是( )。

   A. 在进口处应有引导栅栏,站台应有防滑措施

   B. 栅栏门应向内外两个方向开

   C. 栅栏门的内侧应设立止推块

   D. 栅栏门开启方向应与乘客行进方向一致

5. 大型游乐设施集知识性、趣味性、刺激性于一体,参与的游客面广、量大,一旦出现故障,可能造成人员被困、坠落、伤害等事故。因此为保证安全,安全装置是大型游乐设施所必不可少的。下列关于大型游乐设施的安全装置的说法,正确的是( )。

   A. 吊挂座椅除用4根钢丝绳吊挂以外,还必须另设4根保险钢丝绳

B. 沿斜坡牵引的提升系统,不得设置止逆行装置

C. 在游乐设施中,采用直流电动机驱动或者设有速度可调系统时,必须设有止逆行装置

D. 绕水平轴回转并配有平衡重的游乐设施,应设有超速限制装置

二、多项选择题

1. 安全员刘某是某市游乐场大型游乐设施的安全监管员,对于刘某负责的大型游乐设施检查记录中,不符合安全管理要求的有(   )。

   A. 每日正式运营前,操作员将空车按实际工况运行2次

   B. 每次开机前,操作员先鸣铃以示警告

   C. 设备运行中,乘客产生恐惧而大声叫喊时,操作员判定为正常情况不停车

   D. 设备运行中,操作人员选择在运营平稳时段回到遮阴棚休息

   E. 每日营业结束,操作人员对设备设施进行安全检测

2. 临近暑期,市质监部门逐步展开对大型游乐设施运行安全的检查,旨在督促大型游乐设施运营使用单位依法落实企业安全主体责任,加强操作人员、管理人员岗位技术水平。下列关于涉及大型游乐设施相关人员的要求,正确的有(   )。

   A. 游乐设施正式运营前,操作员应将空车按实际工况运行1次以上

   B. 设备运行中,操作人员不能离开岗位,遇有紧急情况要及时停机并采取相应措施

   C. 对座舱在空中旋转的游乐设施,服务人员应疏导乘客尽量集中乘坐

   D. 不准幼儿乘坐的游乐设施,需有家长陪同携抱幼儿乘坐

   E. 让本机台所有取得证件的操作人员必须熟知紧急停止按钮的位置

3. 大型游乐设施的安全装置包括乘人安全束缚装置、锁紧装置、吊挂乘坐的保险装置等。下列关于大型游乐设施安全装置的说法,正确的有(   )。

   A. 游乐设施的耗能型缓冲器主要是以聚氨酯材料为缓冲元件

   B. 束缚装置的锁紧装置在游乐设施出现功能性故障时,应仍能保持其闭锁状态

   C. 锁紧装置形式有很多种,最常见的有棘轮棘爪、曲柄摇块机构等

   D. 沿斜坡牵引的提升系统,必须设有防止载人装置逆行的装置

   E. 超速限制装置常用的限速方式有电压比较反馈方式、驱动输入设置方式等

第4章 防火防爆安全技术

考纲要求

掌握火灾、爆炸机理,运用防火防爆安全相关技术和标准,辨识、分析和评价火灾、爆炸安全风险,制订相应安全技术措施。

考点速览

序号	专题名	考试要点
1	火灾爆炸事故机理	1)燃烧及爆炸分类 2)燃烧及爆炸规律 3)爆炸极限 4)粉尘爆炸特性 5)火灾分类
2	防火防爆技术	防火防爆及泄压装置
3	烟花爆竹安全技术	烟花爆竹和民用爆炸物品安全技术
4	民用爆炸物品安全技术	烟花爆竹和民用爆炸物品安全技术
5	消防设施与器材	消防器材

真题必刷

建议用时 56′ 答案 P196

考点 1 燃烧及爆炸分类

1.[2023·单选] 火灾是指在时间或空间上失去控制的燃烧。引燃能、着火诱导期、闪点及自燃点等都是描述火灾的参数。下列关于火灾的基本概念及参数的说法中,正确的是(   )。

A.热分解温度是评价可燃固体危险性的主要指标之一,它是可燃物质受热发生分解的初始温度

B.引燃能是指释放能够触发燃烧化学反应的能量,影响其反应发生的因素仅与温度有关

C.闪燃是在一定温度下,在可燃液体表面上产生足够的可燃蒸气,通常产生持续燃烧的现象

D.自燃是物质在通常环境条件下自发燃烧的现象,汽油与煤油相比,汽油的密度小,自燃点低

2.[2019·单选] 爆炸是物质系统的一种极为迅速的物理或化学能量的释放或转化过程。在此过程中,系统的能量将转化为机械功、光和热的辐射等。按照能量来源,爆炸可分为物理爆炸、化学爆炸和核爆炸。下列爆炸现象中,属于物理爆炸的是(   )。

A.导线因电流过载而引起的爆炸 B.活泼金属与水接触引起的爆炸

C.空气中的可燃粉尘引起的爆炸 D.液氧和煤粉混合而引起的爆炸

考点 2　燃烧及爆炸规律

1. [2021·单选] 危险物质以气体、蒸气、薄雾、粉尘、纤维等形态出现,在大气条件下能与空气形成爆炸性混合物,如遇电气火花会造成火灾爆炸事故。下列关于危险物质火灾危险性与其性能参数的说法,正确的是(　　)。

   A. 活化能越低的可燃性粉尘物质,其火灾危险性越大
   B. 着火点越低的可燃固体物质,其火灾危险性越小
   C. 闪点越高的可燃液体物质,其火灾危险性越大
   D. 爆炸下限越低的可燃气体物质,其火灾危险性越小

2. [2019·单选] 可燃物质在规定条件下,不用任何辅助引燃能源而达到自行燃烧的最低温度称为自燃点。下列关于可燃物质自燃点的说法,正确的是(　　)。

   A. 液体可燃物受热分解越快,自身散热越快,其自燃点越高
   B. 固体可燃物粉碎得越细,其自燃点越高
   C. 固体可燃物受热分解的可燃性气体挥发物越多,其自燃点越低
   D. 油品密度越小,闪点越高,其自燃点越低

考点 3　爆炸极限

1. [2023·单选] 可燃性气体、蒸气或粉尘爆炸极限值不是一个物理常数,它随条件的变化而变化,其中,惰性气体(如氮气、二氧化碳、水蒸气、氩气、氦气等)的含量是一个重要影响因素。下列关于惰性气体影响甲烷气体爆炸极限的说法中,正确的是(　　)。

   A. 甲烷的爆炸极限范围在空气中比在纯氧气中的宽
   B. 惰性气体浓度的增加,对甲烷爆炸下限产生影响比上限大
   C. 甲烷的爆炸上下限不会因惰性气体浓度的增加而趋于一致
   D. 甲烷的爆炸极限范围在 H_2+O_2 体系中比在 N_2+O_2 中的宽

2. [2021·单选] 可燃气体、蒸气和可燃粉尘的危险性用危险度表示,危险度由爆炸极限确定。若某可燃气体在空气中爆炸上限是44%,爆炸下限是4%,则该可燃气的危险度是(　　)。

   A. 0.10　　　　　　　　　　　B. 0.90
   C. 10.00　　　　　　　　　　 D. 11.00

3. [2020·单选] 可燃气体的爆炸浓度极限范围受温度、压力、点火源能量等因素的影响。当其他因素不变、点火源能量大于某一数值时,点火源能量对爆炸浓度极限范围的影响较小。在测试甲烷与空气混合物的爆炸浓度极限时,点火源能量应选(　　)J以上。

   A. 5　　　　　　　　　　　　B. 15
   C. 20　　　　　　　　　　　 D. 10

4. [2019·单选] 下列爆炸性气体危险性最大的是(　　)。

气体名称	在空气中的爆炸极限(体积分数)(%)	
	爆炸下限	爆炸上限
丁烷	1.5	8.5
乙烯	2.8	34.0
氢气	4.0	75.0
一氧化碳	12.0	74.5

A. 丁烷　　　　　　B. 氢气　　　　　　C. 乙烯　　　　　　D. 一氧化碳

5. [2022·多选] 可燃气体的爆炸极限不是一个固定值,它受一系列因素的影响而有所变化,主要因素有可燃混合气体的温度、压力、惰性气体、点火能和容器材料及结构等。下列关于这些因素影响可燃气体爆炸极限的说法,正确的有(　　)。

  A. 向可燃混合气体中加入惰性气体,其爆炸极限范围变宽
  B. 可燃混合气体初始温度越高,其爆炸极限范围越宽
  C. 可燃混合气体初始压力越大,其爆炸极限范围越宽
  D. 可燃混合气体点火源能量越大,其爆炸极限范围越宽
  E. 可燃混合气体的容器材料传热性越好,其爆炸极限范围越宽

考点 4　粉尘爆炸特性

1. [2023·单选] 评价粉尘爆炸危险性的主要特征参数有爆炸极限、最小点火能量、最低着火温度、粉尘爆炸压力及压力上升速率。下列关于粉尘爆炸危险性的说法中,正确的是(　　)。

  A. 粉尘爆炸极限值范围越窄,粉尘爆炸的危险性越大
  B. 粉尘容器尺寸对其爆炸压力及压力上升速率影响小
  C. 粉尘环境中形成湍流条件时,会使爆炸波阵面不断减速
  D. 粒度对粉尘爆炸压力上升速度比对爆炸压力影响大

2. [2022·单选] 某人造板公司主要从事中密度纤维板的生产和销售,在生产时纤维板的砂光(打磨)工艺中采取了电气防爆、湿法作业、除尘通风等防火防爆技术措施。下列关于粉尘防火防爆技术措施对粉尘爆炸特征参数影响的说法,正确的是(　　)。

  A. 电气防爆可降低最小点火能　　　　B. 湿法作业可提高最低着火温度
  C. 较长的除尘管道可降低爆炸压力　　D. 湿法作业可降低爆炸压力上升速率

3. [2021·单选] 粉尘爆炸过程比气体爆炸过程复杂,爆炸条件有一定差异。下列粉尘爆炸条件,不是必要条件的是(　　)。

  A. 粉尘处于密闭空间
  B. 粉尘本身具有可燃性
  C. 粉尘悬浮在空气或助燃气体中并达到一定浓度
  D. 有足以引起粉尘爆炸的起始能量(点火源)

4. [2020·单选]可燃性粉尘浓度达到爆炸极限,遇到足够能量的火源会发生粉尘爆炸。粉尘爆炸过程中热交换的主要方式是(　　)。

　　A.热传导　　　　B.热对流　　　　C.热蒸发　　　　D.热辐射

5. [2019·单选]评价粉尘爆炸危险性的主要特征参数有爆炸极限、最小点火能量、最低爆炸压力及压力上升速率。下列关于粉尘爆炸危险性特征参数的说法,错误的是(　　)。

　　A.粉尘爆炸极限不是固定不变的
　　B.容器尺寸会对粉尘爆炸压力及压力上升速率有很大影响
　　C.粒度对粉尘爆炸压力的影响比其对粉尘爆炸压力上升速率的影响大得多
　　D.粉尘爆炸压力及压力上升速率受湍流度等因素的影响

6. [2021·多选]粉尘爆炸过程与可燃气爆炸过程相似,但爆炸特性和影响因素有区别。下列关于粉尘爆炸特性的说法,正确的有(　　)。

　　A.粉尘爆炸感应期比气体爆炸感应期短
　　B.粉尘爆炸比气体爆炸产生的破坏程度小
　　C.粉尘爆炸压力上升速率比气体爆炸压力上升速率小
　　D.粉尘爆炸存在不完全燃烧现象
　　E.粉尘爆炸后有产生二次爆炸的可能性

考点 5　火灾分类

[2019·单选]某化工技术有限公司污水处理车间发生火灾,经现场勘查,污水处理车间废水罐内主要含有水、甲苯、燃油、少量废催化剂(雷尼镍)等,事故调查分析认为雷尼镍自燃引起甲苯燃爆。根据《火灾分类》,该火灾类型属于(　　)。

　　A.A类火灾　　　　　　　　　　B.B类火灾
　　C.C类火灾　　　　　　　　　　D.D类火灾

考点 6　防火防爆及泄压装置

1. [2023·单选]危险化学品因其理化特性,在生产、使用、存储、运输中若处置不当容易引发火灾爆炸事故,造成人员伤亡和财产损失,因此应采取有效的预防措施。下列预防火灾爆炸的措施中,属于限制火灾爆炸蔓延扩散的是(　　)。

　　A.安装防爆泄压装置　　　　　　B.采用惰性气体保护
　　C.采用防爆电气设备　　　　　　D.将危险化学品密闭处理

2. [2023·单选]防爆泄压设施可以释放爆炸式系统骤增的压力,以减少对设备、管道等的破坏。下列关于防爆设施的说法中,正确的是(　　)。

　　A.剧毒气体的泄压设施宜选用爆破片
　　B.弹簧式安全阀适用于高压系统
　　C.液化气体容器的安全阀应安装在液体部分
　　D.爆破片的爆破压力应高于设计压力

3. [2021·单选] 阻火隔爆按其作用原理可分机械隔爆和化学抑爆两类,化学抑爆是在火焰传播显著加速的初期,通过喷洒抑爆剂来抑制爆炸的作用范围及猛烈程度的一种防爆技术。下列关于化学抑爆技术的说法,错误的是(　　)。

　　A. 化学抑爆技术不适用于无法开设泄爆口的设备

　　B. 化学抑爆技术可以避免有毒物料、明火等窜出设备

　　C. 常用的抑爆剂有化学粉末、水、卤代烷和混合抑爆剂等

　　D. 化学抑爆系统主要由爆炸探测器、爆炸抑制器和控制器组成

4. [2019·单选] 由烟道或车辆尾气排放管飞出的火星也可能引起火灾,因此,通常在可能产生火星设备的排放系统安装火星熄灭器,以防止飞出的火星引燃可燃物料。下列关于火星熄灭器工作机理的说法,错误的是(　　)。

　　A. 火星由粗管进入细管,加快流速,火星就会熄灭,不会飞出

　　B. 在火星熄灭器中设置网格等障碍物,将较大、较重的火星挡住

　　C. 设置旋转叶轮改变火星流向,增加路程,加速火星的熄灭或沉降

　　D. 在火星熄灭器中采用喷水或通水蒸气的方法熄灭火星

5. [2020·多选] 为防止火灾爆炸事故的发生,阻止其扩散和减少破坏,在实际生产经营活动中广泛使用多种防火防爆安全装置及技术。下列关于防火防爆安全装置及技术的说法,正确的有(　　)。

　　A. 工作介质含剧毒气体时应采用安全阀作为防爆泄压装置

　　B. 化学抑爆技术可用于空气输送可燃性粉尘的管道

　　C. 当安全阀的入口处装有隔断阀时,隔断阀必须保持常开状态并加铅封

　　D. 主动式、被动式隔爆装置是靠装置某元件的动作阻隔火焰

　　E. 防爆门应设置在人不常到的地方,高度宜不低于2m

考点 7　烟花爆竹和民用爆炸物品安全技术

1. [2023·单选] 由于民用爆炸物品存在燃烧爆炸特性,在生产、储运、经营、使用等过程中存在火灾、爆炸风险,因此,必须了解其燃烧爆炸特性,制订有效的防火防爆措施。下列关于民用爆炸物品燃烧特性的说法中,正确的是(　　)。

　　A. 炸药燃烧时气体产物所做的功属于力学特性

　　B. 炸药中加入少量二苯胺会改善其力学特性

　　C. 炸药燃烧速率与炸药的物理结构关系不大

　　D. 炸药的燃烧特性标志着炸药能量释放的能力

2. [2022·单选] 烟火药的成分包括有氧化剂、还原剂、胶粘剂、添加剂等,其组分决定了其具有燃烧和爆炸的特性。在烟火药生产过程中,必须采取相应的防火防爆措施。下列关于烟火药生产过程防火防爆措施的要求的说法,正确的是(　　)。

　　A. 湿法配制含铝烟火药应及时通风　　　　B. 氯酸盐烟火药混合应采用球磨机

C.烟火药干燥后散热应及时翻动　　　　D.手工制作引火线应在专用工房内

3.［2020·单选］烟花爆竹工厂的安全距离是指危险性建筑物与周围建筑物之间的最小允许距离,包括外部距离和内部距离。下列关于外部距离和内部距离的说法,错误的是(　　)。

A.工厂危险品生产区内的危险性建筑物与周围村庄的距离为外部距离

B.工厂危险品生产区内的危险性建筑物与厂部办公楼的距离为内部距离

C.工厂危险品生产区内的危险性建筑物与本厂生活区的距离为外部距离

D.工厂危险品生产区内的危险性建筑物之间的距离为内部距离

4.［2021·多选］烟火药的制造工艺包括粉碎、研磨、过筛、称量、混合、造粒、干燥等。下列关于烟火药制造过程中防火防爆措施的说法,正确的有(　　)。

A.进行三元黑火药混合的球磨机与药物接触的部分不应使用黄铜部件

B.粉碎氧化剂、还原剂应分别在单独专用工房内进行

C.进行烟火药各成分混合宜采用转鼓式机械设备

D.进行烟火药混合的设备不应使用易产生静电积累的塑料材质

E.可使用球磨机混合氯酸盐烟火药等高感度药物

考点 8　消防器材

1.［2022·单选］某企业设计在危险化学品库房、理化性能测试室安装自动灭火系统。其中,危险化学品库房存放有氯酸盐、硝酸盐、高锰酸盐等氧化剂,理化性能测试室有精密仪器及电气设备。下列拟定的自动灭火系统安装方案中,正确的是(　　)。

A.在危险化学品库房安装二氧化碳气体自动灭火系统

B.在危险化学品库房安装喷水或者水喷雾自动灭火系统

C.在理化性能测试室安装喷水或水喷雾自动灭火系统

D.在理化性能测试室安装二氧化碳气体自动灭火系统

2.［2020·单选］灭火剂是能够有效地破坏燃烧条件、中止燃烧的物质。不同种类灭火剂的灭火机理不同,干粉灭火剂的灭火机理是(　　)。

A.使链式燃烧反应中断　　　　　　　　B.使燃烧物冷却、降温

C.使燃烧物与氧气隔绝　　　　　　　　D.使燃烧区内氧气浓度降低

3.［2022·多选］火灾探测器的基本功能是对烟雾、温度、火焰和燃烧气体等火灾参量做出有效反应,通过敏感元件,将表征火灾参量的物理量转化为电信号起到报警作用。下列关于不同类型火灾探测器的说法,正确的有(　　)。

A.感光探测器适用于酒精火灾的早期检测报警

B.天然气气体浓度报警器应设置在尽量靠近车间内的屋顶处

C.差定温火灾探测器既能响应预定温度报警,又能响应预定温升速率报警

D.离子感烟火灾探测器因对黑烟灵敏度非常高而有很好的使用前景

E.定温火灾探测器有较好的可靠性和稳定性,响应时间短,灵敏度高

专题必刷

专题 1 火灾爆炸事故机理

⏱ 建议用时 70′　　▷ 答案 P199

一、单项选择题

1. 可燃物质的聚集状态不同,其受热后所发生的燃烧过程也不同。除结构简单的可燃气体(如氢气)外,大多数可燃物质的燃烧并非是物质本身在燃烧,而是物质受热分解出的气体或液体蒸气在气相中的燃烧。下列关于燃烧过程的说法,错误的是(　　)。

    A. 可燃气体燃烧所需要的热量只用于本身的氧化分解,并使其达到自燃点而燃烧

    B. 可燃液体在点火源作用(加热)下,首先蒸发成蒸气,其蒸气进行氧化分解后达到自燃点而燃烧

    C. 可燃固体在受热时首先分解为气态或液态产物,其气态和液态产物的蒸气进行氧化分解着火燃烧

    D. 有的可燃固体(如焦炭等)不能分解为气态物质,在燃烧时则呈炽热状态,没有火焰产生

2. 根据《火灾分类》,植物油在锅里燃烧引起的火灾属于(　　)。

    A. C 类火灾　　　　　　　　　　B. D 类火灾

    C. E 类火灾　　　　　　　　　　D. F 类火灾

3. 乙烯在储存、运输过程中压力、温度较低,较少出现分解爆炸事故。采用高压法工艺生产聚乙烯时,可能发生分解爆炸事故。下列关于分解爆炸所需能量与压力关系的说法,正确的是(　　)。

    A. 随压力的升高而升高　　　　　B. 随压力的降低而降低

    C. 随压力的升高而降低　　　　　D. 与压力的变化无关

4. 在规定条件下,易燃和可燃液体表面能够蒸发产生足够的蒸气而发生闪燃的最低温度,称为该物质的闪点。闪点是衡量物质火灾危险性的重要参数。对于柴油、煤油、汽油、蜡油来说,其密度排列为:汽油<煤油<轻柴油<重柴油<蜡油<渣油,其闪点由低到高的排序是(　　)。

    A. 汽油—煤油—蜡油—柴油　　　B. 汽油—煤油—柴油—蜡油

    C. 煤油—汽油—柴油—蜡油　　　D. 煤油—柴油—汽油—蜡油

5. 按照爆炸反应相的不同,爆炸可分为气相爆炸、液相爆炸和固相爆炸。下列选项中,属于气相爆炸的是(　　)。

    A. 钢液与水混合产生蒸气爆炸

    B. 导线因电流过载而引起的爆炸

    C. 空气中飞散的铝粉、镁粉、亚麻粉、玉米淀粉等引起的爆炸

    D. 高锰酸钾和浓酸混合时引起的爆炸

6. 能够爆炸的最低浓度称为爆炸下限,能发生爆炸的最高浓度称为爆炸上限。用爆炸上限、下限之差与爆炸下限浓度的比值表示其危险度 H。一般情况下,H 值越大,表示可燃性混合物的爆炸极限范围越宽,爆炸危险性越大,某气体的爆炸上限为 15%,爆炸下限为 5%,该气体的危险度为(　　)。

   A. 5　　　　　　B. 10　　　　　　C. 1　　　　　　D. 2

7. 甲烷气体是矿井瓦斯的主要成分,也是引发煤矿发生瓦斯爆炸的元凶。甲烷气体的爆炸极限相对较宽,因此危险性较大。下图是甲烷在压力不断减小的情况下爆炸极限的曲线图。由下图可知,甲烷在原始温度 500℃ 的温度条件下,爆炸的临界压力大约是(　　)。

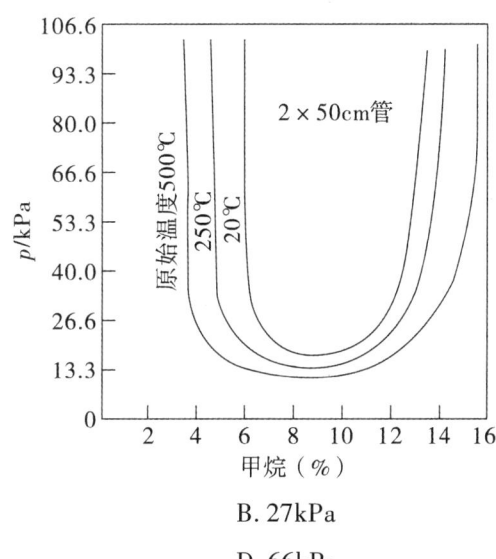

   A. 13kPa　　　　　　　　　　　　B. 27kPa
   C. 40kPa　　　　　　　　　　　　D. 66kPa

8. 下列关于粉尘爆炸的特点的说法,错误的是(　　)。

   A. 粉尘爆炸速度或爆炸压力上升速度比爆炸气体大
   B. 爆炸感应期较长
   C. 有产生二次爆炸的可能性
   D. 可能会产生一氧化碳或者有毒气体

9. 在可燃气体爆炸中,促使温度上升的传热方式主要是(　　)。

   A. 热传导　　　　　　　　　　　　B. 热辐射
   C. 热对流　　　　　　　　　　　　D. 热蒸发

10. 《火灾统计管理规定》明确了所有火灾不论损害大小,都列入火灾统计范围。下列情况不列为火灾统计范围的是(　　)。

    A. 易燃易爆化学物品燃烧爆炸引起的火灾
    B. 破坏性试验中引起非实验体的燃烧
    C. 机电设备因内部故障导致外部明火燃烧
    D. 飞机因飞行事故而导致本身燃烧

11. 爆炸极限是表征可燃气体危险性的主要指标之一。下列关于爆炸极限的说法中，错误的是(　　)。
    A. 可燃性混合物的爆炸极限范围越宽，其爆炸危险性越大
    B. 可燃性混合物的爆炸下限越低，其爆炸危险性越大
    C. 可燃性混合物的爆炸下限越高，其爆炸危险性越大
    D. 爆炸极限随条件的变化而变化

12. 蜡烛是一种固体可燃物，其燃烧的基本原理是(　　)。
    A. 通过热解产生可燃气体，然后与氧化剂发生燃烧
    B. 固体蜡烛被烛芯直接点燃并与氧化剂发生燃烧
    C. 蜡烛受热后先液化，然后蒸发为可燃蒸气，再与氧化剂发生燃烧
    D. 蜡烛受热后先液化，液化后的蜡烛被烛芯吸附直接与氧化剂发生燃烧

13. 对众多的火灾事件进行了调查和分析之后发现，典型的火灾事故的发展过程可以划分为：初始阶段、发展期、顶峰阶段、减弱至熄灭期。发展期是火势由小到大发展的阶段，一般采用(　　)特征火灾模型来简化描述该阶段非稳态火灾热释放速率随时间的变化。
    A. 正比   B. T 平方
    C. T 立方   D. T 四次方

14. 在爆炸性混合气体中加入惰性气体，当惰性气体的浓度增加超过一定数值时，(　　)。
    A. 爆炸上、下限差值为常数，但不为 0
    B. 任何比例的混合气体均不能发生爆炸
    C. 爆炸上限不变，下限增加
    D. 爆炸下限不变，上限减小

15. 如果乙烷在空气中的爆炸极限为 3%～15%，则乙烷的危险度是(　　)。
    A. 0.66   B. 1.8   C. 4   D. 15

16. 爆炸按照爆炸速度分类，可分为爆燃、爆炸、爆轰三类。下列关于上述三种爆炸类型的说法，正确的是(　　)。
    A. 爆燃会伴有以超音速传播的燃烧波
    B. 发生爆燃时，物质爆炸时的燃烧速度为每秒数十米，并伴随着巨大的声响
    C. 发生爆炸时，物质爆炸时的燃烧速度为每秒数米至十几米，有较大破坏力，有震耳的声响
    D. 发生爆轰时，物质爆炸时的燃烧速度为 1000～7000m/s，并产生超音速"冲击波"

17. 爆炸极限值不是一个物理常数，它随条件的变化而变化。在判断某工艺条件下的爆炸危险性时，需根据危险物品所处的条件来考虑其爆炸极限。下列关于爆炸极限的说法，错误的是(　　)。
    A. 混合爆炸气体的初始温度越高，爆炸极限范围越宽
    B. 点火能量越大，爆炸极限范围越窄

C. 在混合气体中加入氮气,随着惰性气体含量的增加,爆炸极限范围缩小
D. 一般而言,初始压力增大,气体爆炸极限也变大,爆炸危险性增加

18. 根据爆炸的分类,下列既属于固相爆炸,又属于物理爆炸的是(　　)。
   A. 空气和氢气混合爆炸　　　　　　B. 空气中飞散的铝粉爆炸
   C. 液氧与煤粉混合爆炸　　　　　　D. 导线因电流过载而引起的爆炸

19. 下列关于燃烧的定义及分类的说法,正确的是(　　)。
   A. 家用燃气设备的燃烧和施工现场气割用火均属于扩散燃烧
   B. 酒精、汽油、乙醚等易燃液体的燃烧属于扩散燃烧
   C. 木材、纸的固体表面与空气接触的部位上,会被点燃而生成"炭灰",使燃烧持续下去就是表面燃烧
   D. 煤气、液化石油气泄漏并与空气混合后遇到明火发生的燃烧爆炸即混合燃烧

20. 随着温度的增加,爆炸极限的变化趋势是(　　)。
   A. 会变宽　　　　　　　　　　　　B. 会变窄
   C. 先变宽后变窄　　　　　　　　　D. 先变窄后变宽

21. 除结构简单的可燃气体(如氢气)外,大多数可燃物质的燃烧并非是物质本身在燃烧,而是物质受热分解出的气体或液体蒸气在气相中的燃烧。可燃物质燃烧过程如下图所示,数字②代表的是(　　)。

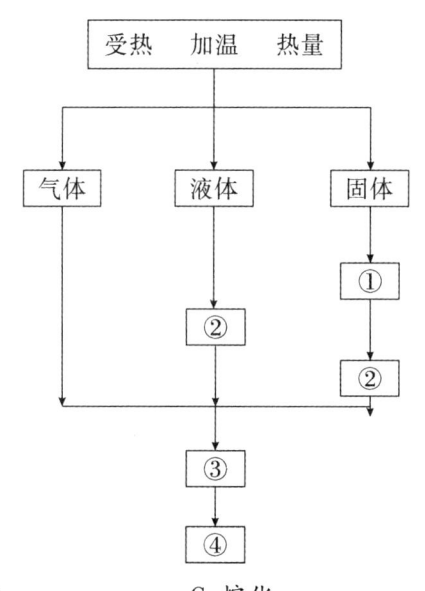

   A. 氧化分解　　　B. 燃烧　　　C. 熔化　　　D. 蒸发

22. 闪燃和阴燃是燃烧的不同形式。下列关于闪燃和阴燃的说法,正确的是(　　)。
   A. 闪燃是看得到的燃烧,阴燃是看不到的燃烧
   B. 闪燃是短时间内出现火焰一闪即灭的现象,阴燃是没有火焰的燃烧
   C. 闪燃温度高,阴燃温度低
   D. 阴燃得到足够氧气会转变成闪燃

23. 某种混合气体由 AB 两种可燃气体组成,在混合气体中的浓度分别为 80% 和 20%,爆炸极限分别为 4% 和 2%。则该混合气体的爆炸极限为( )。
    A. 2.5%　　　　　B. 3.0%　　　　　C. 3.3%　　　　　D. 3.7%

24. 某些气体即使在没有氧气的条件下也能被点燃爆炸,其实这是一种分解爆炸。下列气体中,属于分解爆炸性气体的是( )。
    A. 甲烷　　　　　B. 臭氧　　　　　C. 氮气　　　　　D. 氢气

25. 2022 年北京冬奥会闭幕式火炬传递中出现了冬奥火炬由水陆两栖机器人与水下变结构机器人在水下完成传递的震撼场景,完美实现了"水火相容"。水下火炬还自带了"大气火焰和水下火焰双模态燃烧机制""燃料热管理技术"等关键技术。火炬在下水前会进行自主补氧,保证水下助燃剂能够自给自足,出水后则切换为大气供氧的模式。火炬甚至拥有在真空中燃烧的能力。这种自带供氧系统的火炬燃烧属于( )。
    A. 预混燃烧　　　　　　　　　　B. 扩散燃烧
    C. 蒸发燃烧　　　　　　　　　　D. 分散燃烧

二、多项选择题

1. 可依据( )对粉尘爆炸的危险性进行评价。
   A. 爆炸极限　　　　　　　　　　B. 最大点火能量
   C. 最低着火温度　　　　　　　　D. 粉尘爆炸压力
   E. 粉尘爆炸压力上升速度

2. 分解爆炸性气体在温度和压力的作用下发生分解反应时,可产生相当数量的分解热,为爆炸继续提供能量,因此即使不需要氧气,分解爆炸也能够发生。下列物质中能够发生分解爆炸的有( )。
   A. 一氧化氮　　　　　　　　　　B. 氰化氢
   C. 氢气　　　　　　　　　　　　D. 环氧乙烷
   E. 四氟乙烯

3. 粉尘爆炸的爆炸极限是动态变化的,它与粉尘的粒度、分散度、湿度、点火源性质、氧气含量、惰性粉尘和灰烬的温度有关。一般来说,下列关于这些影响因素的说法,正确的有( )。
   A. 粉尘分散度越低,爆炸危险性越大
   B. 粉尘粒度越细,粉尘爆炸危险性越大
   C. 粉尘湿度越低,爆炸危险性越大
   D. 可燃气体和含氧量越大,爆炸危险性越大
   E. 粉尘灰分越多,爆炸危险性越大

4. 下列物质中,燃烧时燃烧类型既存在表面燃烧也存在分解燃烧的有( )。
   A. 纸张　　　　　　　　　　　　B. 纯棉织物
   C. 金属铝条　　　　　　　　　　D. 木质人造板
   E. 电视机外壳

5. 当可燃性气体、蒸气或可燃粉尘与空气(或氧)在一定浓度范围内均匀混合,遇到火源发生爆炸的浓度范围称为爆炸浓度极限,简称爆炸极限。下列关于可燃物爆炸极限的说法,正确的有( )。

   A. 爆炸极限是一个固定值,由物质本身性质决定

   B. 爆炸极限不是一个物理常数,随条件的变化而变化

   C. 混合气体的温度越高,则爆炸下限越高,爆炸范围越宽

   D. 点火源的活化能越大,混合气体的爆炸极限越宽

   E. 爆炸的临界压力指的是高于此压力值,混合气体就不会发生爆炸

6. 粉尘爆炸极限是动态变化的,它的影响因素有( )。

   A. 粉尘粒度　　　　　　　　　　B. 可燃气含量

   C. 初始压力　　　　　　　　　　D. 湍流度

   E. 氧含量

7. 下列关于火灾参数的说法,错误的有( )。

   A. 一般情况下闪点越低,火灾危险性越大

   B. 固体可燃物粉碎越细,其自燃点越高

   C. 一般情况下燃点越低,火灾危险性越小

   D. 液体可燃物受热分解析出的可燃气体越多,其自燃点越低

   E. 一般情况下,密度越大,闪点越高而自燃点越低

8. 按照爆炸反应相的不同,爆炸可分为气相爆炸、液相爆炸和固相爆炸。下列属于液相爆炸的有( )。

   A. 蒸气爆炸　　　　　　　　　　B. 油雾爆炸

   C. 硝基甘油爆炸　　　　　　　　D. 聚合爆炸

   E. 乙炔铜爆炸

9. 根据《火灾分类》,按物质的燃烧特性将火灾分为六类。下列物质引发的火灾属于B类火灾的有( )。

   A. 木材　　　　　　　　　　　　B. 石蜡

   C. 甲烷　　　　　　　　　　　　D. 甲醇

   E. 钾

10. 下列爆炸中,属于化学爆炸的有( )。

    A. 氢弹爆炸　　　　　　　　　　B. 蒸气锅炉爆炸

    C. 烟花爆炸　　　　　　　　　　D. 氢气爆炸

    E. TNT 爆炸

专题 2　防火防爆技术

建议用时 56′　　答案 P201

一、单项选择题

1. 在有爆炸性危险的生产场所,对有可能引起火灾危险的电器、仪表等应充装(　　)进行正压保护。

   A. 氮气　　　　B. 氧气　　　　C. 氢气　　　　D. 氨气

2. 在有易燃气体或蒸气泄漏的工艺设备和储罐区域,明火加热设备应设置在设备的上风面或侧风面。对于有飞溅火花的加热装置,应布置在上述设备的(　　)。

   A. 上风向　　　B. 下风向　　　C. 侧风向　　　D. 来风向

3. 生产系统内一旦发生爆炸或压力骤增时,可通过防爆泄压设施将超高压力释放出去,以减少巨大压力对设备、系统的破坏或减少事故损失。防爆泄压装置主要有安全阀、爆破片、泄爆设施等。下列关于防爆泄压装置的说法,正确的是(　　)。

   A. 安全阀按其结构和作用原理可分为杠杆式、弹簧式和敞开式

   B. 当安全阀的入口处装有隔断阀时,隔断阀必须保持常闭状态并加铅封

   C. 爆破片的防爆效率取决于它的宽度、长度、泄压方向和膜片材料的选择

   D. 屋顶上的泄压设施应采取防冰雪积聚措施

4. 爆炸造成的后果大多非常严重。在化工生产作业中,爆炸的压力和火灾的蔓延不仅会使生产设备遭受损失,而且会使建筑物破坏,甚至致人死亡。因此,科学防爆是非常重要的一项工作。下列防火防爆安全技术措施中,属于从根本上防止火灾与爆炸发生的是(　　)。

   A. 惰性气体保护　　　　　　　B. 系统密闭正压操作

   C. 以不燃溶剂代替可燃溶剂　　D. 厂房通风

5. 机械阻火隔爆装置主要有工业阻火器、主动式隔爆装置和被动式隔爆装置等。下列关于阻火防爆装置的性能及使用的说法,正确的是(　　)。

   A. 一些具有复合结构的料封阻火器可阻止爆轰火焰的传播

   B. 工业阻火器常用于阻止爆炸初期火焰的蔓延

   C. 主动式隔爆装置在工业生产过程中时刻都在起作用

   D. 被动式隔爆装置对于纯气体介质才是有效的

6. 焊接切割时产生的火花飞溅程度大、温度高,同时因为此类作业多为临时性作业,极易成为火灾的起火原因。下列关于焊割时应注意的问题,正确的是(　　)。

   A. 如焊接系统和其他系统相连,应先进行吹扫置换,然后进行清洗,最后加堵金属盲板隔绝

   B. 可利用与易燃易爆生产设备有联系的金属构件作为电焊地线

C. 若气体爆炸下限大于4%，环境中该气体浓度应小于1%

D. 若气体爆炸下限大于4%，环境中该气体浓度应小于0.5%

7. 下列关于防止爆炸的一般原则的说法，错误的是(　　)。

   A. 控制混合气体中的可燃物含量处在爆炸极限以外

   B. 使用惰性气体取代空气

   C. 使氧气浓度处于其极限值以上

   D. 在危险部位装设报警装置和设施

8. 安全阀按其结构和作用原理可分为杠杆式、弹簧式和脉冲式等。下列关于安全阀的说法，正确的是(　　)。

   A. 杠杆式安全阀适于温度较低的系统　　B. 杠杆式安全阀适于持续运行的系统

   C. 弹簧式安全阀适用于高温系统　　D. 脉冲式安全阀适用于高压系统

9. 焊接切割这类作业多为临时性的，容易成为起火原因。因此，焊割作业时必须注意操作规范。下列说法正确的是(　　)。

   A. 在可燃可爆区域内动火时，应将系统和环境标明动火范围后再行清洗

   B. 动火现场有可燃物品的，应配备必要的安全器材

   C. 气焊作业时，应将乙炔发生器放置在伸手可及处，以便随时关停

   D. 不得利用与易燃易爆生产设备有关联的金属构件作为电焊地线

10. 防止爆炸的一般原则有控制混合气体中可燃物含量处在爆炸极限以外、使用惰性气体取代空气。下列不属于惰性气体的是(　　)。

    A. 氮气　　　　　B. 二氧化碳　　　　　C. 氧气　　　　　D. 水蒸气

11. 通常在可能产生火星设备的排放系统，如加热炉的烟道，汽车、拖拉机的尾气排放管等，安装火星熄灭器，用以防止飞出的火星引燃可燃物料。下列关于火星熄灭器熄火基本方法的说法，错误的是(　　)。

    A. 在火星熄灭器中设置网格等障碍物，将较大、较重的火星挡住

    B. 当烟气由管径较大的管道进入管径较小的火星熄灭器中，流速减慢、压力降低，火星沉降下来

    C. 采用设置旋转叶轮等方法改变烟气流动方向，增加烟气所走的路程，以加速火星的熄灭或沉降

    D. 用喷水或通水蒸气的方法熄灭火星

12. 防止火灾爆炸事故发生的基本原则不包括(　　)。

    A. 防止和限制可燃可爆系统的形成　　B. 尽可能消除或隔离各类点火源

    C. 阻止和限制火灾爆炸的蔓延扩展　　D. 建立紧急疏散系统

13. 消除点火源是防火和防爆的最基本措施，控制点火源对防止火灾和爆炸事故的发生具有极其重要的意义。下列关于点火源控制的说法，错误的是(　　)。

    A. 加热易燃物料时，不得采用火炉、煤炉等加热，应采用电炉加热

    B. 明火加热设备的布置，应远离可能泄漏易燃气体或蒸气的工艺设备和储罐区

C. 熬炼物料时,不得装盛过满,应留出一定的空间

D. 如果存在一个以上的明火设备,应将其集中于装置的边缘

14. 采用惰性气体进行爆炸控制时,惰性气体的需用量取决于允许的最高含氧量。假若氧的最高含量为12%,设备内原有空气容积为100L时,必须向空气容积为100L的设备输入（　　）L的惰性气体,然后才能进行操作。(注:惰性气体不含有氧和其他可燃物)

　　A. 12　　　　　　　B. 21　　　　　　　C. 75　　　　　　　D. 100

15. 防爆的基本原则是根据对爆炸过程特点的分析采取相应的措施,包括防止爆炸发生,控制爆炸发展,削弱爆炸危害。下列措施中,属于防止爆炸发生的是(　　)。

　　A. 严格控制火源,防止和限制可燃可爆系统形成

　　B. 及时泄出燃爆开始时的压力

　　C. 切断爆炸途径

　　D. 组织训练消防队伍和配备相应消防器材

16. 工业生产中通常在系统中流体的进口和出口之间安装的防火防爆装置是(　　)。

　　A. 爆破片　　　　　　　　　　　B. 防火罩

　　C. 单向阀　　　　　　　　　　　D. 工业阻火器

17. 阻火及隔爆技术除了有工业阻火器和主动式、被动式隔爆装置外,还有其他阻火隔爆装置。下列关于阻火隔爆装置的说法,错误的是(　　)。

　　A. 在正常情况下,阻火阀门受环状或者条状的易熔金属的控制,处于开启状态

　　B. 当烟气由管径较小的管道进入管径较大的火星熄灭器中,致使流速增加

　　C. 化学抑爆可用于装有气相氧化剂中可能发生爆燃的气体、油雾或粉尘的任何密闭设备

　　D. 单向阀的作用是仅允许流体向一个方向流动,遇到倒流时自行关闭

18. 摩擦和撞击往往是可燃气体、蒸气和粉尘、爆炸物品等着火爆炸的原因之一。为防止摩擦和撞击产生,下列说法中正确的是(　　)。

　　A. 工人在易燃易爆场所使用铁制品

　　B. 爆炸危险场所中机器运转部分使用铝制材料

　　C. 为防滑冬天工人在易燃易爆场所中穿钉鞋工作

　　D. 搬运储存易燃液体的储罐时可采取滚动的方法

19. 下列危险物品中,必须单独隔离储存,不准与任何其他类的物品共储的是(　　)。

　　A. 爆炸物品　　　　　　　　　　B. 易燃液体

　　C. 易燃气体　　　　　　　　　　D. 助燃气体

20. 下列关于惰性气体保护措施的说法,错误的是(　　)。

　　A. 易燃液体利用惰性气体充压输送

　　B. 易燃固体物质的压碎、研磨、筛分、混合,在惰性气体的覆盖下进行

　　C. 在停车检修或开工生产前,用惰性气体吹扫设备系统内的可燃物质

　　D. 采用烟道气时不经过冷却

21. 防火防爆安全装置可以分为阻火隔爆装置与防爆泄压装置两大类。下列选项中属于防爆泄压装置的是( )。
   A. 工业阻火器 B. 爆破片
   C. 火星熄灭器 D. 化学抑制防爆装置

22. 化学抑制防爆装置常用的抑爆剂有化学粉末、水、卤代烷和混合抑爆剂等,具有很高的抑爆效率。下列关于化学抑制防爆装置的说法,错误的是( )。
   A. 化学抑爆是在火焰传播显著加速的后期通过喷洒抑爆剂来抑制爆炸的防爆技术
   B. 化学抑爆主要原理是探测器检测到爆炸发生的危险信号,通过控制器启动抑制器
   C. 化学抑爆技术对设备的强度要求较低
   D. 化学抑爆技术适用于泄爆易产生二次爆炸的设备

23. 爆炸危险度大的可燃气体或可燃粉尘(如乙炔、氢气、镁粉等)以及危险设备和系统,在连接处应尽量采用焊接接头,减少法兰连接。如果必须使用法兰连接时,应尽量选用( )。
   A. 止口连接面型 B. 全平面型
   C. 榫槽面型 D. 八字盲板型

二、多项选择题

1. 在工业生产中应根据可燃易爆物质的燃爆特性,采取相应措施,防止形成爆炸性混合物,从而避免爆炸事故。下列关于爆炸控制的说法,错误的有( )。
   A. 乙炔管线连接处尽量采用焊接,不得采用螺纹连接
   B. 用四氯化碳代替溶解沥青所用的丙酮溶剂
   C. 天然气系统投用前,采用一氧化碳吹扫系统中的残余杂物
   D. 汽油储罐内的气相空间充入氮气保护
   E. 必须使用通风的方法使可燃气体、蒸气或粉尘的浓度控制在爆炸下限的1/2以下

2. 爆破片的使用是一次性的,若被破坏,需重新安装,下列关于爆破片安装的说法,错误的有( )。
   A. 若介质不洁净、易于结晶或聚合不宜使用爆破片作泄压装置
   B. 工作介质为剧毒气体或可燃气体里含有剧毒气体的压力容器,其泄压装置应采用爆破片
   C. 防爆效率取决于厚度、泄压面积和膜片材料的选择
   D. 对于氢气和乙炔的设备泄压面积应大于$0.3m^2$
   E. 任何情况下,爆破片的爆破压力均应不低于系统的设计压力

3. 下列关于点火源及其控制的说法中,错误的有( )。
   A. 消除点火源是防火防爆的最基本措施
   B. 加热易燃物料时,要尽量采用明火设备
   C. 存在三个明火设备,将其集中于装置的中心
   D. 动火现场应配备必要的消防器材,并将可燃物品整理归类
   E. 电杆线破残应及时更换或修理

4. 在生产过程中,要根据可燃、易燃物质的爆炸特性,并结合生产工艺和设备等情况,采取防火防爆的有效措施。这些措施主要有(　　)。
   A. 设备密闭　　　　　　　　　B. 厂房通风
   C. 惰性介质保护　　　　　　　D. 危险品隔离储存
   E. 装设报警装置

5. 防火防爆安全装置分为阻火隔爆装置和防爆泄压装置两大类。下列关于阻火器类型的说法,正确的有(　　)。
   A. 工业阻火器多适用于管道中
   B. 主动式阻火器是靠本身的物理特性来阻火
   C. 主动式阻火器只在爆炸发生时才起作用
   D. 被动式阻火器通过喷洒抑制剂来阻隔爆炸火焰的传播
   E. 工业阻火器在生产过程中时刻都在起作用,对流体介质的阻力较大

专题 3　烟花爆竹安全技术

建议用时 32′　　答案 P203

一、单项选择题

1. 烟花爆竹的组成决定了它具有燃烧和爆炸的特性。下列特征中不属于烟花爆竹特性的是(　　)。
   A. 能量特征　　　　　　　　　B. 力学特性
   C. 安定性　　　　　　　　　　D. 安全性

2. 实际应用的烟火药除氧化剂和还原剂外,还包括胶粘剂、添加剂(如火焰着色剂、惰性添加剂)等。下列选项中既属于还原剂,又属于添加剂的是(　　)。
   A. 铝粉　　　　　　　　　　　B. 木炭
   C. 酚醛树脂　　　　　　　　　D. 淀粉

3. 烟花爆竹所用火药的物质组成决定了其所具有的燃烧和爆炸特性,包括能量特征、燃烧特性、力学特性和安全性等。其中,标志火药能量释放能力的特征是(　　)。
   A. 能量特征　　　　　　　　　B. 燃烧特性
   C. 力学特性　　　　　　　　　D. 安全性

4. 在与烟火药有直接接触的过程中,要采用适当的方法,如提高空气中的相对湿度等,来降低静电的积聚。在手工盛装、掏挖、装填(压)火药时,不得采用(　　)等材质的工具以及不导静电的塑料、化纤材料等工具。
   A. 铜　　　　B. 木　　　　C. 铁　　　　D. 铝

5. 下列关于烟火药生产过程的安全措施的说法,正确的是(　　)。
   A. 氧化剂、还原剂应在同一工房粉碎

B. 用粉碎氧化剂的设备粉碎还原剂

C. 三元黑火药制造应先将炭和硫进行二元混合

D. 将氧化剂和还原剂混合粉碎筛选

6. 《烟花爆竹工程设计安全规范》将危险场所划分为 F0、F1、F2 三类,下列说法错误的是(　　)。

   A. F0 类,经常或长期存在能形成爆炸危险的黑火药、烟火药及其粉尘的危险场所

   B. F1 类,在正常运行时可能形成爆炸危险的黑火药、烟火药及其粉尘的危险场所

   C. F2 类,在正常运行时可能形成爆炸危险的黑火药、烟火药及其粉尘的危险场所

   D. F2 类,在正常运行时能形成火灾危险,而爆炸危险性极小的危险品及粉尘的危险场所

7. 生产爆炸物品的工厂在总体规划和设计时,应严格按照生产性质及功能进行分区、布置,并使各分区与外部目标、各区之间保持必要的外部距离。下列关于生产爆炸物品的工厂的平面布置的说法,错误的是(　　)。

   A. 危险品生产厂房宜小型、分散布置

   B. 危险品生产厂房靠山布置时,距山脚不宜太近

   C. 当危险品生产厂房布置在山坳中时,应考虑人员的安全疏散和有害气体的扩散

   D. 同一危险等级的厂房和库房宜分散布置

8. 烟花爆竹、原材料和半成品的主要安全性能检测项目有摩擦感度、撞击感度、静电感度、爆发点等。下列关于烟花爆竹、原材料和半成品的安全性能的说法,正确的是(　　)。

   A. 烟花爆竹药剂的内相容性是指药剂与其接触物质之间的相容性

   B. 炸药的爆发点越高,表示炸药对热的敏感度越高

   C. 静电感度包括炸药摩擦时产生静电的难易程度和对静电放电火花的感度

   D. 摩擦感度是指药剂在冲击和摩擦作用下发生燃烧或爆炸的难易程度

9. 下列关于烟花爆竹、原材料和半成品的安全性能检测的说法,错误的是(　　)。

   A. 热点半径越小,临界温度越高

   B. 炸药敏感度越高,临界温度越高

   C. 爆发点越低,表示炸药对热的感度越高

   D. 炸药与包装材质间的相容性会影响炸药的安全性

10. 下列关于危险品仓库的说法,正确的是(　　)。

    A. 当仓库的建筑面积大于 $100m^2$ 时,安全出口应不大于 2 个

    B. 当仓库的建筑面积小于 $100m^2$,且长度小于 18m 时,设 1 个安全出口

    C. 仓库内任一点至安全出口的距离应大于 15m

    D. 仓库的门应向内推开

11. 烟花爆竹的成品、有药半成品及药剂的干燥,应采用热水、低压蒸汽或利用日光干燥,严禁采用明火烘干,烟花爆竹干燥场所应符合相关规定。下列关于烟花爆竹干燥场所的说法,错误的是(　　)。

    A. 危险品晒场周围设置防护堤,防护堤顶面高出产品面 3m

B. 在干燥厂房内设置排湿装置、感温报警装置及通风凉药设施

C. 使用热风干燥厂房对没有裸露药剂的成品、半成品及无药半成品进行干燥

D. 应在专门的晒场进行日光干燥,晒场场地要求平整

二、多项选择题

1. 下列关于烟花爆竹、原材料和半成品的安全性能的说法,错误的有(　　)。

   A. 静电感度包括药剂摩擦时产生静电的难易程度和对静电放电火花的敏感度

   B. 摩擦感度是指在摩擦作用下,药剂发生燃烧或爆炸的难易程度

   C. 撞击感度是指药剂在冲击和摩擦作用下发生燃烧或爆炸的难易程度

   D. 烟花爆竹药剂的外相容性是指药剂中组分与组分之间的相容性、内相容性是把药剂作为一个体系,它与相关的接触物质之间的相容性

   E. 温度是烟花爆竹药剂感度的影响因素之一,不同种类烟花爆竹对温度的敏感性波动不同,例如温度升高会增加敏感度的称为热敏化药剂;温度升高会减少敏感度的称为热稳化药剂

2. 《烟花爆竹　安全与质量》规定的主要安全性能检测项目包括(　　)。

   A. 摩擦感度　　　　　　　　　　B. 撞击感度

   C. 温度　　　　　　　　　　　　D. 相容性

   E. pH 值

3. 在烟花爆竹厂的设计过程中,危险性建筑物、场所与周围建筑物之间应保持一定安全距离,该距离是分别按建筑物的危险等级和计算药量计算后取其最大值,下列对安全距离的要求中,正确的有(　　)。

   A. 围墙与危险性建筑物、构筑物之间的距离宜设为 12m,且不应小于 5m

   B. 距离危险性建筑物、构筑物外墙四周 5m 内宜设置防火隔离带

   C. 危险品生产区内的危险性建筑物与本企业总仓库区外部的最小允许距离,应分别按建筑物的危险等级和计算药量计算后取其最大值

   D. 烟花爆竹企业的危险品销毁场边缘距场外建筑物外部的最小允许距离不应小于 65m,一次销毁药量不应超过 20kg

   E. 危险性建筑物中抗爆间室的危险品药量必须计入危险性建筑物的计算药量

4. 为保证生产及使用的安全,烟花爆竹、原材料和半成品应进行安全性能检测,主要安全性能检测项目包括摩擦感度、撞击感度、相容性等。下列关于上述检测项目的说法中,正确的有(　　)。

   A. 一般来说,热点的半径越小,临界温度越高,炸药的敏感度越高,临界温度越高

   B. 内相容性是指将药剂作为一个体系,它与另一种药剂或结构材料之间的相容性

   C. 笛音药、粉状黑火药、含单基火药的烟火药吸湿率应小于或等于 4.0%

   D. 炸药对静电放电火花的感度,是测量在一定电压和电容放电火花作用下发生爆炸的概率

   E. 笛音药、粉状黑火药、含单基火药的烟火药的水分应小于或等于 3%

5. 当危险品生产厂房采用抗爆间室时,应符合相关规定。下列关于抗爆间室的说法,错误的

有（　　）。

A. 抗爆间室的墙应高出厂房相邻屋面不少于0.5m

B. 抗爆间室的门、操作口、观察孔和传递窗的结构应能满足抗爆及不传爆的要求

C. 抗爆间室之间应设地沟相通

D. 当输送有燃烧爆炸危险物料的管道时，直接从抗爆间室通过

E. 抗爆间室门的开启应与室内设备动力系统的启停进行联锁

专题4　民用爆炸物品安全技术

Ⓐ建议用时20′　　▷答案P204

一、单项选择题

1. 民用爆炸物品是用于非军事目的，广泛用于矿山、水利、地质探矿等许多工业领域的重要消耗材料。民用爆炸物品包括工业炸药、工业雷管、工业索类火工品、其他民用爆炸品、原材料。下列民用爆破物品属于原材料的是（　　）。

   A. 乳化炸药　　　　　　　　　B. 导爆管雷管
   C. 工业导火索　　　　　　　　D. TNT

2. 乳化炸药生产线存在着火灾爆炸的危险，一般乳化炸药的生产工艺可以简单地概括为以下几个步骤：①乳化；②油相制备；③水相制备；④敏化；⑤装药包装。下列关于乳化炸药生产工艺步骤的顺序正确的是（　　）。

   A. ②③①④⑤　　　　　　　　B. ②③④①⑤
   C. ①④②③⑤　　　　　　　　D. ④①②③⑤

3. 在炸药燃烧的特性中，（　　）是标志炸药做功能力的参量。

   A. 安定性　　　　　　　　　　B. 安全性
   C. 燃烧特性　　　　　　　　　D. 能量特征

4. 粉状乳化炸药的生产工艺包括油相制备、水相制备、乳化、喷雾制粉、装药包装等步骤，其生产工艺过程存在着火灾爆炸的风险。下列关于粉状乳化炸药生产、存储和运输过程危险因素的说法，错误的是（　　）。

   A. 乳化炸药生产的火灾爆炸危险因素主要来自物质危险性

   B. 制造粉状乳化炸药用的硝酸铵存储过程不会发生自然分解

   C. 油相材料储存时，遇到高温易发生爆炸

   D. 碰撞及摩擦会引起乳化炸药的燃烧或爆炸

5. 乳化炸药是将水相和油相在高速的运转和强力剪切力作用下，借助乳化剂的乳化作用而形成乳化基质，再经过敏化剂敏化得到的一种油包水型的爆炸性物质。下列有关乳化炸药生产原料或成品储存和运输的描述，错误的是（　　）。

   A. 硝酸铵储存过程中会发生自然分解，放出热量

B. 乳化炸药的运输过程中,可能因摩擦及碰撞引起燃烧或爆炸

C. 乳化炸药原料中的油相材料都是易燃危险品,易发生燃烧爆炸

D. 制药所用的辅助材料具有抑爆性

6. 民用爆炸物品的燃烧特性主要取决于炸药的(　　)。

　A. 初始温度和工作压力　　　　　　　B. 燃烧速率和燃烧表面积

　C. 炸药的几何形状和尺寸　　　　　　D. 炸药的组成和物理结构

7. 炸药爆炸与一般的化学反应不同。下列关于炸药爆炸特征的说法,错误的是(　　)。

　A. 在炸药的爆炸变化过程中,炸药的化学能转变成热能

　B. 常用炸药的爆热在 3000~7000kJ/kg

　C. 反应生成物必定含有大量的气态物质

　D. 热的释放是爆炸变化过程的发生和自行传播的必要条件

8. 根据民用爆炸物品基本安全知识中爆炸冲击波的破坏作用和防护措施,在工厂的平面布置中,主厂区应布置在非危险区的(　　)。

　A. 上风侧　　　　　　　　　　　　　B. 侧风向

　C. 下风侧　　　　　　　　　　　　　D. 上风向或侧风向

二、多项选择题

1. 下列感度中,属于民用爆炸物品燃烧爆炸感度的有(　　)。

　A. 火焰感度　　　　　　　　　　　　B. 热感度

　C. 机械感度　　　　　　　　　　　　D. 冷感度

　E. 光感度

2. 民用爆炸物品生产企业要做好预防燃烧爆炸事故发生的措施。下列措施中,错误的有(　　)。

　A. 所有与危险品接触的设备、器具、仪表应相容

　B. 有危及生产安全的专用设备应按有关规定进入目录管理

　C. 生产、储存工房均不设置避雷设施

　D. 炸药生产中可混入一些杂质

　E. 生产用设备在停工维修时,先将设备内的炸药清理干净再维修

专题 5　消防设施与器材

建议用时 34′　　答案 P205

一、单项选择题

1. 自动消防系统中,(　　)功能主要由火灾自动报警系统完成。

　A. 探测和报警　　　　　　　　　　　B. 探测和联动

　C. 报警和联动　　　　　　　　　　　D. 探测、报警和联动

2. 干粉灭火剂由一种或多种具有灭火能力的细微无机粉末组成,主要包括活性灭火组分、疏水成分、惰性填料,粉末的粒径大小及其分布对灭火效果有很大的影响。窒息、冷却、辐射及对有焰燃烧的化学抑制作用是干粉灭火效能的集中体现,其中化学抑制作用是灭火的基本原理,起主要灭火作用。作业现场设置的磷酸铵盐干粉灭火剂不适合扑救(　　)火灾。
   A. 汽油　　　　　B. 石蜡　　　　　C. 钠　　　　　D. 木制家具

3. 根据《火灾自动报警系统设计规范》,下列火灾自动报警系统核心组件中,不属于区域火灾报警系统的组成部分的是(　　)。
   A. 火灾探测器　　　　　　　　B. 消防设备-气体灭火系统
   C. 手动火灾报警按钮　　　　　D. 火灾报警控制器

4. 火灾报警控制器是火灾自动报警系统中的主要设备,其功能包括多方面。下列关于火灾报警控制器功能的说法中,错误的是(　　)。
   A. 具有打印输出和图形显示功能　　B. 具有联动控制功能
   C. 具有通信广播功能　　　　　　　D. 具有自动检测和灭火功能

5. 灭火器结构简单,操作方便轻便灵活,使用面广,是扑救初起火灾的重要消防器材。但不同的火灾种类,应选择不同的灭火器进行灭火,若灭火器选择不当,有可能造成更严重的人身伤亡和财产损失。下列灭火器中,适用于扑灭贵重设备和图书档案珍贵资料的是(　　)。
   A. 干粉灭火器　　　　　　　B. 泡沫灭火器
   C. 酸碱灭火器　　　　　　　D. 二氧化碳灭火器

6. 二氧化碳灭火器是利用其内部充装的液态二氧化碳的蒸气压将二氧化碳喷出灭火的一种灭火器具。二氧化碳灭火器的作用机理是利用降低氧气含量,造成燃烧区域缺氧而灭火。下列关于二氧化碳灭火器的说法,正确的是(　　)。
   A. 1kg 二氧化碳液体可在常温常压下生成 1000L 左右的气体,足以使 1m³ 空间范围内的火焰熄灭
   B. 使用二氧化碳灭火器灭火,氧气含量低于 15% 时燃烧终止
   C. 二氧化碳灭火器适宜于扑救可燃气体火灾
   D. 二氧化碳灭火器对硝酸盐火灾的扑灭效果好

7. 新《消防法》中规定消防设施是指火灾自动报警系统、自动灭火系统、消火栓系统、防烟排烟系统以及应急广播和应急照明、安全疏散设施等。消防器材是指灭火器等移动灭火器材和工具,消防器材不包括(　　)。
   A. 火灾探测器　　　　　　　B. 消防梯
   C. 消防水带　　　　　　　　D. 消防水枪

8. 水是最常用的灭火剂,它既可以单独用来灭火,也可以在其中添加化学物质配制成混合液使用。下列火灾中,可以用水扑灭的是(　　)。
   A. 柴油引起的火灾　　　　　B. 钾、钠等的金属火灾
   C. 高温状态下化工设备的火灾　D. 木材引发的固体火灾

9. 可燃性气体探测器主要应用在有可燃气体存在或可能发生泄漏的易燃易爆场所,或应用于居民住宅(有煤气或天然气存在或易发生泄漏的地方)。下列关于可燃性气体探测器的安装使用的说法,错误的是(　　)。

　　A.探测气体密度大于空气密度的可燃气体探测器应设置在被保护空间的下部

　　B.探测气体密度与空气密度相当时,可燃气体探测器可设置在被保护空间的中间部位或顶部

　　C.对于经常有风速0.5m/s以上气流存在的场所,不适宜安装可燃气体探测器

　　D.有硫化氢气体存在的场所,应使用可燃气体探测器

10. 火灾探测器的基本功能就是对烟雾、温度、火焰和燃烧气体等火灾参量做出有效反应,通过敏感元件,将表征火灾参量的物理量转化为电信号,送到火灾报警控制器。场所中有大量烟雾存在的,应该装设(　　)。

　　A.红外火焰火灾探测器　　　　　B.紫外火焰火灾探测器

　　C.点型感烟火灾探测器　　　　　D.线型感烟火灾探测器

11. 泡沫灭火器(　　),是常用的灭火器。

　　A.仅适用于扑灭木材固体物质类火灾

　　B.仅适用于扑灭石油等液体类火灾

　　C.适用于扑灭木材、棉麻等固体物质类和石油等液体类火灾

　　D.不适用于扑灭木材、棉麻等固体物质类和石油等液体类火灾

12. 干粉灭火器的灭火作用主要通过(　　)来实现。

　　A.氧化作用　　　　　　　　　　B.冷却作用

　　C.机械作用　　　　　　　　　　D.抑制作用

13. 灭火剂是能够有效地破坏燃烧条件,中止燃烧的物质。目前在手提式灭火器和固定式灭火系统上得到广泛应用的灭火剂是(　　)。

　　A.水灭火剂　　　　　　　　　　B.气体灭火剂

　　C.泡沫灭火剂　　　　　　　　　D.干粉灭火剂

二、多项选择题

1. 适合泡沫灭火器扑救的火灾类型不包括(　　)。

　　A.带电设备　　　　　　　　　　B.石油燃料

　　C.食用油　　　　　　　　　　　D.木材

　　E.乙醇

2. 灭火剂被喷射到燃烧物和燃烧区域后,通过一系列的物理、化学作用,使燃烧物冷却、燃烧物与氧气隔绝、燃烧区内氧的浓度降低、燃烧的连锁反应中断等,最终达到灭火效果。在火灾发生时,选用合理的灭火剂能够提高灭火效率,减少损失。下列关于火灾灭火剂的使用的说法,正确的有(　　)。

　　A.活泼金属钠、碳化钙的火灾应用砂土灭火

B. 苯类、醇类、酮类火灾不得用水灭火

C. 氯酸盐、硝酸盐等火灾应采用二氧化碳灭火

D. 轻金属火灾宜采用干粉灭火剂灭火

E. 图书档案、贵重设备应采用泡沫灭火剂灭火

3. 泡沫灭火器分为化学泡沫灭火器和空气泡沫灭火器两种,下列关于泡沫灭火器的说法,错误的有( )。

A. 化学泡沫灭火器使用时,酸性和碱性两种化学药剂的水溶液混合引起化学反应生成泡沫,并在压力的作用下,喷射出去灭火

B. 化学泡沫灭火器灭火能力比空气泡沫灭火器高 3~4 倍

C. 空气泡沫灭火器按使用操作可分为手提式、舟车式、推车式

D. 空气泡沫灭火器充装的是空气泡沫灭火剂,具有良好的热稳定性,抗烧时间长

E. 空气泡沫灭火器用来扑救各种油类和极性溶剂的初起火灾

4. 不同火灾场所应使用相应的灭火剂,选择正确的灭火剂是灭火的关键。下列火灾中,不能用水灭火的有( )。

A. 汽油储罐泄漏引发的火灾
B. 切断电源的电气火灾
C. 硫酸、盐酸和硝酸引发的火灾
D. 废弃状态下的化工设备火灾
E. 锅炉因严重缺水事故发生的火灾爆炸

第5章　危险化学品安全基础知识

🔊 考纲要求

运用其他相关通用安全技术和标准,辨识和分析生产经营过程中的危险、有害因素,制订相应安全技术措施。

📑 考点速览

序号	专题名	考试要点
1	危险化学品安全的基础知识	1)危险化学品的分类及主要危险特性 2)化学品安全技术说明书和安全标签
2	危险化学品的燃烧爆炸类型和过程	1)燃烧爆炸的分类 2)燃烧爆炸的过程
3	危险化学品燃烧爆炸事故的危害	高温、爆炸的破坏作用
4	危险化学品事故的控制和防护措施	危险化学品事故控制与防护
5	危险化学品储存、运输与包装安全技术	危险化学品储存、运输与包装安全技术
6	危险化学品经营的安全要求	危险化学品经营的安全要求
7	泄漏控制与销毁处置技术	泄漏控制与销毁处置技术
8	危险化学品的危害及防护	危险化学品的危害与防护

真题必刷

⏱ 建议用时 70′　▶ 答案 P206

考点 1　危险化学品的分类及主要危险特性

1.[2023·单选] 危险化学品是对人体、设施、环境具有危害的剧毒化学品或其他化学品,相对普通化学品有显著不同的危险特性。下列化学品的特性中,属于危险化学品主要危险特性的是(　　)。

A.燃烧性和活泼性　　　　　　B.放射性和爆炸性
C.毒害性和敏感性　　　　　　D.爆炸性和挥发性

2.[2021·单选] 危险化学品是指具有毒害、腐蚀、爆炸、燃烧、助燃等性质,对人体、设施、环境具有危害的剧毒化学品和其他化学品。有的危险化学品同时具有多种危险特性。下列危险化学品中,同时具有燃烧、爆炸和毒害危险特性的是(　　)。

A.氢气　　　　　　　　　　　B.硫化氢
C.光气　　　　　　　　　　　D.硝酸

3. ［2019·单选］危险物品会通过皮肤、眼睛、肺部、食道等,引起表皮细胞组织发生破坏而造成灼伤,内部器官被灼伤时,严重的会引起炎症甚至造成死亡。下列危险化学品特性中,会造成食道灼伤的是(　　)。

　　A. 燃烧性　　　　　　B. 爆炸性　　　　　　C. 腐蚀性　　　　　　D. 刺激性

考点 2　化学品安全技术说明书和安全标签

1. ［2023·单选］某市危险化学品生产企业在停产停业后需要重新开业,组织新员工编写危险化学品安全标签。下列关于化学品安全标签要素编写的说法中,不符合《化学品安全标签编写规定》的是(　　)。

　　A. 化学品标识位于安全标签的上方　　　　B. 化学品危险性说明位于信号词上方
　　C. 危险化学品组分较多时只编写3个　　　D. 信号词位于化学品名称的下方

2. ［2022·单选］危险化学品安全标准包括化学品标识、象形图、信号词、危险性说明等,其中"信号词"的作用主要针对危险化学品危害程度的警示。下列日常所用的警示性词语中,用于危险化学品标识"信号词"的是(　　)。

　　A. 有毒　　　　　　　B. 危害　　　　　　　C. 危险　　　　　　　D. 当心

3. ［2020·单选］《全球化学品统一分类和标签制度》(也称为GHS)是由联合国出版的指导各国控制化学品危害和保护人类健康与环境的规范性文件。为实施GHS规则,我国发布了《化学品分类和标签规范》,根据该规范,在外包装或容器上应当用右图作为标签的化学品类别是(　　)。

　　A. 氧化性气体　　　　　　　　　　　　B. 易燃气体
　　C. 易燃气溶胶　　　　　　　　　　　　D. 爆炸性气体

4. ［2019·单选］化学品安全技术说明书是向用户传递化学品基本危害信息(包括运输、操作处置、储存和应急行动信息)的一种载体。下列化学品信息中,不属于化学品安全技术说明书内容的是(　　)。

　　A. 安全信息　　　　　　　　　　　　　B. 健康信息
　　C. 常规化学反应信息　　　　　　　　　D. 环境保护信息

5. ［2023·多选］《化学品安全技术说明书内容和项目顺序》规定了16大项安全信息内容的要求。下列相关信息中,属于上述16大项安全信息的有(　　)。

　　A. 毒理学信息　　　　　　　　　　　　B. 风险评估信息
　　C. 生态学信息　　　　　　　　　　　　D. 运输信息
　　E. 法规信息

考点 3　燃烧爆炸的分类

1. ［2022·单选］危险化学品的爆炸可按反应物质分为简单分解爆炸、复杂分解爆炸和爆炸性混合物爆炸。下列关于危险化学品分解爆炸的说法,正确的是(　　)。

　　A. 简单分解爆炸和复杂分解爆炸都不需要可燃性气体

B. 可燃气体在受压情况下,能发生简单分解爆炸

C. 发生简单分解爆炸,需要外部环境提供一定的热量

D. 复杂分解爆炸的爆炸物危险性较简单分解爆炸物稍高

2. [2021·单选] 危险化学品的爆炸可按爆炸反应物质分为简单分解爆炸、复杂分解爆炸和爆炸性混合物爆炸。下列危险化学品中,属于复杂分解爆炸的是(　　)。

A. 环氧乙烷
B. 叠氮铅
C. 乙炔银
D. 黑索金

3. [2019·多选] 危险化学品的爆炸按照爆炸反应物质分类分为简单分解爆炸、复杂分解爆炸和爆炸性混合物爆炸。下列物质爆炸中,属于简单分解爆炸的有(　　)。

A. 乙炔银
B. 甲烷
C. 环氧乙烷
D. 叠氮铅
E. 梯恩梯

考点 4　燃烧爆炸的过程

1. [2020·单选] 危险化学品燃烧爆炸事故具有严重的破坏效应,其破坏程度与危险化学品的数量和性质、燃烧爆炸时的条件以及位置等因素有关。下列关于燃烧爆炸过程和效应的说法,正确的是(　　)。

A. 火灾损失随着时间的延续迅速增加,大约与时间的平方成比例

B. 爆炸过程时间很短,往往是瞬间完成,因此爆炸毁伤的范围相对较小

C. 爆炸会产生冲击波,冲击波造成的破坏主要由高温气体快速升温引起

D. 爆炸事故产生的有毒气体,因为爆炸伴随燃烧,会使气体毒性降低

2. [2022·多选] 粉尘爆炸过程与可燃气爆炸过程相似,但爆炸特性和影响因素有区别。下列关于粉尘爆炸特性的说法,正确的有(　　)。

A. 粉尘爆炸感应期比气体爆炸感应期短

B. 粉尘爆炸比气体爆炸产生的破坏程度小

C. 粉尘爆炸压力上升速率比气体爆炸压力上升速率小

D. 粉尘爆炸存在不完全燃烧现象

E. 粉尘爆炸后有产生二次爆炸的可能性

考点 5　高温、爆炸的破坏作用

[2022·单选] 许多危险化学品具有爆炸危险特性,爆炸的破坏作用包括碎片作用、爆炸冲击波作用、热辐射作用、中毒以及环境污染。爆炸冲击波的破坏作用主要是由(　　)引起的。

A. 爆炸产生的超温
B. 冲击波传播的高速
C. 爆炸产物的高密度
D. 波阵面上的超压

考点 6　危险化学品事故控制与防护

1.［2022·单选］危险化学品中毒、污染事故预防控制措施主要是替代、变更工艺、驱离、通风、个体防护和保持卫生。某涂料厂为了防止危险化学品中毒、污染事故,采取了如下具体措施,其中属于保持卫生的措施的是(　　)。

A.作业现场设置应急阀门　　　　　　B.污染源设备上方设置废气收集罩
C.为员工配置手套、口罩　　　　　　D.将废弃固体有害物料送到危废间

2.［2019·单选］防止火灾、爆炸事故发生的基本原则主要有防止燃烧、爆炸系统的形成,消除点火源,限制火灾、爆炸蔓延扩散。下列预防火灾爆炸事故的措施中,属于防止燃烧、爆炸系统形成的措施是(　　)。

A.控制明火和高温表面　　　　　　　B.防爆泄压装置
C.安装阻火装置　　　　　　　　　　D.惰性气体保护

考点 7　危险化学品储存、运输与包装安全技术

1.［2023·单选］危险化学品在运输中存在较大安全风险,全面了解和掌握危险化学品运输的安全技术与要求,可降低危险化学品运输事故发生的风险。下列关于安全运输危险化学品的说法中,正确的是(　　)。

A.危险化学品详细标注出所属化学品种类、数量后可以按照国家规定进行托运
B.危险化学品在装卸过程中,如采取有效的防护措施,可以和普通货物混合堆放
C.采取有效的防护措施后,可以采用翻斗车运输燃烧爆炸性危险化学品
D.危险化学品运输实行资质认定制度,未经资质认定不得运输危险化学品

2.［2022·单选］某危险货物运输公司承运甲货物 5000t、乙货物 10000t 运输到某化工区的仓库,其中甲货物是Ⅲ类包装,乙货物是Ⅱ类包装。根据《危险货物运输包装通用技术条件》,下列关于甲货物危险性的定义,正确的是(　　)。

A.重大　　　　　B.较小　　　　　C.较大　　　　　D.中等

3.［2021·单选］根据《常用化学危险品贮存通则》(新规范为贮存),企业在贮存危险化学品时要严格遵守相关要求。下列危险化学品的贮存行为中,正确的是(　　)。

A.某工厂经厂领导批准后设置危险化学品贮存仓库
B.某工厂露天堆放易燃物品、剧毒物品时,按最高等级标志
C.某工厂对可以同贮的危化品,同贮时区域按最高等级标志
D.某工厂将甲、乙类化学品同库贮存时,按最高等级标志

4.［2019·单选］危险化学品贮存应采取合理措施预防事故发生。根据《常用危险化学品贮存通则》,下列关于危险化学品贮存的措施,正确的是(　　)。

A.某工厂因危险化学品库房维护,将爆炸物品临时露天堆放
B.高、低等级危险化学品一起贮存的区域,按低等级危险化学品管理

C. 某生产岗位员工未经培训,将其调整到危险化学品库房管理岗位

D. 某工厂按照危险化学品类别,采取隔离贮存、隔开贮存和分离贮存

5. [2019·单选]《危险货物运输包装通用技术条件》规定了危险货物包装分类、包装的基本要求、性能试验和检验方法。《危险货物运输包装类别划分方法》规定了划分各类危险化学品运输包装类别的基本原则。根据上述两个标准,下列关于危险货物包装的说法,错误的是(　　)。

A. 危险货物具有两种以上的危险性时,其包装类别需按级别高的确定

B. 毒性物质根据口服、皮肤接触以及吸入粉尘和烟雾的方式来确定其包装类别

C. 易燃液体根据其闭杯闪点和初沸点的大小来确定其包装类别

D. 包装类别中Ⅰ类包装适用危险性较小的货物,Ⅲ类包装适用危险性较大的货物

考点 8　危险化学品经营的安全要求

1. [2021·单选] 根据《危险化学品安全管理条例》,下列剧毒化学品经营企业的行为中,正确的是(　　)。

A. 规定经营剧毒化学品销售记录的保存期限为1年

B. 规定经营剧毒化学品人员经过国家授权部门的专业培训合格后即可上岗

C. 规定经营剧毒化学品人员经过县级公安部门的专门培训合格后即可上岗

D. 向当地县级人民政府公安机关口头汇报购买的剧毒化学品数量和品种

2. [2020·单选] 危险化学品经营实行许可制度,任何单位和个人均需要获得许可,方可经营危险化学品。根据《危险化学品安全管理条例》,下列行政管理程序中,办理危险化学品经营许可证不需要的是(　　)。

A. 申请　　　B. 行政备案　　　C. 审查　　　D. 发证

3. [2020·单选] 危险化学品在生产、运输、贮存、使用等经营活动中容易发生事故。根据《危险化学品安全管理条例》和《危险化学品经营企业安全技术基本要求》,下列危险化学品企业的经营行为中,正确的是(　　)。

A. 某企业安排未经过专业技术培训的人员从事危险化学品经营业务

B. 某企业将其危险化学品的经营场所设置在交通便利的城市边缘

C. 某企业将危险化学品存放在其批发大厅中的化学品周转库房中

D. 某企业为节省空间在其备货库房内将不同化学品整齐地堆放在一起

考点 9　泄漏控制与销毁处置技术

1. [2020·单选] 针对危险化学品泄漏及其火灾爆炸事故,应根据危险化学品的特性采用正确的处理措施和火灾控制措施。下列处理和控制措施中,正确的是(　　)。

A. 某工厂存放的遇湿易燃的碳化钙着火,仓库管理员使用二氧化碳灭火器灭火

B. 某工厂甲烷管道泄漏着火,现场人员第一时间用二氧化碳灭火器灭火

C. 某工厂爆炸物堆垛发生火灾,巡检人员使用高压水枪喷水灭火

D. 某工厂贮存的铝产品着火,现场人员使用二氧化碳灭火器灭火

2. [2019·单选] 危险化学品废弃物的销毁处置包括固体危险废弃物无害化的处置、爆炸品的销毁、有机过氧化物废弃物的处置等。下列关于危险废弃物销毁处置的说法,正确的是(   )。

A. 固体危险废弃物的固化/稳定化方法有水泥固化、石灰固化、塑料材料固化、有机聚合物固化等
B. 确认不能使用的爆炸性物品必须予以销毁,企业选择适当的地点、时间和销毁方法后直接销毁
C. 应根据有机过氧化物特征选择合适的方法进行处理,主要包括溶解、烧毁、填埋等
D. 一般危险废弃物可直接进入填埋场填埋,粒度很小的废弃物可装入编织袋后填埋

3. [2023·多选] 某新建化工企业组织编制应急预案,针对危险化学品火灾控制制订了专项预案和现场处置方案。在该应急预案中,对火灾控制方法的描述,正确的有(   )。

A. 扑救遇湿易燃物品火灾时,不得采用泡沫、酸碱灭火剂扑救
B. 扑救易燃固体火灾时,用水和泡沫灭火剂扑救,控制住燃烧范围,逐步扑灭
C. 扑救易燃液体火灾时,比水轻又不溶于水的液体用直流水、雾状水灭火
D. 扑救爆炸物品火灾时,采用消防沙覆盖,以免增强爆炸物品的爆炸威力
E. 扑救气体类火灾时,采取堵漏的措施下,可以扑灭明火

4. [2020·多选] 2019年3月21日,某化工有限公司发生特别重大爆炸事故,事故原因是该公司固废库内长期违法贮存硝化废料,由于持续积热升温导致库存废料自燃,进而引发爆炸,为了预防此类事故,应对爆炸性废弃物采取有效方法进行处理。下列对爆炸性废弃物的处理方法中,正确的有(   )。

A. 爆炸法 B. 烧毁法
C. 填埋法 D. 溶解法
E. 化学分解法

5. [2019·多选] 危险化学品容易引发火灾爆炸事故,一旦泄漏应针对其特性采用合适方法处置,下列危险化学品泄漏事故的处置措施中,正确的有(   )。

A. 扑救遇湿易燃物品火灾时,绝对禁止用泡沫、酸碱等灭火剂扑救
B. 对镁粉、铝粉等,切忌喷射有压力的灭火剂,防止引起粉尘爆炸
C. 某区域有易燃易爆化学品泄漏,应作为重点保护对象,及时用沙土覆盖
D. 扑灭气体火灾要立即扑灭火焰,再采取堵漏措施,避免二次火灾
E. 扑救爆炸物品堆垛火灾时,应避免强力水流直接冲击堆垛

考点 10 危险化学品的危害与防护

1. [2023·单选] 腐蚀性危险化学品按腐蚀性的强弱可以分为两级,按酸碱性及有机物、无机物可分为八类。下列腐蚀性危险化学品中,属于强腐蚀性的是(   )。

A. 有机碱性腐蚀化学品 B. 一级无机酸性腐蚀化学品
C. 其他无机腐蚀化学品 D. 二级有机酸性腐蚀化学品

2. [2022·单选] 毒性化学品会引起人体器官、系统的损害。毒性危险化学品对人的机体的作用是一个复杂过程,通常按照进入人体的时间和剂量分为急性中毒和慢性中毒,一旦发生急性中毒,需要立即施救,可能会危害人的生命。下列关于急性中毒的应急施救行为的说法,正确的是(　　)。

　　A. 救护人员进入现场后除救治中毒者外,还应立即切断毒性化学品来源
　　B. 救护人员发现有人中毒,为节约时间,立即就地展开施救
　　C. 发现中毒人员后,迅速脱去被毒性化学品污染的衣服,立即用清水冲洗
　　D. 对不小心误食毒性危险化学品者,立即用稀碳酸氢钠溶液洗胃

3. [2022·单选] 具有放射性的危险化学品能从原子核内部,自行不断放出有穿透力、为人们肉眼不可见的射线,这种射线会对人产生不同程度的放射性伤害。下列关于危险化学品对人体造成的危害的说法,属于典型的放射性伤害的是(　　)。

　　A. 对人体组织渗透破坏　　　　　　B. 对人的造血系统造成伤害
　　C. 对人的呼吸道系统造成伤害　　　D. 对人体内部器官造成灼伤

4. [2020·单选] 某化工厂对储罐进行清洗作业时,罐内作业人员突然晕倒,原因不明,现场人员需要佩戴呼吸道防毒劳动防护用品进行及时营救。下列呼吸道防毒劳动防护用品中,营救人员应该选择佩戴的是(　　)。

　　A. 自给式氧气呼吸器　　　　　　　B. 头罩式面具
　　C. 双罐式防毒口罩　　　　　　　　D. 长管式送风呼吸器

5. [2021·多选] 毒性危险化学品通过一定的途径进入人体,在体内积蓄到一定剂量后,就会表现出中毒症状。毒性危险化学品侵入人体通常是通过(　　)。

　　A. 呼吸系统　　　　　　　　　　　B. 神经系统
　　C. 骨骼　　　　　　　　　　　　　D. 皮肤组织
　　E. 消化系统

专题必刷

专题 1　危险化学品安全的基础知识

建议用时 34′　　答案 P210

一、单项选择题

1. 根据《化学品安全标签编写规定》,位于标签的上方的是(　　)。

　　A. 化学品标识　　　　　　　　　　B. 象形图
　　C. 信号词　　　　　　　　　　　　D. 防范说明

2. 某硫酸厂生产过程中三氧化硫管线上的视镜超压破裂,气态三氧化硫泄漏,现场2人被灼伤。

三氧化硫致人伤害,体现了危险化学品的( )。
   A.腐蚀性　　　　　　　　　　　B.燃烧性
   C.毒害性　　　　　　　　　　　D.放射性

3. 根据《化学品分类和危险性公示　通则》,化学品可分为物理危险、健康危害和环境危害三大类。下列化学品中,属于物理危险类的是( )。
   A.急性毒性　　　　　　　　　　B.皮肤腐蚀
   C.特异性靶器官系统毒性　　　　D.气溶胶

4. 某城镇居民李某在一废弃化工厂捡到一条银白色项链状的物品(硒-75),随后李某开始剧烈呕吐,头晕目眩,送医检查后发现其体内细胞机能丧失,细胞大量死亡。根据上述条件,硒-75体现出的危险特性属于( )。
   A.放射性　　　　　　　　　　　B.毒害性
   C.腐蚀性　　　　　　　　　　　D.生物性

5. 根据《化学品安全标签编写规定》,化学品安全标签主要包括名称、危险性级别等项内容,用文字、图形、数字组合形式进行表示。下列关于安全标签的说法,正确的是( )。
   A.用中文或英文表明化学品的通用名称
   B.危险化学品的信号词应用"危险""警告"中的一个或多个标明化学品的危险程度
   C.资料参阅提示语提示用户参阅化学品安全技术说明书
   D.危险性说明表述化学品在处置、搬运、储存和使用作业中所必须注意的事项和有效的救护措施

6. 某危险化学品进入人体内并累积到一定剂量,会扰乱肌体的正常生理功能,引起持久性的病理改变,甚至危及生命。上述的危险特性属于( )。
   A.化学性　　　　　　　　　　　B.腐蚀性
   C.毒害性　　　　　　　　　　　D.放射性

7. 化学品安全技术说明书是化学品的供应商向下游用户传递化学品基本危害信息(包括运输、操作处置、储存和应急行动信息)的一种载体。下列选项中对其主要作用表述错误的是( )。
   A.是化学品安全生产、安全流通、安全使用的指导性文件
   B.是应急作业人员进行应急作业时的技术指南
   C.为危害控制和预防措施的设计提供技术依据
   D.使用文字、图形、编码等形式标明化学品是否具有危险性

8. 根据国家标准《化学品安全技术说明书内容和项目顺序》的要求,化学品安全技术说明书包括16大项的安全信息内容。下列描述属于毒理学信息的是( )。
   A.主要描述化学品的稳定性和在特定条件下可能发生的危险反应
   B.主要提供化学品的外观与性状(如物态、形状和颜色)
   C.主要提供化学品的环境影响、环境行为和归宿方面的信息
   D.全面、简洁地描述使用者接触化学品后产生的各种毒性作用(健康影响)

9. 危险化学品安全标签是用文字、图形符号和编码的组合形式表示化学品所具有的危险性和安全

注意事项,它可粘贴、挂拴或喷印在化学品的外包装或容器上。如下图所示为危险化学品安全标签的样例。其中"信号词"应在图中(　　)。

A. D 位置　　B. B 位置　　C. A 位置　　D. C 位置

10. 长期接触丙酮容易出现眩晕、灼烧感、咽炎、支气管炎、乏力、易激动等症状,丙酮的这种特性称为危险化学品的(　　)。

A. 腐蚀性　　B. 燃烧性　　C. 毒害性　　D. 放射性

11. 化学品安全标签上应用中英文分别标明化学品的化学名称或通用名称。对于混合物应标出对其危险性分类有贡献的主要组成的化学名称或通用名、浓度或浓度范围。当需要标出的组分较多时,组分个数不超过(　　)个为宜。

A. 2　　B. 3　　C. 4　　D. 5

12. 某工厂应领导要求制订甲醇罐区的应急处置方案,应依据甲醇的危险特性针对泄漏后的火灾事故选择和配置合适的灭火剂和灭火方式,上述相关内容应在SDS的(　　)中查阅确定。

A. 危险性概述　　　　　　B. 消防措施

C. 泄漏应急处理　　　　　D. 理化特性

13. 某发电厂因生产需要购入一批危险化学品,主要包括氢气、液氨、盐酸、氢氧化钠溶液等。上述危险化学品的危害特性为(　　)。

A. 爆炸、易燃、毒害、放射性 　　　　B. 爆炸、粉尘、腐蚀、放射性
C. 爆炸、粉尘、毒害、腐蚀 　　　　　D. 爆炸、易燃、毒害、腐蚀

14. 下列使用安全标签的注意事项中,正确的是(　　)。
   A. 安全标签的粘贴、挂拴或喷印牢固,保证在运输期间不脱落、不损坏,储存期间不做要求
   B. 安全标签应由合法承运企业在货物出厂后,运输前粘贴、挂拴或喷印
   C. 盛装危险化学品的容器,在经过处理且其危险性完全消除之后,可撕下安全标签
   D. 危险化学品若要改换包装,则由生产制造单位委派专人重新粘贴、挂拴或喷印标签

二、多项选择题

1. 下列关于SDS的主要作用的说法,正确的有(　　)。
   A. 是化学品安全生产、安全流通、安全使用的指导性文件
   B. 是应急作业人员进行应急作业时的技术指南
   C. 为危险化学品生产、处置、储存和使用各环节制订安全操作规程提供技术信息
   D. 为危害控制和预防措施的设计提供技术依据
   E. 是企业安全生产的主要内容

2. 下列关于危险化学品安全标签的说法,正确的有(　　)。
   A. 对于小于或等于100mL的化学品小包装,为方便标签使用,安全标签要素可以简化
   B. 对于混合物应标出对其危险性分类有贡献的主要组成的化学名称或通用名、浓度或浓度范围。当需要标出的组分较多时,组分个数不超过5个为宜
   C. 安全标签应由使用企业粘贴、挂拴或喷印
   D. 安全标签的粘贴、挂拴或喷印应牢固,保证在运输、储存期间不脱落、不损坏
   E. 盛装危险化学品的容器或包装,在内部危险化学品使用完后,方可撕下安全标签,否则不能撕下相应的标签

3. 根据《化学品安全标签编写规范》,危险化学品运用警示词来表现化学品的危险程度。下列属于规范中规定使用的警示词有(　　)。
   A. "剧毒"　　　　B. "危险"　　　　C. "警告"　　　　D. "注意"
   E. "安全"

专题2　危险化学品的燃烧爆炸类型和过程

ⓐ建议用时6′　　▷答案 P211

一、单项选择题

1. 蒸气云爆炸也是危险化学品燃烧爆炸的一种典型表现。一般要发生带破坏性超压的蒸气云爆炸应具备的条件不包括(　　)。
   A. 泄漏物必须具备可燃且具有适当的温度和压力

B. 必须在点燃前扩散阶段形成一个足够大的云团

C. 可燃蒸气云被点燃后,必须有层流或近似层流的燃烧

D. 产生的足够数量的云团处于该物质的爆炸极限范围内

2. 乙炔、环氧乙烷等在压力下的分解爆炸属于( )。

A. 简单分解爆炸　　　　　　　　B. 复杂分解爆炸

C. 爆炸性混合物爆炸　　　　　　D. 普通混合物爆炸

二、多项选择题

按其要素构成的条件和瞬间发生的特点,可将危险化学品的燃烧分为( )。

A. 受热　　　B. 分解　　　C. 闪燃　　　D. 着火

E. 自燃

专题 3　危险化学品燃烧爆炸事故的危害

建议用时 8′　　答案 P211

一、单项选择题

1. 当爆炸冲击波的超压在( )时,除坚固的钢筋混凝土建筑外,其余部分将全部破坏。

A. 20~30kPa　　　　　　　　B. 30~50kPa

C. 50~80kPa　　　　　　　　D. 100kPa 以上

2. 火灾与爆炸都会造成生产设施的重大破坏和人员伤亡,但两者的发展过程显著不同。下列关于火灾与爆炸的说法,错误的是( )。

A. 火灾起火后火场逐渐蔓延扩大,随着时间的延续,损失程度迅速增长

B. 火灾造成的损失与持续时间不成比例

C. 爆炸的发生猝不及防,往往仅在瞬间爆炸过程已经结束

D. 爆炸结束伴随设备损坏、厂房倒塌、人员伤亡等损失

二、多项选择题

1. 下列关于危险化学品的燃烧爆炸事故主要破坏形式的说法,正确的有( )。

A. 高温的破坏作用　　　　　　B. 爆炸的破坏作用

C. 造成中毒和环境污染　　　　D. 腐蚀性的破坏作用

E. 放射性的破坏作用

2. 危险化学品的燃烧爆炸事故通常伴随发热、发光、高压、真空和电离等现象,具有很强的破坏作用,其与危险化学品的数量和性质、燃烧爆炸时的条件以及位置等因素有关。下列属于高温破坏作用且正确的有( )。

A. 高温燃烧的化工设备被破坏时,其灼热的碎片飞出后会迅速冷却,一般不会引起火灾

B. 机械设备、装置、容器等爆炸后产生许多碎片,飞出后会在相当大的范围内造成危害

C. 物质爆炸时,产生的高温、高压气体以极高的速度膨胀,压力可能达到 20~30kPa

D. 高温辐射可能使附近人员受到严重灼烫伤害甚至死亡

E. 燃烧爆炸后,建筑物内遗留大量的热或残余火苗,会把从破坏的设备内部不断喷出的可燃气体、易燃或可燃液体的蒸气点燃,也可能把其他易燃物点燃引起火灾

专题4 危险化学品事故的控制和防护措施

建议用时 8′　答案 P211

一、单项选择题

1. 危险化学品中毒、污染事故预防控制措施主要有替代、变更工艺等。下列关于危险化学品危害预防控制措施的说法,正确的是(　　)。
   A. 用苯来替代涂漆中用的甲苯
   B. 对于面式扩散源采用局部通风
   C. 将经常需操作的阀门移至操作室外
   D. 用脂肪烃替代胶水中芳烃

2. 危险化学品中毒、污染事故预防控制的主要措施有替代、变更工艺、隔离、通风、个体防护和保持卫生。下列关于个体防护的说法,错误的是(　　)。
   A. 作业场所中有害化学品的浓度超标时,工人就必须使用合适的个体防护用品
   B. 个体防护用品不能降低作业场所中有害化学品的浓度
   C. 个体防护是控制危害的主要手段,应首先考虑采用
   D. 防护用品主要有头部防护器具、呼吸防护器具、眼防护器具、躯干防护用品、手足防护用品

3. 通风是控制作业场所中有害气体、蒸气或粉尘最有效的措施之一,可以分为局部排风和(　　)两种。
   A. 点式排风
   B. 全面通风
   C. 面式排风
   D. 机械通风

4. 某化工有限公司硫酸铵车间,采用硫酸饱和器工艺,硫酸溶液吸收废气中的氨,生产硫酸铵。鉴于硫酸的强腐蚀特性,为控制车间内腐蚀事故的发生,应采用的防护措施是隔离、通风和(　　)。
   A. 个体防护
   B. 低温操作
   C. 中和反应
   D. 高温操作

5. 为预防控制危险化学品中毒、污染事故,目前采取的主要措施是替代、变更工艺、隔离、通风、个体防护和保持卫生等措施。下列关于危险化学品危害预防措施的说法,正确的是(　　)。
   A. 用甲苯替代油漆中的苯
   B. 对于剧毒的点式扩散源采用全面通风
   C. 对面式扩散源采用定向局部通风
   D. 制备乙醛时使用汞作催化剂

6. 从理论上讲,防止火灾、爆炸事故发生的基本原则主要有三点:①防止燃烧、爆炸系统的形成;②消除点火源;③限制火灾、爆炸蔓延扩散的措施。下列措施中属于消除点火源的是(　　)。
   A. 惰性气体保护
   B. 控制明火和高温表面
   C. 通风置换
   D. 防爆泄压装置

7. 某化工有限公司硫酸铵车间,生产设备与操作室分隔设置,这种控制措施属于(　　)。
   A. 替换　　　　　　　　　　　　B. 变更工艺
   C. 隔离　　　　　　　　　　　　D. 个体防护

二、多项选择题

1. 防火防爆技术主要包括控制可燃物、控制助燃物、控制点火源。下列安全措施中,属于消除点火源技术的有(　　)。
   A. 生产场所采用防爆电气设备　　　B. 采用防爆泄压装置
   C. 生产场所采取防静电措施　　　　D. 关闭容器或管道的阀门
   E. 提高空气湿度防止静电产生

2. 从理论上讲,防止危险化学品火灾、爆炸事故发生的原则主要有防止燃烧、爆炸系统的形成,消除点火源和限制火灾、爆炸蔓延扩散的措施。下列属于防止燃烧、爆炸系统形成的措施有(　　)。
   A. 阻火装置　　　　　　　　　　B. 替代
   C. 安全监测及联锁　　　　　　　D. 控制明火和高温表面
   E. 通风置换

专题5　危险化学品储存、运输与包装安全技术

建议用时 16′　　答案 P212

一、单项选择题

1. 违法违规储存危险化学品极可能发生生产安全事故,威胁人民群众的生命财产安全。下列关于危险化学品储存的要求,错误的是(　　)。
   A. 储存危险化学品的仓库必须配备有专业知识的技术人员
   B. 危险化学品不得与禁忌物料混合储存
   C. 爆炸物品和一级易燃物品可以露天堆放
   D. 同一区域储存两种及两种以上不同级别的危险化学品时,按最高等级危险化学品的性能进行标志

2. 《危险货物运输包装通用技术条件》规定了包装的基本要求、性能试验和检验方法等,也规定了包装容器的类型和标记代号。其中,适用内装危险性较大的货物的是(　　)类包装。
   A. Ⅰ　　　　B. Ⅱ　　　　C. Ⅲ　　　　D. Ⅳ

3. 不同种类危险化学品对运输工具、运输方法有不同要求。下列关于危险化学品的运输方法,正确的是(　　)。
   A. 用电瓶车运输爆炸物品　　　　B. 用翻斗车搬运易燃物品
   C. 用水泥船承运有毒物品　　　　D. 用槽车运输甲醇

4. 根据国家标准《化学危险品仓库储存通则》的规定,储存的危险化学品应有明显的标志。两种

或两种以上不同危险级别的危险化学品储存在同一区域时,应( )。

A.按中等危险等级化学品的性能标志　　B.按最低等级危险化学品的性能标志

C.按最高等级的危险化学品标志　　D.按同类危险化学品的性能标志

5. 《化学危险品仓库储存通则》规定,危险化学品露天堆放,应符合防火、防爆的安全要求,爆炸物品、一级易燃物品和( )物品不得露天堆放。

A.强氧化性　　B.遇湿易溶

C.遇湿燃烧　　D.强腐蚀性

6. 根据《化学危险品仓库储存通则》储存安排及储存量限制的规定,下列描述错误的是( )。

A.爆炸物品必须单独隔离限量储存

B.易燃气体不得与助燃气体、剧毒气体一同储存

C.氧气与油脂混合储存

D.盛装液化气体的容器属压力容器的必须有压力表、安全阀、紧急切断装置,并定期检查不得超装

7. 装运爆炸、剧毒、放射性、易燃液体、可燃气体等物品,必须使用符合安全要求的运输工具。下列关于危险化学品运输的说法,错误的是( )。

A.运输过程中,不得在居民聚居点、行人稠密地段、政府机关、名胜古迹、风景游览区停车

B.运输易燃易爆危险货物车辆的排气管,应安装隔热和熄灭火星装置,并装配导静电橡胶拖地带装置

C.放射性物品应用专用运输搬运车和抬架搬运,装卸机械应按规定负荷降低20%的装卸量

D.禁止通过内河封闭水域运输剧毒化学品以及国家规定禁止通过内河运输的其他危险化学品

二、多项选择题

化学品在运输中发生事故的情况比较常见,全面了解并掌握有关化学品的安全运输规定,对减少运输事故的发生具有重要的意义。下列关于危险化学品运输安全技术与要求的说法,正确的有( )。

A.温度较高地区装运液化气体和易燃液体的,应设有防晒设施

B.剧毒、放射性危险物品运输应事先报当地交通部门批准,按指定路线、时间、速度行驶

C.危险化学品道路运输企业的驾驶人员、装卸管理人员等应经公安部门考核合格,取得从业资格

D.禁止使用叉车、铲车、翻斗车搬运易燃、易爆液化气体等危险物品

E.道路危险货物运输途经居民聚居点临时停车,应采取安全措施

专题 6　危险化学品经营的安全要求

建议用时 14′　　答案 P212

一、单项选择题

1. 剧毒化学品、易制爆危险化学品的销售企业应当在销售后( )日内,将所销售的剧毒化学品、易制爆危险化学品的品种、数量以及流向信息报所在地县级人民政府公安机关备案,并输入

计算机系统。

  A. 5　　　　　　　B. 15　　　　　　　C. 3　　　　　　　D. 30

2. 国家对危险化学品经营(包括仓储经营)实行许可制度。未经许可,任何单位和个人都不得经营危险化学品。安全生产监督管理部门应自收到证明材料之日起(　　)日内做出批准或者不予批准的决定。

  A. 15　　　　　　　B. 20　　　　　　　C. 30　　　　　　　D. 60

3. 根据《危险化学品经营企业安全技术基本要求》的规定,危险化学品经营场所和储存设施需满足的要求的说法,错误的是(　　)。

  A. 危险化学品经营企业的经营场所应坐落在交通便利、便于疏散处

  B. 零售业务只许经营除爆炸品、剧毒物品以外的危险化学品

  C. 从事危险化学品批发业务的企业,所经营的危险化学品不得存放在业务经营场所

  D. 从事危险化学品批发业务的企业,应具备经县级以上工商部门批准的专用危险化学品仓库

4. 根据《危险化学品安全管理条例》和《危险化学品经营企业安全技术基本要求》,下列关于危险化学品经营企业要求的说法,错误的是(　　)。

  A. 经营剧毒物品企业的人员,应经过县级以上(含县级)公安部门的专门培训

  B. 危险化学品经营企业应如实记录购买单位的名称、地址、经办人的姓名

  C. 销售记录以及经办人身份证明复印件、相关许可证件复印件保存期限为不少于6个月

  D. 剧毒化学品、易制爆危险化学品的销售企业应将所销售危险化学品情况在公安机关备案

5. 危险化学品经营实行许可制度,任何单位和个人均需要获得许可,方可经营危险化学品。根据《危险化学品安全管理条例》。下列行政管理程序中,办理危险化学品经营许可证的程序是(　　)。

  A. 申请-审查-发证-登记注册　　　　B. 申请-登记注册-发证-备案

  C. 审查-申请-登记注册-发证　　　　D. 备案-申请-发证-登记注册

二、多项选择题

1. 下列关于剧毒化学品、易制爆危险化学品经营的说法,正确的有(　　)。

  A. 经营剧毒化学品的企业要申领经营许可证,经营剧毒品要设专人

  B. 应当如实记录购买单位的名称、地址、经办人的姓名、身份证号码以及所购买的剧毒化学品、易制爆危险化学品的品种、数量、用途

  C. 销售记录以及经办人的身份证明复印件、相关许可证件复印件或者证明文件的保存期限不得少于半年

  D. 剧毒化学品、易制爆危险化学品的销售企业应当在销售后5日内,将所销售的剧毒化学品、易制爆危险化学品的品种、数量以及流向信息报所在地县级人民政府公安机关备案,并输入计算机系统

E.《危险化学品经营企业安全技术基本要求》要求经营剧毒物品企业的人员,要达到经国家授权部门的专业培训,取得合格证书方能上岗

2. 根据《危险化学品经营企业安全技术基本要求》的规定,下列关于经营场所和储存设施应满足要求的说法,正确的有(   )。

　　A.从事危险化学品批发业务的企业,应具备经市级以上消防部门批准的专用仓库
　　B.零售业务的店面内应放置有效的消防、急救安全设施
　　C.危险化学品经营企业应向供货方索取并向用户提供SDS
　　D.所经营的危险化学品不得存放在业务经营场所
　　E.零售业务的店面与存放危险化学品的库房应有实墙相隔

专题7 泄漏控制与销毁处置技术

建议用时 16′　　答案 P213

一、单项选择题

1. 固体废物的正确处置方法是(   )。

　　A.危险废物须装入编织袋后方可填埋
　　B.一般工业废物可以直接进入填埋场进行填埋
　　C.爆炸性物品的销毁可以采用爆炸法、烧毁法、熔融固化法、化学分解法
　　D.有机过氧化物废弃物处理方法主要有分解、烧毁、熔解、填埋

2. 下列关于化学品火灾扑救的说法,正确的是(   )。

　　A.扑救爆炸物品火灾时,应立即采用沙土盖压,以减小爆炸物品的爆炸威力
　　B.扑救遇湿易燃物品火灾时,应采用泡沫、酸碱灭火剂扑救
　　C.扑救易燃液体火灾时,比水轻又不溶于水的液体用直流水、雾状水灭火
　　D.易燃固体、自燃物品火灾一般可用水和泡沫灭火剂扑救,控制住燃烧范围,逐步扑灭即可

3. 某化工厂一条液氨管道腐蚀泄漏,当班操作工人甲及时关闭截止阀,切断泄漏源,应对现场泄漏残留液氨采用的处理方法是(   )。

　　A.喷水吸附稀释　　　　　　　　B.沙子覆盖
　　C.氢氧化钠溶液中和　　　　　　D.氢氧化钾溶液中和

4. 为防止危险废弃物对人类健康或者环境造成重大危害,需要对其进行无害化处理。下列废弃物处理方式中,不属于危险废弃物无害化处理方式的是(   )。

　　A.塑性材料固化法　　　　　　　B.有机聚合物固化法
　　C.填埋固化法　　　　　　　　　D.熔融固化或陶瓷固化法

5. 某石油化工厂气体分离装置丙烷管线泄漏发生火灾,消防人员接警后迅速赶赴现场扑救,下列关于该火灾扑救措施的说法,正确的是(   )。

　　A.切断泄漏源之前要保持稳定燃烧　　B.为防止更大损失迅速扑灭火焰
　　C.扑救过程尽量使用低压水流　　　　D.扑救前应首先采用沙土覆盖

二、多项选择题

1. 使危险废弃物无害化采用的方法是使它们变成高度不溶性的物质,也就是固化、稳定化的方法。下列选项中属于常用的固化、稳定化方法有(　　)。

   A. 填埋固化　　　　　　　　　B. 塑性材料固化

   C. 有机聚合物固化　　　　　　D. 燃烧固化

   E. 自凝胶固化

2. 火场上高温的存在不仅造成火势蔓延扩大,也会威胁灭火人员的安全。可采用(　　)方式避免高温伤害。

   A. 喷水降温　　　　　　　　　B. 扇风降温

   C. 穿隔热服　　　　　　　　　D. 利用掩体

   E. 定时换班

3. 有机过氧化物是一种易燃、易爆品。其废弃物应从作业场所清除并销毁,其方法主要取决于该过氧化物的物化性质,根据其特性选择合适的方法处理,以免发生意外事故。处理方法主要有(　　)。

   A. 爆炸法　　　　　　　　　　B. 烧毁法

   C. 填埋法　　　　　　　　　　D. 分解法

   E. 化学分解法

专题 8　危险化学品的危害及防护

建议用时 16′　　答案 P213

一、单项选择题

1. 工业毒性危险化学品对人体有很强的刺激作用,当人体与有毒化学品有了相当的接触时,就会产生刺激作用,可能引发炎症、伤残等重症。工业毒性危险化学品对人体的刺激部位一般不包括的是(　　)。

   A. 皮肤　　　　B. 消化道　　　　C. 眼睛　　　　D. 呼吸道

2. 工业生产中,毒性危险化学品进入人体的最重要的途径是呼吸道。凡是以气体、蒸气、雾、烟、粉尘形式存在的毒性危险化学品,均可经呼吸道侵入体内。呼吸道吸收程度与危险化学品在空气中的(　　)密切相关。

   A. 密度　　　　B. 浓度　　　　C. 粒度　　　　D. 分布形态

3. 杨某在极高剂量的放射线作用下,出现恶心、呕吐、腹泻、虚弱和虚脱症状,症状消失后杨某出现急性昏迷,2周内死亡。这体现了射线对(　　)的伤害。

   A. 心脏　　　　B. 肾脏　　　　C. 肠胃　　　　D. 肺部

4. 许多危险化学品进入人体后,会扰乱或破坏肌体的正常生理功能,引起暂时性或永久性的病理改变,甚至危及生命。同一种毒性危险化学品引起的急性和慢性中毒,其损害的器官及表现也有很大差别。急性苯中毒主要表现为对中枢神经系统的麻醉作用,而慢性苯中毒主要损害人体的(　　)。

   A. 呼吸系统　　　　　　　　　　B. 消化系统

   C. 造血系统　　　　　　　　　　D. 循环系统

5. 毒性危险化学品引起的中毒往往是多器官、多系统的损害,严重的可直接导致人员死亡。腐蚀性物品接触人的皮肤会引起表皮细胞组织发生破坏作用而导致灼伤。下列关于毒性物品和腐蚀性物品伤害的急救方法,错误的是(　　)。

   A. 苯胺泄漏后,可用稀释后的氢氧化钠溶液浸湿污染处,再用水冲洗

   B. 化学试验时,不慎将浓硫酸滴在手臂皮肤上,应立即用大量清水连续冲洗

   C. 皮肤被溴液灼伤后,应以苯洗涤,再涂抹油膏

   D. 氢氟酸接触皮肤,立即用清水冲洗,再用稀氨水敷浸后保暖

6. 具有放射性的危险化学品能从原子核内部,自行不断放出有穿透力为人眼不可见的射线。放射性危险化学品的主要危险特性在于它的放射性。人体组织在受到射线照射时,能发生电离,如果人体受到过量射线的照射,就会产生不同程度的损伤。对造血系统造成伤害后,一般在(　　)后死亡。

   A. 2天　　　　B. 2周　　　　C. 2~3周　　　　D. 2~6周

二、多项选择题

1. 正确佩戴个人劳动防护用品是保护人身安全的重要手段。在进入缺氧的受限空间作业,并且预计作业时间在2h以上时,应优先选择的防毒面具有(　　)。

   A. 导管式面罩　　　　　　　　　　B. 氧气呼吸器

   C. 逆风长管式呼吸器　　　　　　　D. 双罐式防毒口罩

   E. 自吸式长管呼吸器

2. 能腐蚀人体、金属和其他物质的物质,称为腐蚀性物质。按其酸碱性及有机物、无机物则可分为八类。其中不包括的有(　　)。

   A. 一级无机酸性腐蚀物质　　　　　B. 一级有机酸性腐蚀物质

   C. 一级有机碱性腐蚀物质　　　　　D. 二级有机碱性腐蚀物质

   E. 其他无机腐蚀物质

截分金题卷一

(考试时间 150 分钟　满分 100 分　答案 P214)

一、单项选择题(共 70 小题,每题 1 分,每题的备选项中只有 1 个最符合题意)

1. 下列关于机械危险部位采取的防护措施,说法正确的是(　　)。
   A. 对旋式轧辊采用固定防护罩全部封闭
   B. 齿轮传动机构必须装置半封闭型的防护装置
   C. 卷筒裁切机刀具应该被包含在机器内部
   D. 旋转的有辐轮不可以在手轮上安装一个弹簧离合器进行防护

2. 本质安全技术是消除或减少风险的第一步,下列措施不属于本质安全技术的是(　　)。
   A. 保持机械零部件的完全　　　　B. 连接紧固可靠
   C. 爆炸环境中的安全电源　　　　D. 机器设备上的急停部件

3. 机床存在的机械危险大量表现为人员与可运动件的接触伤害,是导致金属切削机床发生事故的主要危险。下列伤害起因和伤害形式对应正确的是(　　)。
   A. 回转运动的机械部件——卷绕和绞缠
   B. 两部件相对运动——引入或卷入、碾轧的危险
   C. 啮合的夹紧点——挤压、剪切和冲击
   D. 失控的动能——物体坠落打击的危险

4. 下列采取的措施属于防止机械危险的是(　　)。
   A. 控制机构联锁　　　　　　　　B. 紧急停止装置
   C. 控制粉尘浓度　　　　　　　　D. 采取屏蔽辐射源

5. 砂轮装置由砂轮、主轴、卡盘和防护罩共同组成。下列关于砂轮的说法正确的是(　　)。
   A. 主轴螺纹部分须延伸到紧固螺母的压紧面内,但不得超过砂轮最小厚度内孔长度的 1/3
   B. 一般用途的砂轮卡盘直径不得小于砂轮直径的 1/4,切断用砂轮的卡盘直径不得小于砂轮直径的 1/5
   C. 卡盘与砂轮侧面的非接触部分应有不大于 1.5mm 的足够间隙
   D. 砂轮主轴端部螺纹应满足防松脱的紧固要求,其旋向须与砂轮工作时旋转方向相反

6. 压力机(包括剪切机)是危险性较大的机械,从劳动安全卫生角度看,对人体危害最大的危险因素是(　　)。
   A. 电气危险　　　　　　　　　　B. 热危险
   C. 机械危险　　　　　　　　　　D. 振动危险

7. 下列关于剪板机的一般要求说法正确的是(　　)。
   A. 压料装置应确保剪切前将剪切材料压紧,压紧后的板料在剪切时可以小范围移动

B. 安装在刀架上的刀片应固定可靠,可以仅靠摩擦安装固定

C. 在使用剪板机时,剪板机后部落料危险区域一般应设置阻挡装置

D. 剪板机上必须设置紧急停止按钮,一般应在剪板机的左面和右面分别设置

8. 木材的生物效应危险取决于木材种类、接触时间或操作者自身的体质条件。可引起的症状不包括(   )。

   A. 皮肤症状   B. 视力失调
   C. 过敏病状   D. 噪声振动

9. 刨刀轴是木工平刨床的重要组成部件,下列关于刀轴的说法正确的是(   )。

   A. 刀轴必须使用方形刀轴
   B. 组装后的刨刀片径向伸出量大于 1.1mm
   C. 组装后的刀轴须经强度试验和耐磨试验
   D. 机床上应设置制动装置

10. 圆锯机是以圆锯片对木材进行锯切加工的机械设备。手动进料圆锯机必须装有分料刀。下列关于分料刀的说法正确的是(   )。

    A. 分料刀是设置在出料端减少木材对锯片的挤压并防止切割伤害的装置
    B. 分料刀的宽度应介于锯身厚度与锯料宽度之间
    C. 分料刀的引导边应是楔形的,其圆弧半径不应大于圆锯片半径
    D. 分料刀与锯片最靠近点与锯片的距离不超过 5mm,其他各点与锯片的距离不得超过 8mm

11. 铸造作业过程中存在诸多的不安全因素,可能导致多重伤害,需要从管理和技术方面采取措施,控制事故的发生,减少职业危害。铸造作业危险有害因素中属于非机械危险的是(   )。

    A. 灼烫   B. 机械伤害
    C. 高处坠落   D. 电离辐射危害

12. 关于铸造的建筑要求说法正确的是(   )。

    A. 铸造车间应安排在高温车间、动力车间的建筑群内,建在厂区其他不释放有害物质的生产建筑的下风侧
    B. 厂房主要朝向宜东西向,厂房平面布置应在满足产量和工艺流程的前提下同建筑、结构和防尘等要求综合考虑
    C. 铸造车间只能采用局部通风装置,不可以利用天窗排风或设置屋顶通风器
    D. 熔化、浇注区和切割、焊补区应设避风天窗,有桥式起重设备的边跨,宜在适当高度位置设置能启闭的窗扇

13. 体力劳动强度指数是区分体力劳动强度等级的指数。指数大,反映体力劳动强度大;指数小,反映体力劳动强度小。体力劳动强度分级的影响因素不包括(   )。

    A. 能量代谢率   B. 劳动时间率
    C. 性别系数   D. 季节因素

14. 在人机系统中,机器和人各有优点,下列人优于机器的功能说法错误的是( )。
    A. 在感知方面,人的某些感官的感受能力比起机器来要优越
    B. 人能够运用多种通道接收信息,当一种通道发生障碍时可用其他通道进行补偿
    C. 人具有高度的灵活性和可塑性,能随机应变,采取灵活的程序和策略处理问题
    D. 人不能长期大量储存信息但能综合利用记忆的信息进行分析和判断

15. 人机系统按系统的自动化程度可分为人工操作系统、半自动化系统和自动化系统三种。在半自动化系统中,系统的安全性影响因素不包括( )。
    A. 人机功能分配的合理性
    B. 机器的本质安全性
    C. 人处于低负荷时的应急反应变差
    D. 人为失误状况

16. 当电击分类分为直接接触电击和间接接触电击时,其分类依据是( )。
    A. 通过人体的方式
    B. 流过人体的途径
    C. 电气设备的场所
    D. 电气设备的状态

17. 按照电流转换成作用于人体的能量的不同形式,电伤分为不同种类,其中和电流的热性能无关的电伤是( )。
    A. 电弧烧伤
    B. 电气机械性伤害
    C. 皮肤金属化
    D. 电烙印

18. 室颤电流与电流持续时间有很大关系。某电工触电时引发了心室纤维性颤动,其触电时间仅为心脏跳动周期的一半。则触电电流可能为( )。
    A. 10mA
    B. 50mA
    C. 500mA
    D. 1000mA

19. 氧指数是在规定的条件下,材料在氧、氮混合气体中恰好能保持燃烧状态所需要的最低氧浓度。常用氧指数能表示绝缘材料的( )。
    A. 热性能
    B. 电性能
    C. 阻燃性能
    D. 抗生物性能

20. IT系统中字母I表示配电网不接地或经高阻抗接地,字母T表示电气设备外壳直接接地。下列关于IT系统的说法中正确的是( )。
    A. 该系统不能切断漏电状态
    B. 该系统不能将故障电压降低到安全范围以内
    C. 该系统不适用于单相接地电流较小的系统
    D. 保护接地不适用于各种不接地配电网

21. 在TN系统中,当设备发生相带电体碰连设备外壳(外露导电部分)时,该系统通过( )方式实现安全。
    A. 将故障电压降低到安全范围以内
    B. 通过短路元件切断故障设备的电源
    C. 通过漏电保护切断故障设备的电源
    D. 将故障电流引至安全地点

22. 保护导体包括保护接地线、保护接零线和等电位联结线。下列关于保护导体的说法正确的是( )。

   A. 在低压系统,不允许利用不流经可燃液体或气体的金属管道作保护导体
   B. 自然保护导体可以采用多芯电缆的芯线、与相线同一护套内的绝缘线
   C. 可以利用设备的外露导电部分作为保护导体的一部分
   D. 保护导体干线必须与电源中性点和接地体(工作接地、重复接地)相连

23. 双重绝缘是强化的绝缘结构,下列关于双重绝缘的说法正确的是( )。

   A. 保护绝缘是保证设备正常工作和防止电击的基本绝缘
   B. 附加绝缘是不可触及的导体与带电导体之间的绝缘
   C. 加强绝缘的绝缘电阻不得低于5MΩ
   D. Ⅱ类设备在其明显部位应有"回"形标志

24. 电气隔离是指工作回路与其他回路实现电气上的隔离。关于电气隔离说法正确的是( )。

   A. 隔离变压器的输入绕组与输出绕组采用电气连接
   B. 被隔离回路不得与其他回路及大地有任何连接
   C. 一次边线路不得与其他回路及大地有任何连接
   D. 二次边线路电压不宜过高或者线路不宜过短

25. 电火花是电极间的击穿放电;大量电火花汇集起来即构成电弧。下列关于电火花的说法正确的是( )。

   A. 电火花和电弧能使金属熔化、飞溅,构成二次引燃源
   B. 接触器接通和断开线路时产生的火花属于事故火花
   C. 熔丝熔断时产生的火花属于工作火花
   D. 电动机的转动部件与其他部件相碰产生的火花属于事故火花

26. 带电积云是构成雷电的基本条件,当带不同电荷的积云互相接近到一定程度或带电积云与大地凸出物接近到一定程度时,发生强烈的放电,同时发出耀眼的闪光。由于放电时温度高达20000℃,空气受热急剧膨胀,发出爆炸的轰鸣声。这就是闪电和雷鸣。下列关于雷电种类说法不正确的是( )。

   A. 带电积云与地面建筑物等目标之间的强烈放电称为直击雷
   B. 电磁感应是由于带电积云接近地面,在架空线路导线或其他导电凸出物顶部感应出大量电荷引起的
   C. 在雷雨季节,球雷可能从门、窗、烟囱等通道侵入室内
   D. 球雷是雷电放电时形成的发红光、橙光、白光或其他颜色光的火球

27. 避雷针、避雷线、避雷网、避雷带都是经常采用的防雷装置。严格地说,针、线、网、带都只是直击雷防护装置的接闪器。下列关于接闪器的说法正确的是( )。

   A. 对于电力装置,接闪器的保护范围可按折线法计算

B. 第二类防雷建筑物的滚球半径为60m

C. 折线法是将避雷针或避雷线保护范围的轮廓看作是折线,折点在避雷针或避雷线高度的1/3处

D. 建筑物的金属屋面可作为第一类工业建筑物的接闪器

28. 某电气设备公司接到一笔订单,需要生产一批防尘防水的设备,其具体要求为直径12.5mm的球形物体试具不得完全进入壳内,向外壳各方向喷水无有害影响。该电气设备的明显位置应有的防护标志为( )。

A. IP25　　　　　　　　　　　　B. IP26

C. IP34　　　　　　　　　　　　D. IP54

29. 控制电器主要用来接通、断开线路和用来控制电气设备。刀开关、低压断路器、减压启动器、电磁启动器属于低压控制电器。用作线路主开关,故障时自动分闸的是( )。

A. 低压隔离开关　　　　　　　　B. 低压断路器

C. 接触器　　　　　　　　　　　D. 控制器

30. 下列关于电气线路安全条件的说法中正确的是( )。

A. 工作中,应当尽可能减少导线的接头,接头过多的导线不宜使用

B. 原则上导线连接处的力学强度不得高于原导线力学强度的80%

C. 在户外,或遇小截面导线,必须采用铜-铝过渡接头

D. 电力线路的过电流保护包括短路保护、过载保护和过电压保护

31. 锅炉按燃烧方式分为层燃炉、室燃炉、旋风炉和流化床燃烧锅炉。其中燃料以粉状、雾状或气态随同空气喷入燃烧区域中进行燃烧的锅炉是( )。

A. 层燃炉　　　　　　　　　　　B. 室燃炉

C. 旋风炉　　　　　　　　　　　D. 流化床燃烧锅炉

32. 锅炉的运行工况复杂,一旦运行出现问题,极易引起锅炉爆炸事故。下列爆炸事故是小型锅炉最常见的是( )。

A. 水蒸气爆炸　　　　　　　　　B. 超压爆炸

C. 缺陷导致爆炸　　　　　　　　D. 严重缺水导致爆炸

33. 采用螺纹连接的弹簧安全阀时,应当符合《安全阀一般要求》的要求;安全阀应当与带有螺纹的短管相连接,而短管与锅筒(壳)或者集箱筒体的连接应当采用( )。

A. 一体成型　　　　　　　　　　B. 螺纹连接

C. 法兰连接　　　　　　　　　　D. 焊接连接

34. 经过深冷低温处理而部分呈液态的气体,其临界温度(T_c)一般低于或者等于-50℃的瓶装气体属于( )。

A. 低温液化气体　　　　　　　　B. 低压液化气体

C. 溶解气体　　　　　　　　　　D. 吸附气体

35. 下列关于气瓶的装卸运输说法正确的是( )。
    A.用自卸汽车、挂车或长途客运汽车运送气瓶
    B.散装直立气瓶高出栏板部分不应大于气瓶高度的1/3
    C.将散装瓶装入集装箱内,固定好气瓶,用电磁起重设备吊运
    D.当人工将气瓶向高处举放或气瓶从高处落地时必须两人同时操作

36. 安全阀如果出现故障,尤其是不能开启时,有可能会造成压力容器失效甚至爆炸的严重后果。下列不属于安全阀故障的是( )。
    A.正常工作下的微量泄漏   B.到规定压力时不开启
    C.不到规定压力时开启   D.排放泄压后阀瓣不回座

37. 下列关于压力容器的安全操作说法正确的是( )。
    A.过低的加载速度会降低材料的断裂韧性,可能使存在微小缺陷的容器在压力的冲击下发生韧性断裂
    B.高温容器或工作壁温在0℃以下的容器,加热和冷却都应缓慢进行,以减小壳壁中的热应力
    C.压力频繁地、大幅度地波动,对容器的抗撞击强度是不利的,应尽可能避免,保持操作压力平稳
    D.防止压力容器过载主要是防止超压和防止压力容器超温

38. 根据《固定式压力容器安全技术监察规程》的规定,材质不明的,一般需要查明主要受压元件的材料种类;对于第( )类压力容器以及有特殊要求的压力容器,必须查明材质。
    A.Ⅲ   B.Ⅱ
    C.Ⅰ   D.Ⅳ

39. 起重机械的检查分为每日检查、每月检查和年度检查。下列关于起重机的检查正确的是( )。
    A.发生重大设备事故的需要进行每月检查
    B.重要零部件(如吊具、钢丝绳滑轮组、制动器、吊索及辅具等)的状态,有无损伤,是否应报废属于每日检查内容
    C.轨道的安全状况,钢丝绳的安全状况属于每月检查的内容
    D.露天作业的起重机械经受9级以上的风力后的起重机需要进行年度检查

40. 下列关于起重机安全操作说法正确的是( )。
    A.带载调整起升、变幅机构的制动器
    B.起吊少量建筑材料时,吊运前认真检查制动器,并用小高度、短行程试吊
    C.工作中突然断电时,应先将总电源关闭,然后再将所有控制器置零
    D.用两台或多台起重机吊运同一重物时,每台起重机都不得超载

41. 塔式起重机爬升是指通过适当的装置改变塔身高度的过程,塔式起重机爬升包括升塔和降塔。下列不属于外爬升的是( )。
    A.将爬升架可靠固定在塔式起重机回转部分的下面,爬升液压缸的支腿在塔身的顶升支撑点上

B. 通过塔式起重机本身将一个新的标准节提起并放到爬升架上

C. 分离引进装置并继续下降塔式起重机上部结构和新标准节直到将新标准节下部与塔身顶部连接

D. 当塔身底部到达中环梁时,将塔式起重机夹持在中环梁和上环梁间,即可将下环梁移开留待下次爬升使用

42. 叉车是企业常用的搬运工具,下列关于叉车的安全技术说法正确的是( )。

A. 叉车只能叉运已知的在该机允许载荷范围内的物体

B. 物件提升离地后,应将起落架后仰,方可行驶

C. 以内燃机为动力的叉车,应减少在易燃、易爆的仓库内作业

D. 驾驶室除规定的操作人员外,其他任何人进入或在室外搭乘均应采取保护措施

43. 下列不属于大型游乐设施的安全装置的是( )。

A. 回转锁定装置   B. 运动限制装置

C. 超速限制装置   D. 防碰撞及缓冲装置

44. 2022年9月7日,某省某市某镇某塑料颗粒回收厂发生火灾,过火面积约1800m^2;其原因为工人在电焊作业时滴落的熔渣引燃甲醇并引发火灾。该物质的燃烧过程为( )。

A. 燃烧所需要的热量只用于本身的氧化分解,并使其达到自燃点而燃烧

B. 首先蒸发成蒸气,其蒸气进行氧化分解后达到自燃点而燃烧

C. 受热后首先熔化,蒸发成蒸气进行燃烧,没有分解过程

D. 首先分解为气态或液态产物,其气态和液态产物的蒸气进行氧化分解着火燃烧

45. 2022年1月8日0时27分许,某市某区某医院发生火灾。医院三楼7号房间顶棚内电气线路故障引燃木龙骨等可燃物,造成火灾。根据《火灾分类》的分类,该起火灾属于( )。

A. F类火灾   B. D类火灾

C. C类火灾   D. A类火灾

46. 典型火灾事故的发展分为初起期、发展期、最盛期、减弱至熄灭期。初起期的燃烧形式属于( )。

A. 阴燃   B. 表面燃烧

C. 分解燃烧   D. 扩散燃烧

47. 乙炔是常见的分解爆炸气体,因火焰、火花引起分解爆炸情况较多,下列关于乙炔的说法中正确的是( )。

A. 当乙炔压力较高时,应加入氮气等惰性气体加以稀释

B. 乙炔易与金、银、铜等重金属反应生成爆炸性的乙炔盐

C. 不能用含铜量超过80%的铜合金制造盛乙炔的容器

D. 当乙炔分解时,分解时生成细微固体碳及水蒸气

48. 2016年4月29日,某省某市某五金加工厂发生粉尘爆炸事故。据初步调查分析,这起事故是在砖槽除尘风道内发生铝粉尘初始爆炸,引起厂房内铝粉尘二次爆炸,造成人员伤亡。下列关于粉尘爆炸特点说法正确的是(　　)。

    A. 粉尘爆炸速度或爆炸压力上升速度比爆炸气体大

    B. 爆炸感应期较短

    C. 有产生二次爆炸的可能性

    D. 粉尘皆为完全燃烧现象

49. 下列关于加热易燃物料的说法正确的是(　　)。

    A. 采用电炉、火炉、煤炉等直接加热

    B. 明火加热设备的布置,应远离可能泄漏易燃气体或蒸气的工艺设备和储罐区,并应布置在其上风向或下风向

    C. 对于有飞溅火花的加热装置,应远离可能泄漏易燃气体或蒸气的工艺设备和储罐区,并应布置在设备的侧风向

    D. 如果存在一个以上的明火设备,应将其分散于装置的边缘

50. 用惰性气体取代空气,避免空气中的氧气进入系统,就消除了引发爆炸的一大因素,从而使爆炸过程不能形成。在化工生产中,常用的惰性气体不包括(　　)。

    A. 二氧化碳　　　　　　　　　B. 二氧化氮

    C. 氮气　　　　　　　　　　　D. 水蒸气

51. 性质相互抵触的危险化学物品如果储存不当,往往会酿成严重的事故。下列物品可以共同存储的是(　　)。

    A. 硫化氢和雷汞　　　　　　　B. 铝粉和电影胶片

    C. 硫磺和过氧化钠　　　　　　D. 氟利昂和亚硝酸钠

52. 安全阀按其结构和作用原理可分为杠杆式、弹簧式和脉冲式等。下列关于安全阀的适用范围和结构特点说法正确的是(　　)。

    A. 杠杆式安全阀加载机构对振动敏感,常因振动产生泄漏

    B. 弹簧式安全阀的弹簧力随阀的开启高度而变化,有利于阀的迅速开启

    C. 脉冲式安全阀通常只适用于安全泄放量很大的系统或者用于中高压系统

    D. 杠杆式安全阀结构紧凑,灵敏度较高,安装位置无严格限制,应用广泛

53. 根据《烟花爆竹安全与质量》按照药量及所能构成的危险性大小分类,适于室外开放空间燃放、危险性较小的产品属于(　　)。

    A. A级　　　　　　　　　　　B. B级

    C. C级　　　　　　　　　　　D. D级

54. 外部距离是指危险性建(构)筑物与工厂(库区)外部各类目标之间,在规定的破坏标准下所允许的最小安全距离。下列属于外部距离的是( )。
    A. 晒场与其危险品中转库房　　　　B. 临时存药洞与高压输电线路
    C. 危险品中转库房与危险品生产厂房　D. 临时存药洞与晒场

55. 下列关于乳化炸药的危险因素说法正确的是( )。
    A. 硝酸铵储存过程中会发生自然分解,放出热量
    B. 当环境具备一定的条件时热量聚集,当温度达到自燃点时引起硝酸铵燃烧或爆炸
    C. 油相材料都是易燃危险品,储存时遇到高温、氧化剂等,易发生燃烧而引起燃烧事故
    D. 乳化炸药的运输过程中,一般不会引起乳化炸药的燃烧或爆炸

56. 下列关于点型感烟火灾探测器和感温式火灾探测器说法正确的是( )。
    A. 离子感烟火灾探测器对白烟灵敏度较高
    B. 光电式感烟火灾探测器必须装设放射性元素
    C. 定温式探测器是在规定时间内,火灾引起的温度上升超过某个定值时启动报警
    D. 差定温式探测器是在规定时间内,火灾引起的温度上升速率超过某个规定值时启动报警

57. 发生火灾时向人们发出警告的装置,即告诉人们着火了,或者有什么意外事故的装置是( )。
    A. 火灾探测器　　　　　　　　　B. 火灾警报装置
    C. 火灾应急广播　　　　　　　　D. 灭火器

58. 下列灭火器可以扑救金属燃烧火灾的是( )。
    A. 干粉灭火器　　　　　　　　　B. 二氧化碳灭火器
    C. 粉状石墨灭火器　　　　　　　D. 清水灭火器

59. 某化学品通过皮肤进入人体内,当其在人体累积到一定量时,便会扰乱或破坏肌体的正常生理功能,引起暂时性或持久性的病理改变,甚至危及生命。该性质体现了危险特性中的( )。
    A. 燃烧性　　　　　　　　　　　B. 毒害性
    C. 腐蚀性　　　　　　　　　　　D. 放射性

60. 危险化学品安全标签是用文字、图形符号和编码的组合形式表示化学品所具有的危险性和安全注意事项,它可粘贴、挂拴或喷印在化学品的外包装或容器上。下列关于安全标签的说法正确的是( )。
    A. 化学品标识组分个数以不超过3个为宜
    B. 信号词有危险、警告和注意三个
    C. 危险性说明位于化学品标识的正下方
    D. 防范说明包括安全预防措施、意外情况等

61. 引起简单分解的爆炸物,在爆炸时并不一定发生燃烧反应,其爆炸所需要的热量是由爆炸物本身分解产生的。下列物质受轻微振动即可能引起爆炸的是(　　)。

    A. 乙炔银　　　　　　　　　　B. 乙炔

    C. 环氧乙烷　　　　　　　　　D. 臭氧

62. 爆炸发生时,会产生巨大的冲击波,在冲击波的作用下,会造成巨大的破坏。下列关于冲击波的破坏作用说法正确的是(　　)。

    A. 冲击波的破坏作用主要是由其波阵面上的超压引起的

    B. 在爆炸中心附近,空气冲击波波阵面上的超压可达几百个大气压

    C. 波阵面超压在 10~15kPa 内,就足以使大部分砖木结构建筑物受到严重破坏

    D. 超压在 50kPa 以上时,除坚固的钢筋混凝土建筑外,其余部分将全部破坏

63. 通风是控制作业场所中有害气体、蒸气或粉尘最有效的措施之一。借助于有效的通风,使作业场所空气中有害气体、蒸气或粉尘的浓度低于规定浓度,保证工人的身体健康,防止火灾、爆炸事故的发生。下列关于通风的说法错误的是(　　)。

    A. 局部排风是把污染源罩起来,抽出污染空气,所需风量小,经济有效,并便于净化回收

    B. 全面通风用新鲜空气将作业场所中的污染物稀释到安全浓度以下,所需风量大,净化回收方便

    C. 对于点式扩散源,可使用局部排风

    D. 全面通风仅适合于低毒性作业场所,不适合于污染物量大的作业场所

64. 根据《化学危险品仓库储存通则》的规定,下列危险化学品的储存错误的是(　　)。

    A. 危险化学品必须储存在经工商部门批准设置的专门的危险化学品仓库中

    B. 储存危险化学品的仓库必须配备有专业知识的技术人员

    C. 同一区域贮存两种及两种以上不同级别的危险化学品时,应按最高等级危险化学品的性能标志

    D. 储存危险化学品的建筑物、区域内严禁吸烟和使用明火

65. 禁止通过内河封闭水域运输(　　)以及国家规定禁止通过内河运输的其他危险化学品。

    A. 遇水燃烧物品　　　　　　　B. 有毒物品

    C. 剧毒化学品　　　　　　　　D. 爆炸物品

66. 根据《危险化学品安全管理条例》的规定,下列关于化学品的经营说法正确的是(　　)。

    A. 从事剧毒化学品、放射性化学品经营的企业,应当向所在地设区的市级人民政府安全生产监督管理部门提出申请

    B. 县级人民政府安全生产监督管理部门不能接受危险化学品企业的经营许可申请

    C. 接受申请的部门应当对申请人的经营场所、经营资质进行现场核查

    D. 企业不得经营没有化学品安全技术说明书或者化学品安全标签的危险化学品

67. 不同的化学品着火时,灭火的方式是不一样的,下列关于化学品火灾扑救说法正确的是(   )。

   A. 固体遇湿易燃物品不应使用水泥、干砂、干粉、硅藻土等覆盖

   B. 对镁粉、铝粉等粉尘,可以采用二氧化碳灭火器进行扑灭

   C. 扑救易燃液体火灾时,比水轻又不溶于水的液体采用雾状水扑灭

   D. 扑救毒害和腐蚀品的火灾时,应尽量使用低压水流或雾状水

68. 某化工厂将废弃的爆炸物品和有机过氧化物进行了混合。对于该混合物,可采用的处理方法是(   )。

   A. 爆炸法   B. 烧毁法

   C. 填埋法   D. 固化法

69. 下列毒性危险化学品可以经过皮肤进入人体的是(   )。

   A. 氯气   B. 苯胺

   C. 亚硝酸盐   D. 汞

70. 具有放射性的危险化学品能从原子核内部,自行不断放出有穿透力、为人眼不可见的射线(α 射线、β 射线、γ 射线和中子流)。放射性危险化学品的主要危险特性在于它的放射性。放射性对中枢神经和大脑系统的伤害不包括(   )。

   A. 虚弱   B. 腹泻

   C. 痉挛   D. 嗜睡

二、多项选择题(共15题,每题2分。每题的备选项中,有2个或2个以上符合题意,至少有1个错项。错选,本题不得分;少选,所选的每个选项得0.5分)

71. 安全防护的重点是机械的传动部分及机械的其他运动部分、操作区、高处作业区、移动机械的移动区域,以及某些机器由于特殊危险形式需要特殊防护等。某些安全防护装置还可用于避免多种危险(防止机械伤害,同时也用于降低噪声等级和收集有毒排放物)。下列属于安全防护装置的有(   )。

   A. 固定装置   B. 联锁装置

   C. 限制装置   D. 活动装置

   E. 可调装置

72. 锻造机械的操作正确与否关系着锻造作业的安全,下列锻造技术措施可行的有(   )。

   A. 电动启动装置的按钮盒,其按钮上需标有"启动""复位"等字样

   B. 高压蒸汽管道上必须装有安全阀和爆破片,以消除水击现象

   C. 任何类型的蓄力器都应有安全阀

   D. 安全阀的重锤必须封在带锁的锤盒内

   E. 新安装的锻压设备应该根据设备图样和技术说明书进行验收和试验

73. 研究安全心理学的内容,可以很大程度地减少事故的发生,下列关于心理学的研究内容说法正确的有(　　)。

    A. 能力是人们顺利完成某种任务的心理特征

    B. 意志是人们在对待客观事物的态度和社会行为方式中区别于他人所表现出来的那些比较稳定的心理特征的总和

    C. 动机是由需要产生的,合理的需要能推动人以一定的方式,在一定的方面去进行积极的活动,达到有益的效果

    D. 情绪带有情境性,它由一定的情境引起,并随情境的改变而消失,带有冲动性和明显的外部表现

    E. 性格是人自觉地确定目标并调节自己的行动,以克服困难、实现预定目标的心理过程,它是意识的能动作用与表现

74. 下列有关绝缘击穿的说法,描述正确的有(　　)。

    A. 气体击穿后绝缘性能只能部分恢复

    B. 液体绝缘的击穿特性与其纯净程度有关

    C. 固体绝缘热击穿的特点是电压作用时间短,击穿电压低

    D. 固体绝缘电击穿的特点是作用时间短、击穿电压高

    E. 含杂质液体的击穿属于热击穿

75. 下列关于TN系统速断和限压要求说法正确的有(　　)。

    A. 配电线路的故障持续时间不宜超过5s

    B. 仅供给固定式电气设备的线路,故障持续时间不宜超过8s

    C. 供给手持式电动工具的回路电压220V者故障持续时间不应超过0.4s

    D. 移动式电气设备的回路电压380V者故障持续时间不应超过0.1s

    E. 供给手持式电动工具的回路电压380V者故障持续时间不应超过0.5s

76. 下列场所需要安装切断电源性漏电保护装置的有(　　)。

    A. 使用特低安全电压供电的电气设备

    B. 生产用的电气设备

    C. 确保公共场所安全的电气设备

    D. 安装在户外的电气装置

    E. 使用隔离变压器且二次侧为不接地系统供电的电气设备

77. 爆炸危险区域应根据爆炸性粉尘环境出现的频繁程度和持续时间分为20区、21区、22区,粉尘、纤维爆炸危险区域的级别和大小受(　　)的影响。

    A. 粉尘量　　　　　　　　　　B. 粉尘爆炸极限

    C. 通风条件　　　　　　　　　D. 粉尘粒度

    E. 风机功率

78. 某电气设备的明显部位有"Exp Ⅲ CT120℃ DbIP65"的标志,下列关于该标志的说法正确的有( )。

   A. 该设备为正压型
   B. 保护级别为加强
   C. 用于导电性粉尘的爆炸性粉尘环境
   D. 最高表面温度不低于120℃
   E. 外壳防护等级为 IP65

79. 固体静电可达 $20×10^4$ V 以上,液体静电和粉体静电可达数万伏,气体和蒸气静电可达一万多伏,人体静电也可达一万多伏。静电泄漏慢的途径有( )。

   A. 绝缘体表面
   B. 绝缘体内部
   C. 导体表面
   D. 导体内部
   E. 良好的接地

80. 带压堵漏是利用合适的密封件,彻底切断介质泄漏的通道,或堵塞,或隔离泄漏介质通道,或增加泄漏介质通道中流体流动阻力,以便形成一个封闭的空间,达到阻止流体外泄的目的。下列情况不可以使用带压堵漏的有( )。

   A. 管道出现砂眼泄漏的
   B. 管道受压元件因裂纹而产生泄漏
   C. 管道腐蚀、冲刷壁厚状况不清
   D. 压力高、介质易燃易爆或有腐蚀性的管道
   E. 毒性极大的介质管道

81. 某化工厂对储罐进行维修作业时,作业人员需要对罐内壁某一开裂处进行焊接,罐内毒性不明,根据经济合理性和安全性,工作人员应该选择佩戴的有( )。

   A. 双罐式防毒口罩
   B. 头罩式面具
   C. 氧气呼吸器
   D. 送风长管式
   E. 自吸长管式

82. 下列爆炸中即属于气相爆炸,又属于化学爆炸的有( )。

   A. 水蒸气爆炸
   B. 粉尘爆炸
   C. 油雾爆炸
   D. 导线过载爆炸
   E. 液氧和煤粉爆炸

83. 关于烟花爆竹药物干燥散热、收取包装说法正确的有( )。

   A. 严禁将药物直晒在地面上,气温高于35℃时不宜进行日光直晒
   B. 热风干燥时,烘房温度应小于或等于60℃
   C. 烘干前后烘房内药物进出操作,每栋定员4人
   D. 散热间内不应进行收取和计量包装操作,不应堆放成箱药物
   E. 药物进出晒场、烘房、散热、收取和计量包装间,应单件搬运

84. 二氧化碳灭火器是利用其内部充装的液态二氧化碳的蒸气压将二氧化碳喷出灭火的一种灭火器具,其利用降低氧气含量,造成燃烧区窒息而灭火。下列关于二氧化碳灭火器的说法不正确的有(　　)。

    A. 一般当氧气的含量低于12%燃烧中止

    B. 一般当二氧化碳浓度达30%~35%时燃烧中止

    C. 1kg 的二氧化碳液体足以使5m³ 空间范围内的火焰熄灭

    D. 1kg 的二氧化碳液体,在常温常压下能生成500L 左右的气体

    E. 二氧化碳灭火器更适宜于扑救低压带电电器

85. 根据《危险化学品经营企业安全技术基本要求》规定,危险化学品经营企业不能经营的有(　　)。

    A. 爆炸物　　　　　　　　　　B. 剧毒化学品
    C. 氧化性物品　　　　　　　　D. 腐蚀性物品
    E. 一级易燃物品

截分金题卷二

(考试时间150分钟　满分100分　答案P224)

一、单项选择题(共70小题,每题1分,每题的备选项中只有1个最符合题意)

1. 机械是由若干个零部件连接构成,其中至少有一个零部件是可运动的,并且配备或预定配备动力系统,是具有特定应用目的的组合。下列关于机械概念说法正确的是(　　)。
   A. 大型成套设备-加工中心　　　　　B. 单台的机械-自动生产线
   C. 大型成套设备-大型起重机　　　　D. 可更换设备-运输机

2. 带传动是由一根或几根传动带紧套在两个轮子(称为"带轮")上组成。两轮分别装在主动轴和从动轴上。利用传动带与两轮间的摩擦,以传递运动和动力。下列带传动必须安装防护罩的是(　　)。
   A. 传动带的中心距为2.5m　　　　　B. 传动带的宽度为8cm
   C. 传动带的运行速度为6m/min　　　D. 传动带离地高度1.7m

3. 保护装置是通过自身的结构功能限制或防止机器的某种危险,消除或减小风险的装置。下列关于保护装置的说法不正确的是(　　)。
   A. 限制装置——防止机器或危险机器状态超过设计限度的装置
   B. 机械抑制装置——在机构中引入的能靠其自身强度,防止危险运动的装置
   C. 联锁装置——用于防止危险机器功能在特定条件下停止的装置
   D. 能动装置——一种附加手动操纵装置,与启动控制一起使用,并且只有连续操作时,才能使机器执行预定功能

4. 金属切削机床是用切削、磨削或特种加工方法加工各种金属工件,使之获得所要求的几何形状、尺寸精度和表面质量的机床。金属切削机床在使用的过程中,基本不存在的危险是(　　)。
   A. 噪声危险　　　　　　　　　　　B. 机械危险
   C. 高处坠落危险　　　　　　　　　D. 热危险

5. 砂轮机的工作场所,存在很多的危险因素,下列可能导致手臂振动病的是(　　)。
   A. 机械伤害　　　　　　　　　　　B. 粉尘危害
   C. 噪声危害　　　　　　　　　　　D. 振动危害

6. 制动器和离合器是操纵曲柄连杆机构的关键控制装置,离合器与制动器工作异常,会导致滑块运动失去控制,引发冲压事故。下列关于离合器的说法正确的是(　　)。
   A. 刚性离合器以刚性金属键作为接合零件,构造简单,需要额外动力源
   B. 摩擦离合器不能使滑块停止在行程的任意位置,只能使滑块停止在上死点
   C. 刚性离合器借助摩擦副的摩擦力来传递扭矩,结合平稳
   D. 摩擦离合器可使滑块停止在行程的任意位置

7. 压力机应安装危险区安全保护装置,并确保正确使用、检查、维修和可能的调整,以保护暴露于危险区的每个人员。下列关于压力机的安全保护装置说法正确的是(　　)。
   A. 双手操作式安全保护控制装置在滑块下行过程中,松开任一按钮,滑块立即停止动作
   B. 固定式防护装置应牢固固定安装在机床、周围其他固定的结构件或安装在地面上,不用专门工具不能拆除
   C. 为防止意外触动,双手操作式装置按钮不得凸出台面或加以遮盖
   D. 对于被中断的操作控制需要恢复以前,应先松开全部按钮,然后再次双手按压后才能恢复运行

8. 自动进料圆锯机须装有止逆器、压料装置和侧向防护挡板,送料辊应设防护罩;手动进料圆锯机必须装有分料刀,下列关于分料刀的说法正确的是(　　)。
   A. 分料刀应有足够的抗腐蚀性　　　　B. 分料刀不能做调整
   C. 分料刀的厚度要大于锯料厚度　　　D. 分料刀的圆弧半径大于锯片的圆弧半径

9. 由于铸造车间的工伤事故远较其他车间为多,因此需从多方面采取安全技术措施。下列技术措施属于工艺设备的是(　　)。
   A. 砂处理、清理等工段宜用轻质材料或实体墙等设施与其他部分隔开
   B. 输送散料状干物料的带式输送机应设封闭罩
   C. 应改进各种加热炉窑的结构、燃料和燃烧方法,以减少烟尘污染
   D. 在工艺可能的条件下,宜采用湿法作业

10. 铸造车间除设计有局部通风装置外,还应利用天窗排风或设置屋顶通风器。但是有些工序是需要设置避风天窗的,有些是不需要设置的,下列不需要设置避风天窗的是(　　)。
    A. 落砂区　　　　　　　　　　　B. 制芯区
    C. 浇注区　　　　　　　　　　　D. 清理区

11. 锻造机械的结构不仅应保证设备运行中的安全,而且还应保证安装、拆卸和检修工作的安全,此外,还必须便于调整和更换易损件,便于对在运行中应取下检查的零件进行检查。下列关于锻造机械安全要求的说法中,正确的是(　　)。
    A. 齿轮传动和带传动装置如果外露必须有半封闭防护罩
    B. 大型空气锤一般是工人在操作室内通过电气操纵的
    C. 按钮盒中的按钮从上到下分别是"停车"和"启动"
    D. 蓄力器通往水压机的主管上装有水耗量突然降低时自动停机的装置

12. 在现在人机系统中,合理地分配人机功能,能更好地实现机械的效能,此时需要分析人机的各自优缺点,下列关于人与机器特性的比较说法正确的是(　　)。
    A. 机器只能按设计的固定结构和方法输入信息
    B. 机械能长期大量储存信息并能综合利用记忆的信息进行分析和判断
    C. 机器无论多么复杂,在按照人预先编排好的程序进行工作时可自行升级
    D. 人具有高度的灵活性和可塑性,但是不能随机应变

13. 某人机系统由甲乙两人监控,他们的操作可靠度均为0.90,机械系统可靠度为0.99,当两人并联工作发生异常状况时,该人机系统的可靠度为(　　)。

    A. 0.9604　　　　　　　　　　　B. 0.7938

    C. 0.9801　　　　　　　　　　　D. 0.8845

14. 通过人体引起心室发生纤维性颤动的最小电流称为室颤电流。室颤电流的大小和电流的作用时间有关,当电流的作用时间超过心脏的跳动周期的时候,室颤电流的大小大约为(　　)。

    A. 500mA　　　　　　　　　　　B. 50mA

    C. 100mA　　　　　　　　　　　D. 200mA

15. 良好的绝缘是保证电气设备和线路正常运行的必要条件,也是防止触及带电体的安全保障。电气设备的绝缘应符合电压等级、环境条件和使用条件的要求。关于绝缘材料电性能的说法正确的是(　　)。

    A. 绝缘材料受潮后绝缘电阻明显升高

    B. 介电常数越大,极化过程越慢

    C. 无机绝缘材料的耐弧性能优于有机绝缘材料的耐弧性能

    D. 介质损耗是判断绝缘质量最基本、最简易的指标

16. 在低压作业中,人体及其所携带工具与带电体的距离不应小于(　　)。

    A. 0.1m　　　　　　　　　　　　B. 0.7m

    C. 0.5m　　　　　　　　　　　　D. 0.35m

17. 重复接地就是在中性点直接接地的系统中,在零干线的一处或多处用金属导线连接接地装置。下列关于重复接地的说法正确的是(　　)。

    A. 接零系统中,当PE或PEN线断开(含接触不良)时,在断开点后方有设备漏电或者没有设备漏电但接有不平衡负荷的情况下,重复接地能消除人身伤亡及设备损坏的危险性

    B. 架空线路零线上的重复接地对雷电流有分流作用,有利于限制雷电过电压

    C. 重复接地和工作接地构成零线的并联分支,所以当发生短路时能降低单相短路电流,而且线路越长,效果越显著

    D. 如果接零设备有重复接地,则故障电压并不能进一步降低

18. 已知某系统的配电网接地,其电气设备外壳直接接地。该电气系统属于(　　)。

    A. IT 系统　　　　　　　　　　　B. TT 系统

    C. TN 系统　　　　　　　　　　　D. IN 系统

19. 在接零系统中,对于供给手持式电动工具、移动式电气设备的线路或插座回路,电压220V者故障持续时间不应超过(　　)。

    A. 2s　　　　　　　　　　　　　B. 5s

    C. 0.4s　　　　　　　　　　　　D. 0.8s

20. 电气隔离是指工作回路与其他回路实现电气上的隔离。其安全原理是在隔离变压器的二次侧构成了一个不接地的电网,阻断在二次边工作的人员单相电击电流的通路。下列关于电气隔离的回路的说法正确的是(   )。
   A.隔离变压器的输入绕组与输出绕组无电气连接
   B.被隔离回路可以与其他回路及大地有连接
   C.二次边线路电压过高或二次侧线路过短,都会降低这种措施的可靠性
   D.各台设备的金属外壳之间应采取等电位联结并接地的措施

21. 在爆炸危险环境中,线路中装设双极开关同时操作相线和中性线的系统是(   )。
   A.TN-C 系统   B.TN-C-S 系统
   C.TT 系统   D.TN-S 系统

22. 在防雷装置中,主要用来保护电力设备和电力线路,也用作防止高电压侵入室内的安全措施的装置是(   )。
   A.避雷器   B.接闪器
   C.引下线   D.接地装置

23. 静电产生的方式也很多。固体物质的粉碎产生静电的形式属于(   )。
   A.接触-分离起电   B.感应起电
   C.破断起电   D.吸附起电

24. 按照触电防护方式,电气设备分为五类。其中除基本绝缘防护外,内部还有接地端子的设备属于(   )。
   A.0 类设备   B.0I 类设备
   C.Ⅱ类设备   D.I 类设备

25. 电力线路的安全条件包括多个方面的内容,下列关于电力线路的安全条件说法正确的是(   )。
   A.线路导线太细将导致其阻抗过大,受电端得不到足够的电流
   B.在设计规定的短路电流的冲击下,线路应保持热稳定和动稳定
   C.新安装和大修后的低压电力线路一般不得低于2MΩ
   D.在户外,铜导线与铝导线之间的连接最好采用铜-铝过渡接头

26. 锅炉是指利用各种燃料、电能或者其他能源,将所盛装的液体加热,并对外输出热能的设备,按燃烧方式分类,固体燃料以一定厚度分布在炉排上进行燃烧的锅炉称为(   )。
   A.层燃炉   B.室燃炉
   C.蒸汽锅炉   D.高压锅炉

27. 压力容器的分类方式多种多样,当按照生产作用进行划分时,除氧器属于(   )。
   A.反应压力容器   B.换热压力容器
   C.分离压力容器   D.储存压力容器

28. 一员工在锅炉房巡检的过程中,发现锅炉水位表内无示数,锅炉水位表内发暗,针对该情况,下列操作不建议的是( )。

   A. 立即关闭给水阀停止向锅炉上水

   B. 启用省煤器再循环管路,减弱燃烧

   C. 立即采取停炉措施

   D. 开启排污阀及过热器、蒸汽管道上的疏水阀

29. 客运索道的使用单位应当制订应急措施和救援预案。必须定期或不定期进行应急救援演练。下列物品可以在营救情形外使用的是( )。

   A. 保护索
   B. 营救缓降器
   C. 直升机
   D. 营救安全带

30. 锅炉水压试验过程中,对于再热器,水压试验压力应为( )再热器的工作压力。

   A. 1.2 倍
   B. 1.25 倍
   C. 1.5 倍
   D. 1.1 倍

31. 每台锅炉至少应当装设 2 个安全阀(包括锅筒和过热器安全阀)。下列关于安全阀的检验说法正确的是( )。

   A. 在用锅炉的安全阀每年至少校验 1 次,校验一般在锅炉停止状态下进行

   B. 新安装的锅炉或者安全阀检修、更换后,应当校验其回座压力和密封性

   C. 弹簧式安全阀应当分别进行控制回路可靠性试验和开启性能检验

   D. 安全阀整定压力、密封性等检验结果应当记入锅炉安全技术档案

32. 锅炉点火前,锅炉炉膛中可能残存有可燃气体或其他可燃物,也可能预先送入可燃物,如不注意清除,这些可燃物与空气的混合物遇明火即可能爆炸,这就是炉膛爆炸。下列锅炉不易发生炉膛爆炸的是( )。

   A. 燃气锅炉
   B. 燃油锅炉
   C. 煤粉锅炉
   D. 煤块锅炉

33. 北方很多锅炉在夏季的时候是不用的,当锅炉暂时不用时,应采取合适的方法对其进行维护保养,下列保养方法不适用于锅炉保养的是( )。

   A. 湿法保养
   B. 水压保养
   C. 压力保养
   D. 干法保养

34. 根据《瓶装气体分类》和《气瓶安全技术规程》,瓶装气体分类应根据气体在气瓶内的物理状态和临界温度进行分类。下列说法不正确的是( )。

   A. 溶解气体是指在一定的压力、温度条件下,溶解于溶剂中的气体

   B. 压缩气体是指在-65℃时加压后完全是气态的气体

   C. 吸附气体是指在一定的压力、温度条件下,吸附于吸附剂中的气体

   D. 低温液化气体是指经过深冷低温处理而部分呈液态的气体

35. 瓶阀是装在气瓶瓶口上的,用于控制气体进入或排出气瓶的组合装置。气瓶瓶体只有装有瓶阀才能构成一个完整的密闭容器,才能具有盛装气体的功能。下列关于瓶阀的说法正确的是(　　)。

    A. 盛装助燃和不可燃气体瓶阀的出气口螺纹为左旋
    B. 与乙炔接触的瓶阀材料,选用含铜量小于70%的铜合金
    C. 盛装易燃气体的气瓶瓶阀的手轮,选用阻燃材料制造
    D. 盛装惰性气体的气瓶瓶阀的非金属密封材料,具有阻燃性和抗老化性

36. 气瓶的安全附件有很多,不同的附件有着不同的功能,下列附件中,可以兼作提升零件的是(　　)。

    A. 安全阀　　　　　　　　　　　B. 瓶帽
    C. 保护罩　　　　　　　　　　　D. 防振圈

37. 在压力容器的安全附件中,主要用来超高压容器的安全泄压附件是(　　)。

    A. 安全阀　　　　　　　　　　　B. 防爆膜
    C. 爆破片　　　　　　　　　　　D. 爆破帽

38. 金属压力容器一般于投用后3年内进行首次定期检验。以后的检验周期由检验机构根据压力容器的安全状况等级确定。当压力容器的安全状况等级为2级时,其检验周期为(　　)。

    A. 8年　　　　　　　　　　　　B. 6年
    C. 3年　　　　　　　　　　　　D. 4年

39. 阻火器是用来阻止易燃气体、液体的火焰蔓延和防止回火而引起爆炸的安全装置。通常安装在可燃易爆气体、液体的管路上,当某一段管道发生事故时,阻止火焰影响另一段管道和设备。下列关于阻火器的说法正确的是(　　)。

    A. 选用阻火器时,其最大间隙应大于介质在操作工况下的最大试验安全间隙
    B. 单向阻火器安装时,应当将阻火侧背向潜在点火源
    C. 清洗阻火器的芯件时,采用锋利的硬件刷洗
    D. 重新安装阻火器时,要及时更换垫片

40. 为排除燃气管道中的冷凝水和天然气管道中的轻质油,管道敷设时应有一定坡度,以便在低处设(　　)。

    A. 阻火器　　　　　　　　　　　B. 凝水缸
    C. 放散管　　　　　　　　　　　D. 防静电设施

41. 下列关于起重机安全操作的说法正确的是(　　)。

    A. 利用极限位置限制器停车　　　B. 利用打反车进行制动
    C. 在起重作业过程中进行检查和维修　　D. 空载调整起升、变幅机构的制动器

42. 司索工的操作正确与否关系着整个起重作业的安全,司索工的工作不包括的是(　　)。

    A. 准备吊具　　　　　　　　　　B. 检查吊物品质
    C. 指挥工作　　　　　　　　　　D. 摘钩卸载

43. 场(厂)内机动车辆检查方面,使用单位应进行场(厂)内机动车辆的自我检查、每日检查、每月检查和年度检查。下列检查项目不属于每日检查的是( )。
    A. 可靠性和精度
    B. 操纵控制装置的安全状况
    C. 制动器的安全状况
    D. 紧急报警装置的安全状况

44. 客运索道每天开始运行之前,应彻底检查全线设备是否处于完好状态,在运送乘客之前应进行一次试车,确认安全无误并经值班站长或授权负责人签字后方可运送乘客。客运索道的检查周期是( )。
    A. 每天一次
    B. 每班一次
    C. 每周一次
    D. 每月四次

45. 游乐设置中,可以有效地将乘客约束在座位上,不能自行打开且乘客不能打开,必须当设备停止后由操作人员打开,让乘客离开座位的装置是( )。
    A. 锁紧装置
    B. 制动装置
    C. 止逆装置
    D. 缓冲装置

46. 物质的形态不同,燃烧的形式不同,其中酒精蒸气从裂隙喷出的燃烧属于( )。
    A. 蒸发燃烧
    B. 预混燃烧
    C. 分解燃烧
    D. 扩散燃烧

47. 某天然气为混合气体,若其组分为甲烷70%,乙烷30%,各组分相应的爆炸下限分别为5%和3%。那么,该天然气的爆炸下限为( )。
    A. 2%
    B. 4.2%
    C. 5%
    D. 5.2%

48. 典型火灾事故的发展分为初起期、发展期、最盛期、减弱至熄灭期。烟气层温度逐渐降低的阶段是( )。
    A. 初起期
    B. 发展期
    C. 最盛期
    D. 减弱至熄灭期

49. 描述物质火灾危险性的主要参数有物料的闪点、燃点、自燃点、最小点火能等,下列关于物质火灾危险性参数的说法中,正确的是( )。
    A. 一般情况下,着火延滞期越短,火灾危险性越大
    B. 一般情况下,固体物质着火点越高,火灾危险性越大
    C. 一般情况下,物质自燃都是化学自燃
    D. 一般情况下,密度越大,闪点越低

50. 一般说来,可燃性混合气体与爆炸性混合气体难以严格区分。由于条件不同,有时发生燃烧,有时发生爆炸,在一定条件下两者也可能转化。可燃气分子和氧化分子接受点火源能量的阶段的是( )。
    A. 扩散阶段
    B. 感应阶段
    C. 氧化还原阶段
    D. 化学反应阶段

51. 某厂区之前采购了一批烷烃类易燃物质,因保养不到位,导致外标签丢失,已知该物质的危险度为3,爆炸上限为40%,则该物质的爆炸下限为(　　)。
   A. 9.6%　　　　　　　　　　　　B. 10%
   C. 12%　　　　　　　　　　　　D. 4%

52. 装盛可燃易爆介质的设备和管路,如果气密性不好,就会由于介质的流动性和扩散性,造成跑、冒、滴、漏现象,逸出的可燃易爆物质,在设备和管路周围空间形成爆炸性混合物。下列关于系统密闭和正压操作说法错误的是(　　)。
   A. 必须根据压力计的读数用水压试验来检查其密闭性
   B. 对爆炸危险度大的可燃气体必须采用焊接接头
   C. 当设备内部充满易爆物质时,要采用正压操作
   D. 显味剂可加到苯类气体中用来检测是否泄漏

53. 阻火隔爆是通过某些隔离措施防止外部火焰蹿入存有可燃爆炸物料的系统、设备、容器及管道内,或者阻止火焰在系统、设备、容器及管道之间蔓延。某管道中的流体物质在发生反应时,会产生超音速的冲击波,该场所不可用的装置是(　　)。
   A. 主动式隔爆装置　　　　　　　B. 被动式隔爆装置
   C. 液封阻火器　　　　　　　　　D. 机械阻火器

54. 爆破片的防爆效率取决于它的厚度、泄压面积和膜片材料的选择。当爆破片的操作压力较低或没有压力的时候,爆破片的材料可以是(　　)。
   A. 铜　　　　　　　　　　　　　B. 铁
   C. 铝　　　　　　　　　　　　　D. 玻璃

55. 《烟花爆竹安全与质量》规定的主要安全性能检测项目,其中不包括(　　)。
   A. 摩擦感度　　　　　　　　　　B. 静电感度
   C. 爆发点　　　　　　　　　　　D. 自燃点

56. 烟花爆竹所用火药的物质组成决定了其所具有的燃烧和爆炸特性,包括能量特征、燃烧特性、力学特性、安全性等参数。火药的几何形状、尺寸和对表面积的处理情况影响的是(　　)。
   A. 能量特征　　　　　　　　　　B. 燃烧特性
   C. 力学特性　　　　　　　　　　D. 安全性

57. 烟花爆竹工厂的安全距离是指危险性建筑物与周围建筑物之间的最小允许距离。《烟花爆竹工程设计安全规范》规定设计安全距离时要使用"计算药量"参数。已知一烟花爆竹工厂危险品生产区内一栋危险性建筑物,抗爆间室内存有黑火药55kg,防护屏障内共有烟火药成品15kg,生产线上有在制品30kg,此建筑的计算药量为(　　)。
   A. 100kg　　　　　　　　　　　　B. 45kg
   C. 70kg　　　　　　　　　　　　D. 55kg

58. 烟火药安全性能检测包括摩擦感度、撞击感度、火焰感度、静电感度、着火温度、爆发点、相容性、吸湿性、水分、pH值。下列关于性能检测说法错误的是(　　)。
   A. 摩擦感度是指在摩擦和撞击的作用下,火药发生燃烧或爆炸的难易程度

B. 静电感度包括两个方面,一是炸药摩擦时产生静电的难易程度;二是炸药对静电放电火花的感度

C. 使炸药开始爆炸变化,介质所需的加热到最低温度称为炸药的爆发点

D. 相容性指的是各组分混合的时候,物理、化学、爆炸性能不发生超过允许范围变化的能力

59. 烟火药制造及裸药效果件制作中,关于烘房干燥的说法表述正确的是(　　)。

　　A. 水暖干燥时,烘房温度应小于或等于50℃

　　B. 热风干燥时,烘房温度应小于或等于40℃

　　C. 烘房升温速度应小于或等于30℃/h

　　D. 烘房的风速应小于或等于1m/s

60. 烟花爆竹产品生产过程中应采取防火防爆措施。下列有关安全措施一般规定描述错误的是(　　)。

　　A. 烟火药中意外混入与烟火药配方无关的泥沙时不应使用

　　B. 手工直接接触烟火药的工序可使用不导静电的塑料

　　C. 直接接触烟火药的工序可采取增加湿度措施,以减少静电积累

　　D. 任何情况下,都不应在规定的燃放试验场外燃放试验产品

61. 下列关于民用爆炸物品的分类正确的是(　　)。

　　A. 硝化甘油属于工业雷管

　　B. 继爆管属于工业索类火工品

　　C. 特殊用途烟火制品属于其他民用爆炸物品

　　D. 工业黑索金属于工业炸药

62. 干粉灭火器按使用范围可分为普通干粉和多用干粉两大类。两类灭火器都不能扑灭的是(　　)。

　　A. 可燃液体火灾　　　　　　　　B. 可燃气体火灾

　　C. 轻金属火灾　　　　　　　　　D. 固体火灾

63. 火灾探测器的基本功能就是对烟雾、温度、火焰和燃烧气体等火灾参量做出有效反应,通过敏感元件,将表征火灾参量的物理量转化为电信号,送到火灾报警控制器。下列关于火灾探测器的说法正确的是(　　)。

　　A. 离子感烟火灾探测器对白烟的灵敏度非常高

　　B. 红外线探测器不适用于有烟雾存在的场所

　　C. 紫外线探测器不适用于有机物燃烧的场所

　　D. 光电式感烟火灾探测器对白烟的灵敏度非常高

64. 某企业生产车间着火,车间电压设备电压为660V在未切断电源的情况下,可以使用的灭火器是(　　)。

　　A. 清水灭火器　　　　　　　　　B. 泡沫灭火器

　　C. 二氧化碳灭火器　　　　　　　D. 干粉灭火器

65. 危险化学品具有毒害、腐蚀、爆炸、燃烧、助燃等性质,接触人的皮肤、眼睛或肺部、食道等时,会引起表皮组织坏死而造成灼伤。内部器官被灼伤后可引起炎症,甚至会造成死亡的特性是(　　)。

   A. 燃烧性　　　　　　　　　　　　B. 爆炸性
   C. 腐蚀性　　　　　　　　　　　　D. 放射性

66. 下列危险化学品在爆炸时不一定发生燃烧反应,爆炸所需要的能量是由自身爆炸物分解产生的是(　　)。

   A. 叠氮铅　　　　　　　　　　　　B. 梯恩梯
   C. 粉尘　　　　　　　　　　　　　D. 天然气

67. 某化工厂为了防止火灾爆炸事故的发生,对厂区内的所有管道安装了阻火装置。该措施属于防止火灾、爆炸事故基本原则中的(　　)。

   A. 防止燃烧、爆炸系统的形成　　　B. 消除点火源
   C. 中断链式反应　　　　　　　　　D. 限制火灾、爆炸蔓延扩散的措施

68. 根据《化学危险品仓库储存通则》的规定,危险化学品的储存方式不包括的是(　　)。

   A. 隔离储存　　　　　　　　　　　B. 隔开储存
   C. 分离储存　　　　　　　　　　　D. 分开储存

69. 凡确认不能使用的爆炸性物品,必须予以销毁,下列废弃物的处置方法不适用于爆炸物品的是(　　)。

   A. 陶瓷固化　　　　　　　　　　　B. 化学分解法
   C. 溶解法　　　　　　　　　　　　D. 爆炸法

70. 具有放射性的危险化学品能从原子核内部,自行不断放出有穿透力、为人眼不可见的射线(α射线、β射线、γ射线和中子流)。放射性危险化学品的主要危险特性在于它的放射性。放射性对肠胃的伤害表现形式包括的是(　　)。

   A. 虚弱　　　　　　　　　　　　　B. 嗜睡
   C. 昏迷　　　　　　　　　　　　　D. 恶心

二、多项选择题(共15题,每题2分。每题的备选项中,有2个或2个以上符合题意,至少有1个错项。错选,本题不得分;少选,所选的每个选项得0.5分)

71. 剪板机是工业生产中常用的机械设备,设备的安全性关乎着工人的生命安全,下列关于剪板机的说法正确的有(　　)。

   A. 剪板机的操作危险区只有刀口
   B. 当危险区间隙不超过8mm时,则不需要安全防护
   C. 剪板机在正常工作时,应先压紧后剪切
   D. 安装在刀架上的刀片应固定可靠,不能仅靠摩擦安装固定
   E. 剪板机是连续作业机械,不需要有单次循环模式

72. 木材加工的危险有害因素众多,下列关于木工的危险说法正确的有( )。
    A. 圆锯机的木料反弹属于机械伤害
    B. 木材的生物效应危险会引起视力失调
    C. 化学危害会导致过敏病变
    D. 木粉尘伤害主要导致的是矽肺病
    E. 振动危害会导致白内障

73. 有事故统计的资料表明,由人的心理因素而引发的事故占70%~75%,或者更多。安全心理学的主要研究内容和范畴包括( )。
    A. 气质
    B. 需要
    C. 性格
    D. 人设
    E. 能力

74. 在人机系统中,要仔细研究人与机械的特点,合理地分配人机功能,可以更好地发挥系统的功效。下列人机系统的工作中,适合机械来承担的有( )。
    A. 分辨音色
    B. 完成多种操作
    C. 输出巨大的动力
    D. 持续性工作
    E. 随机应变

75. 工艺过程中产生的静电可能引起爆炸和火灾,也可能给人以电击,还可能妨碍生产。下列关于静电的危害说法正确的有( )。
    A. 静电的电压高,能量大,很容易放电
    B. 带静电的人体接近接地导体时会放电
    C. 接地的人体接近带电的物体时不会放电
    D. 静电的危害很多,其中最大的危害是妨碍生产
    E. 静电电击不会使人致命

76. 漏电保护既属于间接接触电击又属于直接接触电击的防护措施。下列场所需安装漏电保护装置的有( )。
    A. 安装在户外的电气装置
    B. 医院中可能直接接触人体的电气医用设备
    C. 生产用的电气设备
    D. 没有漏电危险和触电危险的电气设备
    E. 使用特低安全电压供电的电气设备

77. 保护导体包括保护接地线、保护接零线和等电位联结线。保护导体分为人工保护导体和自然保护导体。下列关于保护导体的说法正确的有( )。
    A. 在低压系统,允许利用不流经可燃液体或气体的金属管道作人工保护导体
    B. 保护导体干线必须与电源中性点和接地体(工作接地、重复接地)相连
    C. 有保护作用的PEN线上均可以安装单极开关和熔断器
    D. 有机械防护的PE线截面面积不得小于$2.5mm^2$
    E. 铜质PEN线截面面积不得小于$16mm^2$

78. 电火花是电极间的击穿放电;大量电火花汇集起来即构成电弧。电火花按照产生的条件分为工作火花和事故火花,下列属于工作火花的有(   )。

   A. 插销拔出或插入时产生的火花

   B. 电动机的转动部件与其他部件相碰产生的火花

   C. 熔丝熔断时产生的火花

   D. 绕线式异步电动机的电刷与滑环的滑动接触处产生的火花

   E. 雷电火花

79. 下列有关叉车场(厂)内专用机动车辆安全操作技术的说法描述正确的有(   )。

   A. 当物件超载时,应将该物件叉起离地100mm后检查机械的稳定性,方可运送

   B. 物件提升离地后,应将起落架后仰,方可行驶

   C. 两辆叉车不允许同时装卸一辆货车

   D. 叉车在叉取易碎品时,应采用安全绳加固,方可行驶

   E. 内燃机为动力的叉车进入易爆的仓库内作业时,应有良好的通风设施

80. 使用单位不得使用存在严重事故隐患、经检验不合格或者应当予以报废的气瓶,应当进行报废处理。下列报废处理不可行的有(   )。

   A. 钻孔   B. 破坏瓶口螺纹

   C. 压扁   D. 拆掉橡胶圈

   E. 瓶体解体

81. 当安全阀进口和容器之间串联安装爆破片装置时,应满足的条件不包括(   )。

   A. 安全阀和爆破片装置组合的泄放能力应满足要求

   B. 容器内的介质应是洁净的,不含有胶着物质或阻塞物质

   C. 当安全阀与爆破片之间存在背压时,阀仍能在开启压力下准确开启

   D. 爆破片的泄放面积不得小于安全阀的进口面积

   E. 安全阀与爆破片装置之间应设置压力表

82. 按照爆炸的能量来源不同对爆炸进行分类时,下列爆炸属于物理爆炸的有(   )。

   A. 粉尘爆炸   B. 喷雾爆炸

   C. 液氧与煤粉的爆炸   D. 水蒸气爆炸

   E. 轮胎爆炸

83. 按照爆炸反应相的不同,爆炸可分为气相爆炸、液相爆炸和固相爆炸。下列属于液相爆炸的有(   )。

   A. 粉尘爆炸   B. 液体喷雾爆炸

   C. 乙炔铜爆炸   D. 水蒸气爆炸

   E. 熔融矿渣与水产生的爆炸

84. 加热易燃物料时,要尽量避免采用明火设备,而宜采用热水或其他介质间接加热,如蒸汽或密闭电气加热等加热设备,不得采用电炉、火炉、煤炉等直接加热。明火加热设备的布置应位于可能泄漏易燃气体或蒸汽的工艺设备和储罐区的(   )。

A. 上风向
B. 侧风向
C. 下风向
D. 附近
E. 厂区边缘

85. 危险化学品的运输事故时有发生,全面了解和掌握危险化学品的安全运输规定对预防危险化学品事故具有重要意义。下列运输危险化学品的行为中,符合运输安全要求的有(   )。

A. 国家对危险化学品的运输实行资质认定制度,未经资质认定,不得运输危险化学品
B. 危险化学品承运人必须办理有关手续后方可运输
C. 对装有三氧化二砷的车,卸车后必须洗刷干净
D. 运输危险货物应当配备必要的押运人员,保证危险货物处于押运人员的监管之下
E. 危险货物装卸过程中,应当根据危险货物的性质轻装轻卸,堆码整齐,防止混杂、撒漏、破损,不得与普通货物混合堆放

参考答案及解析

第1章 机械安全技术

真题必刷

考点1 机械危险有害因素分类及部件危险特性

1. **D** [解析]本题考查的是机械危险有害因素分类及部件危险特性。控制装置设置在危险区以外属于电气系统的防护。友好的人机界面设计、工作位置设计考虑操作者体位属于满足安全人机学要求。选项A属于电气系统的防护。选项BC属于满足安全人机学要求。故选D。

2. **D** [解析]本题考查的是机械危险有害因素分类及部件危险特性。机械性危险的条件因素主要有：①形状或表面特性，如锋利刀刃、锐边、尖角形等。②相对位置，如挤压、缠绕、剪切。③动能，如零部件松动脱落、甩出。④势能，如高处作业人员跌落危险等。⑤质量和稳定性，如机器抗倾翻性或移动机器防风的稳定性。⑥机械强度不够导致的断裂或破裂。⑦料堆坍塌、造成淹埋所致的窒息危险。非机械性危险有电气危险、温度危险、噪声危险、振动危险、辐射危险、材料和物质产生的危险、未履行人机工程学原则而产生的危险。故选D。

考点2 安全措施及颜色影响

1. **B** [解析]本题考查的是安全措施及颜色影响。选项A错误，固定式防护装置是保持在所需位置（关闭）不动的防护装置，不用工具不能将其打开或拆除。选项C错误，活动式防护装置通过机械方法（如铁链、滑道等）与机器的构架或邻近的固定元件相连接，并且不用工具就可打开。选项D错误，机械传动机构常见的防护装置有用金属铸造或金属板焊接的防护箱罩，一般用于齿轮传动或传输距离不大的传动装置的防护。栅栏式防护适用于防护范围比较大的场合，或作为移动机械移动范围内临时作业的现场防护，或高处临边作业的防护等。故选B。

2. **C** [解析]本题考查的是安全措施及颜色影响。色彩对人的生理作用主要表现在对视觉疲劳的影响。由于人眼对明度和彩度的分辨力较差，在选择色彩对比时，常以色调对比为主。对引起眼睛疲劳而言，蓝、紫色最甚，红、橙色次之，黄绿、绿、绿蓝等色调不易引起视觉疲劳且认读速度快、准确度高。故选C。

3. **C** [解析]本题考查的是安全措施及颜色影响。机床间的最小距离及机床至墙壁和柱之间的最小距离满足的要求见下表。

项目	小型机床/m	中型机床/m	大型机床/m	特大型机床/m
机床操作面间距	1.1	1.3	1.5	1.8
机床后面、侧面离墙柱间距	0.8	1.0	1.0	1.0
机床操作面离墙柱间距	1.3	1.5	1.8	2.0

注：根据《机械工业职业安全卫生设计规范》整理。机床按质量和尺寸，可分为小型机床（最大外形尺寸<6m）、中型机床（最大外形尺寸6~12m）、大型机床（最大外形尺寸>12m或质量>10t）、特大型机床（质量在30t以上）。由上表可知，大型机床操作面间最小安全距离是1.5m。故选C。

4. **B** [解析]本题考查的是安全措施及颜色影响。保护装置分类及特性见下表。

装置	特性
联锁装置	防止危险机械功能在特定条件下运行的装置
能动装置	与启动控制一起使用，并且只有连续操作时，才能使机器执行预定功能
保持-运行控制装置	手动控制装置，只有当手对操纵器作用，其才能启动和保持功能

(续)

装置	特性
双手操纵安全装置	需双手同时操纵
敏感保护设备	用于探测人体或人体局部

由上表可知,选项ACD错误。故选B。

5. B [解析] 本题考查的是安全措施。机床间的最小距离及机床至墙壁和柱之间的最小距离满足的要求见下表。

项目	小型机床/m	中型机床/m	大型机床/m	特大型机床/m
机床操作面间距	1.1	1.3	1.5	1.8
机床后面、侧面离墙柱间距	0.8	1.0	1.0	1.0
机床操作面离墙柱间距	1.3	1.5	1.8	2.0

注:根据《机械工业职业安全卫生设计规范》整理。机床按重量和尺寸,可分为小型机床(最大外形尺寸<6m)、中型机床(最大外形尺寸6~12m)、大型机床(最大外形尺寸>12m或质量>10t)、特大型机床(质量在30t以上)。由上表可知,中型机床操作面间最小安全距离是1.3m。故选B。

6. C [解析] 本题考查的是安全措施及颜色影响。安全保护装置包括活动、固定栅栏式、推手式、拉手式等。安全保护控制装置包括双手操作式、光电感应式保护装置等。故选C。

考点3 金属切削机床及砂轮机

1. C [解析] 本题考查的是金属切削机床及砂轮机。选项A错误,电气设备应防止或限制静电放电,必要时可设置放电装置。选项B错误,机床应设置一个或数个紧急停止装置,保证瞬时动作时,能终止机床一切运动或返回设计规定的位置;紧急停止装置的布置应保证操作人员易于触及且操作无危险。选项D错误,机床只应在人有意控制下才能启动,包括停止后重新启动、操作状况(如速度、压力)有重大变化和防护装置尚未闭合时;停止装置应位于每个启动装置附近。按下停止装置,执行机构的能量供应切断,机床运动完全停止。故选C。

2. C [解析] 本题考查的是金属切削机床及砂轮机。

选项A错误,砂轮主轴端部螺纹应满足防松脱的紧固要求,其旋向须与砂轮工作时旋转方向相反。选项B错误,一般用途的砂轮卡盘直径不得小于砂轮直径的1/3,切断用砂轮的卡盘直径不得小于砂轮直径的1/4。选项C正确,卡盘与砂轮侧面的非接触部分应有不小于1.5mm的足够间隙。选项D错误,砂轮防护罩的总开口角度应不大于90°,如果使用砂轮安装轴水平面以下砂轮部分加工时,防护罩开口角度可以增大到125°。而在砂轮安装轴水平面的上方,在任何情况下防护罩开口角度都应不大于65°。故选C。

3. ABE [解析] 本题考查的是金属切削机床及砂轮机。选项A正确,禁止多人共用一台砂轮机同时操作。选项B正确,应使用砂轮的圆周表面进行磨削作业,不宜使用侧面进行磨削。选项CD错误,无论是正常磨削作业、空转试验还是修整砂轮,操作者都应站在砂轮的斜前方位置,不得站在砂轮正面。选项E正确,砂轮机的除尘装置应定期检查和维修,及时清除通风装置管道里的粉尘,保持有效的通风除尘能力。故选ABE。

4. ABCD [解析] 本题考查的是金属切削机床及砂轮机。选项E错误,飞出物打击的危险是指由于动能或弹性位能的意外释放,使失控物件飞甩或反弹造成的伤害。危险产生原因和部位包括:①失控的动能,如机床零件或被加工材料/工件、运动的机床零件或工件掉下或甩出;切屑(最易伤人的是带状屑、崩碎屑)飞溅引起的烫伤、划伤,以及砂轮的磨料和细切屑使眼睛受伤。②弹性元件的位能,如弹簧、传动带等的断裂引起的弹射。③液体或气体位能,如机床冷却系统、液压系统、气动系统由于泄漏或元件失效引起流体喷射,负压和真空导致吸入的危险。故选ABCD。

5. ABCE [解析] 本题考查的是金属切削机床及砂轮机。选项A正确,有可能造成缠绕、吸入或卷入等危险的运动部件和传动装置(如链传动、齿轮齿条传动、带传动、蜗轮传动、轴、丝杠、排屑装置等)应予以封闭、设置防护装置或使用信息提示。选项B正确,运动部件在有限滑轨运行或有行程距离要求的,应设置可靠的限位装置。选项C正确,对于有惯性冲击的机动往复运动部件,应设置缓冲装置。选项D错误,运动部件不允许同时运动时,其控制机构应联锁,不能实现联锁的,应在控制机构附近设置警告标志,并在说明书中加以说明。选项 E 正确,运动中可能松脱的零部件必须采取有效措施加以紧固,防止由于启动、制动、冲击、振动而引起松动、脱离、甩出。故选 ABCE。

考点 4　冲压剪切机床安全要求

1. D　[解析]本题考查的是冲压剪切机床安全要求。选项 A 错误,如果联锁式防护装置处于打开位置,任何危险运动都应停止。选项 B 错误,不带防护锁的联锁式防护装置应安装在操作者伤害发生前且没有足够时间进入危险区域的位置。选项 C 错误,只有防护装置关闭后才能启动剪切行程,电动后挡料和辅助装置才能开始运动。选项 D 正确,不带防护锁的联锁式防护装置应与固定式防护装置结合使用,在任何危险运动过程中应能防止进入危险区(压料装置、剪切线)。故选 D。

2. D　[解析]本题考查的是冲压剪切机床安全要求。选项 A 错误,剪板机应有单次循环模式。选项 B 错误,压料装置(压料脚)应确保剪切前将剪切材料压紧,压紧后的板料在剪切时不能移动。选项 C 错误,安装在刀架上的刀片应固定可靠,不能仅靠摩擦安装固定。故选 D。

3. A　[解析]本题考查的是冲压剪切机床安全要求。剪板机上必须设置紧急停止按钮,一般应在剪板机的前面和后面分别设置。故选 A。

考点 5　木工机械安全

1. D　[解析]本题考查的是木工机械安全。选项 A 错误,刀轴必须是装配式圆柱形结构,严禁使用方形刀轴。选项 B 错误,导向板和升降机构应能自锁或被锁紧,防止受力后其位置自行变化引起危险。选项 C 错误,组装后的刨刀片径向伸出量不得大于 1.1mm。选项 D 正确,组装后的刀轴经强度试验和离心试验,试验后的刀片不得有卷刃、崩刃或显著磨钝现象。故选 D。

2. C　[解析]本题考查的是木工机械安全。木材加工的危险因素包括机械危险(包括刀具的切割伤害、木料的反弹冲击伤害、锯条断裂或刨刀片飞出以及木屑碎片抛射伤人等)、木材的生物效应危险(可引起皮肤症状、视力失调、对呼吸道黏膜的刺激和病变、过敏病状等)、化学危害(引起中毒、皮炎或损害呼吸道黏膜)、木粉尘伤害(可导致呼吸道疾病,严重的可表现为肺叶纤维化症状)、火灾和爆炸的危险、噪声和振动危害。诸多危险有害因素中,刀具切割的发生概率高、危险性大,木材的天然缺陷、刀具高速运动和手工送料的作业方式是直接原因。故选 C。

3. B　[解析]本题考查的是木工机械安全。分料刀的安全要求如下:①应采用优质碳素钢 45 或同等力学性能的其他钢材制造。②应有足够的宽度以保证其强度和刚度,受力后不会被压弯或偏离正常的工作位置。其宽度应介于锯身厚度与锯料宽度之间,在全长上厚度要一致。③分料刀的引导边应是楔形的,以便于导入。其圆弧半径不应小于圆锯片半径。④应能在锯片平面上做上下和前后方向的调整,分料刀顶部应不低于锯片圆周上的最高点;与锯片最靠近点与锯片的距离不超过 3mm,其他各点与锯片的距离不得超过 8mm。故选 B。

4. D　[解析]本题考查的是木工机械安全。锯片的切割伤害、木材的反弹抛射打击伤害是主要危险,手动进料圆锯机必须装有分料刀。故选 D。

5. C　[解析]本题考查的是木工机械安全。选项 A 错误,组装后的刨刀片径向伸出量不得大于 1.1mm。选项 B 错误,刀轴必须是装配式圆柱形结构,严禁使用方形刀轴。选项 D 错误,刀体上的装刀槽应上底在外,下底靠近圆心,组装后的刀槽应为封闭型或半封闭型。故选 C。

6. BDE　[解析]本题考查的是木工机械安全。选项 A 错误,安全防护罩外表面不得涂耀眼的颜色,不得反射光泽。选项 C 错误,安全装置闭合灵敏,从接到闭合指令开始到护指键或防护罩关闭为止,闭合时间不得大于 80ms,而非小于。故选 BDE。

考点 6　热加工安全

1. C　[解析]本题考查的是热加工安全。选项 ABD 错误,造型、制芯工段在集中采暖地区应布置在非采暖季节最小频率风向的下风侧,在非集中采暖地区应位于全年最小频率风向的下风侧。故选 C。

2. B　[解析]本题考查的是热加工安全。铸造作业危险有害因素包括:①火灾及爆炸;②灼烫;③机械伤害;④高处坠落;⑤尘毒危害;⑥噪声振动;⑦高温和热辐射。故选 B。

3. C　[解析]本题考查的是热加工安全。浇包盛铁液不得太满,不得超过容积的 80%,以免洒出伤人。故选 C。

4. B　[解析]本题考查的是热加工安全。冲天炉、电

161

炉产生的烟气中含有大量对人体有害的一氧化碳。故选 B。

5. D ［解析］本题考查的是热加工安全。选项 A 属于工艺操作过程。选项 B 属于工艺设备。选项 C 属于工艺布置。故选 D。

6. D ［解析］本题考查的是热加工安全。锻造作业安全措施包括：①锻压机械的机架和凸出部分不得有棱角或毛刺。②外露的传动装置(齿轮传动、摩擦传动、曲柄传动或带传动等)必须有防护罩。防护罩需用铰链安装在锻压设备的不动部件上。③锻压机械的启动装置必须能保证对设备进行迅速开关，并保证设备运行和停车状态的连续可靠。④启动装置的结构应能防止锻压机械意外地开动或自动开动。⑤电动启动装置的按钮盒，其按钮上需标有"启动""停车"等字样。停车按钮为红色，其位置比启动按钮高 10~12mm。⑥高压蒸汽管道上必须装有安全阀和凝结罐，以消除水击现象，降低突然升高的压力。⑦蓄力器通往水压机的主管上必须装有当水耗量突然增高时能自动关闭水管的装置。⑧任何类型的蓄力器都应有安全阀。安全阀必须由技术检查员加铅封，并定期进行检查。⑨安全阀的重锤必须封在带锁的锤盒内。⑩安设在独立室内的重力式蓄力器必须装有荷重位置指示器，使操作人员能在水压机的工作地点上观察到荷重的位置。⑪新安装和经过大修理的锻压设备应该根据设备图样和技术说明书进行验收和试验。⑫操作人员应认真学习锻压设备安全技术操作规程，加强设备的维护、保养，保证设备的正常运行。故选 D。

7. ABD ［解析］本题考查的是热加工安全。选项 C 错误，冲天炉熔炼不宜加萤石。选项 E 错误，造型、制芯工段应布置在厂区最小频率风向的下风侧。故选 ABD。

8. ABCD ［解析］本题考查的是热加工安全。锻造加工过程中存在的危险有害因素有机械伤害、火灾爆炸、灼烫。故选 ABCD。

考点 7　人机优劣势对比

1. B ［解析］本题考查的是人机优劣势对比。人具有高度的灵活性和可塑性，能随机应变，采取灵活的程序和策略处理问题。人能根据情境改变工作方法，能学习和适应环境，能应付意外事件和排除故障，有良好的优化决策能力。而机器应付偶然事

件的程序则非常复杂，均需要预先设定，任何高度复杂的自动系统都离不开人的参与。故选 B。

2. D ［解析］本题考查的是人机优劣势对比。人优于机器的功能包括：①人的某些感官的感受能力优越。②人能够运用多种通道接受信息。③人具有高度的灵活性和可塑性，能随机应变，采取灵活的程序和策略处理问题。④人能长期大量储存信息并能综合利用记忆的信息进行分析和判断。⑤人具有总结和利用经验，除旧创新，改进工作的能力。⑥人的最重要特点是有感情、意识和个性，具有能动性。故选 D。

3. D ［解析］本题考查的是人机优劣势对比。自动化系统的安全性主要取决于机器的本质安全性、机器的冗余系统是否失灵以及人处于低负荷时的应急反应变差等情形。故选 D。

4. B ［解析］本题考查的是人机优劣势对比。机器能连续进行超精密的重复操作和按程序的大量常规操作，可靠性较高；对处理液体、气体和粉状体等比人优越，但处理柔软物体不如人；能够正确地进行计算，但难以修正错误；图形识别能力弱；能进行多通道的复杂动作。故选 B。

5. C ［解析］本题考查的是人机优劣势对比。在精细的调整方面，多数情况下机器不如人属于信息交流与输出方面机器的特性。故选 C。

考点 8　体力劳动强度指数及疲劳

1. C ［解析］本题考查的是体力劳动强度指数及疲劳。依据《工作场所有害因素职业接触限值　第2部分：物理因素》工作场所不同体力劳动强度分级见下表，其适用于工作场所高温作业，即指在生产劳动过程中，工作地点平均 WBGT 指数大于或等于 25℃ 的作业。

接触时间率(%)	体力劳动强度/℃			
	Ⅰ	Ⅱ	Ⅲ	Ⅳ
100	30	28	26	25
75	31	29	28	26
50	32	30	29	28
25	33	32	31	30

由上表可知，接触时间率 100%，体力劳动强度为 Ⅳ 级，WBGT 指数限值为 25℃；劳动强度分级每下降一级，WBGT 指数限值增加 1~2℃；接触时间率每减少

25%,WBGT限值指数增加1~2℃。WBGT指数又称湿球黑球温度,是综合评价人体接触作业环境热负荷的一个基本参量,单位为℃。接触时间率是指劳动者在一个工作日内实际接触高温作业的累计时间与8h的比率。故选C。

2. D [解析] 本题考查的是体力劳动强度指数及疲劳。疲劳有两个方面的主要原因:①工作条件因素泛指一切对劳动者的劳动过程产生影响的工作环境,包括劳动制度和生产组织不合理。如作业时间过久、强度过大、速度过快、体位欠佳等。机器设备和工具条件差,设计不良。如控制器、显示器不适合于人的心理及生理要求。工作环境很差。如照明欠佳,噪声太强,振动、高温、高湿以及空气污染等。②作业者自身因素包括作业者的熟练程度、操作技巧、身体素质及对工作的适应性,作业者的营养、年龄、休息、生活条件以及劳动情绪等。故选D。

3. C [解析] 本题考查的是体力劳动强度指数及疲劳。选项A错误,大强度的挖掘或搬运属于Ⅴ级。选项B错误,手臂和躯干负荷工作属于Ⅲ级。选项C正确,手和臂的持续动作属于Ⅱ级。选项D错误,手工作业或腿的轻度活动属于Ⅰ级。故选C。

4. ABC [解析] 本题考查的是体力劳动强度指数及疲劳。劳动强度及分级见下表。

体力劳动强度分级	职业描述
Ⅰ(轻劳动)	坐姿:手工作业或腿的轻度活动(正常情况下,如打字、缝纫、脚踏开关等)
	立姿:操作仪器,控制、查看设备,上臂用力为主的装配工作
Ⅱ(中等劳动)	手和臂持续动作(如锯木头等);臂和腿的工作(如卡车、拖拉机或建筑设备等运输操作);臂和躯干的工作(如锻造、风动工具操作、粉刷、间断搬运中等重物、除草、锄田、摘水果和蔬菜等)
Ⅲ(重劳动)	臂和躯干负荷工作(如搬重物、铲、锤锻、锯刨或凿硬木、割草、挖掘等)

(续)

体力劳动强度分级	职业描述
Ⅳ(极重劳动)	大强度的挖掘、搬运,快到极限节律的极强活动

由上表可知,属于Ⅱ级劳动强度的有摘水果、驾驶卡车以及操作风动工具。故选ABC。

考点9 人机作业环境

1. B [解析] 本题考查的是人机作业环境。对引起眼睛疲劳而言的色彩,蓝、紫色最甚,红、橙次之,黄绿、绿、绿蓝等色调不易引起视觉疲劳且认读速度快、准确度高。故选B。

2. A [解析] 本题考查的是人机作业环境。并联人机系统的操作可靠度计算公式:正常情况:$R_H = [1-(1-R_1)(1-R_2)]$;异常情况:$R_S = [1-(1-R_1)(1-R_2)]R_M$;式中,$R_S$ 为人机系统可靠度;R_H 为人的操作可靠度;R_M 为机器设备可靠度;R_1 为甲的可靠度;R_2 为乙的可靠度。该人机系统的可靠度=$[1-(1-0.9)(1-0.95)]×0.9=0.8955$。故选A。

3. A [解析] 本题考查的是人机作业环境。作业场所的照明方案应既能满足工作照明,又避免不良的眩光;注意颜色的利用、表面特性的显示、各种照明方式的运用、灯光与昼光的合理结合,以及无强烈对比和眩光等。面对作业人员的墙壁,避免采用强烈的颜色对比;避免有光泽的或反射性的涂料等。故选A。

4. C [解析] 本题考查的是人机作业环境。照明条件与作业疲劳有一定的联系。适当的照明条件能提高近视力和远视力。环境照明强度越大,若超过一定限度(如直视汽车的远光灯),会造成眩光,该情况下观察的物体不清楚。视觉疲劳可通过闪光融合频率和反应时间等方法进行测定。眩光条件下,人们会因瞳孔缩小而影响视网膜的视物,导致视物模糊。故选C。

专题必刷

专题1 机械安全基础知识

一、单项选择题

1. C [解析] 本题考查的是机械危险部位及其安全防护措施。当其运动平板(或者滑枕)达到极限位置时,平板(或者滑枕)的端面距离应和固定结构的间距不能小于500mm。故选C。

2. A [解析] 本题考查的是实现机械安全的途径与对策措施。防护装置的功能有隔离作用、阻挡作

3. B　[解析]　本题考查的是实现机械安全的途径与对策措施。安全防护装置主要具有隔离作用、阻挡作用、容纳作用以及其他功能等功能。活动式防护装置通过机械方法(如铁链、滑道等)与机器的构架或邻近的固定元件相连接,并且不用工具就可打开。联锁防护装置只要不关闭,被"抑制"的危险机器功能就不能执行。故选 B。

4. C　[解析]　本题考查的是实现机械安全的途径与对策措施。蓝色表示必须遵守规定的指令性信息,用于道路交通标志和标线中警告标志等。故选 C。

5. D　[解析]　本题考查的是实现机械安全的途径与对策措施。双手操纵装置至少需要双手同时操作,以便在启动和维持机器某种运行的同时,针对存在的危险,强制操作者在机器运转期间,双手没有机会进入机器的危险区,以此为操作者提供保护的一种装置。故选 D。

6. B　[解析]　本题考查的是机械分类。凡土石方施工工程、路面建设与养护、流动式起重装卸作业和各种建筑工程所需的综合性机械化施工工程所必需的机械装备通称为工程机械。包括挖掘机、铲运机、工程起重机、压实机、打桩机、钢筋切割机、混凝土搅拌机、路面机、凿岩机、线路工程机械以及其他专用工程机械等。选项 B 为通用机械。故选 B。

7. A　[解析]　本题考查的是机械分类。汽车属于交通运输机械,锻压机械属于金属成型机械,起重机属于起重运输机械。故选 A。

8. D　[解析]　本题考查的是实现机械安全的途径与对策措施。选项 D 属于安全防护装置。防护装置可以设计为封闭式,将危险区全部封闭,人员从任何地方都无法进入危险区;也可采用距离防护,不完全封闭危险区,凭借安全距离和安全间隙来防止或减少人员进入危险区的机会;还可设计为整个装置可调或装置的某组成部分可调。故选 D。

9. D　[解析]　本题考查的是机械制造生产场所安全技术。生产线辊道、带式输送机等运输设备,在人员横跨处,应设带栏杆的人行走桥;平台、走台、坑池边和升降口有跌落危险处,必须设栏杆或盖板;需登高检查和维修的设备处宜设钢梯;当采用钢直梯时,钢直梯 3m 以上部分应设安全护笼。故选 D。

10. D　[解析]　本题考查的是机械制造生产场所安全技术。车间通道一般分为纵向主要通道、横向主要通道和机床之间的次要通道。每个加工车间都应有一条纵向主要通道,通道宽度应根据车间内的运输方式和经常搬运工件的尺寸确定,工件尺寸越大,通道应越宽。车间横向主要通道根据需要设置,其宽度不应小于 2000mm;机床之间的次要通道宽度一般不应小于 1000mm。人行道、车行道的布置和间隔距离,都不应妨碍人员工作和造成危害。故选 D。

11. D　[解析]　本题考查的是机械危险部位及其安全防护措施。选项 AB 错误,配重块应对其全部行程加以封闭。带锯机可调节的防护装置应置在带锯机上,仅用于材料切割的部分可以露出,其他部分得以封闭。选项 C 错误,剪刀式升降机在操作过程中,主要的危险在于邻近的工作平台和底座边缘间形成的剪切和挤压陷阱。可利用帘布加以封闭。在维护过程中,主要的危险在于剪刀机构的意外闭合。可以通过障碍物(木块等)来防止剪刀机构的闭合。故选 D。

12. A　[解析]　本题考查的是机械危险部位及其安全防护措施。防护罩内壁应涂成红色。故选 A。

13. D　[解析]　本题考查的是机械使用过程中的危险有害因素。非机械性危险主要包括电气危险(如电击、电伤)、温度危险(如灼烫、冷冻)、噪声危险、振动危险、辐射危险(如电离辐射、非电离辐射)、材料和物质产生的危险、未履行安全人机工程学原则而产生的危险等。故选 D。

14. B　[解析]　本题考查的是机械危险部位及其安全防护措施。当有辐轮附属于一个转动轴时,用手动有辐轮驱动机械部件是危险的,可以利用一个金属盘片填充有辐轮保护,也可以在手轮上安装一个弹簧离合器,使之能自由转动。故选 B。

15. B　[解析]　本题考查的是机械危险部位及其安全防护措施。一般传动机构离地面 2m 以下,应设防护罩。下列三种情况下,在离地面 2m 以上也应加以防护:①带轮中心距之间的距离在 3m 以上。②传动带宽度在 15cm 以上。③传动带的回转速度在 9m/min 以上。故选 B。

16. B　[解析]　本题考查的是实现机械安全的途径与对策措施。安全色有时采用组合或对比色的方式,常用的安全色及其相关的对比色是红色—白色、黄色—黑色、蓝色—白色、绿色—白色。故选 B。

17. D [解析] 本题考查的是机械危险部位及其安全防护措施。选项D错误,为引起人们的注意,防护罩内壁应涂成红色,最好装电气联锁装置,使防护装置在开启的情况下机器停止运转。故选D。

18. D [解析] 本题考查的是实现机械安全的途径与对策措施。紧急视觉信号是指明危险情形已经开始或正在发生,要求采取应急措施的视觉信号。故选D。

19. C [解析] 本题考查的是机械使用过程中的危险有害因素。机械使用过程中的危险可能来自机械设备和工具自身、原材料、工艺方法及使用手段等多方面,危险因素可分为机械性危险因素和非机械性危险因素。故选C。

20. C [解析] 本题考查的是机械危险部位及其安全防护措施。带传动机构离地面2m以下均应设防护罩,与回转速度没有关系。故选C。

21. B [解析] 本题考查的是机械危险部位及其安全防护措施。转动轴(无凸起部分)通过在光轴的暴露部分安装一个松散的、与轴具有12mm净距的护套来对其进行防护,护套和轴可以相互滑动。辊式输送机(辊轴交替驱动)应该在驱动轴的下游安装防护罩。如果所有的辊轴都被驱动,将不存在卷入的危险,故无须安装防护装置。故选B。

22. C [解析] 本题考查的是机械制造生产场所安全技术。根据《机械工业职业安全卫生设计规范》,机床按质量和尺寸分为小型机床(最大外形尺寸<6m)、中型机床(最大外形尺寸6~12m)、大型机床(最大外形尺寸>12m或质量>10t)、特大型机床(质量在30t以上)。机床布置的最小安全距离见下表。

项目	小型机床/m	中型机床/m	大型机床/m	特大型机床/m
机床操作面间距	1.1	1.3	1.5	1.8
机床后面、侧面离墙柱间距	0.8	1.0	1.0	1.0
机床操作面离墙柱间距	1.3	1.5	1.8	2.0

由上表可知,选项A错误,最大外形尺寸为10m属于中型机床,机床后面、侧面离墙柱间距为1.0m。选项B错误,质量为20t属于大型机床,机床操作面

离墙柱间距为2.0m。选项D错误,质量为20t属于大型机床,机床操作面离墙柱间距1.8m。故选C。

23. C [解析] 本题考查的是实现机械安全的途径与对策措施。选项A错误,使用可靠性已知的安全相关组件是指在固定的使用期限或操作次数内,能够经受住所有有关的干扰和应力,而且产生失效概率小的组件。选项B错误,关键组件或子系统加倍(或冗余)和多样性设计是机械可靠性设计的重要环节。选项D错误,维修性设计应考虑将维护、润滑和维修设定点放在危险区之外;检修人员接近故障部位进行检查、修理、更换零件等维修作业的可达性;零部件的标准化与互换性,同时,必须考虑维修人员的安全。故选C。

二、多项选择题

1. AE [解析] 本题考查的是机械制造生产场所安全技术。选项A错误,多层厂房应将运输量、荷载、噪声较大及有振动、有腐蚀溶液和用水量较多的工部布置在厂房的底层,以便于运输、减轻楼板荷重、排除地面污水;将工艺生产过程中排出有粉尘、毒气和腐蚀性气体和火灾危险性较大的工部布置在顶层。选项E错误,白班存放为每班加工量的1.5倍,夜班存放为加工量的2.5倍,大件不得超过当班定额。故选AE。

2. CD [解析] 本题考查的是机械危险部位及其安全防护措施。带传动装置防护罩可采用金属骨架的防护网,与传动带的距离不应小于50mm,设计应合理,不应影响机器的运行。一般传动机构离地面2m以下,应设防护罩。但在下列三种情况下,即使在离地面2m以上也应加以防护:①带轮中心距之间的距离在3m以上。②传动带宽度在15cm以上。③传动带的回转速度在9m/min以上。这样,万一传动带断裂,不至于伤人。传动带接头必须牢固可靠,安装传动带应松紧适宜。带传动机构的防护可采用将传动带全部遮盖起来的方法,或采用防护栏杆防护。故选CD。

3. ABD [解析] 本题考查的是压力机作业区的安全保护。选项C错误,如果压力机工作过程中要从多个侧面接触危险区域,应为各侧面安装提供相同等级的安全防护装置。危险开口小于6mm的压力机可不配置安全防护装置。选项E错误,需多人配合的压力机,应为每位操作者配置双手操纵装置,并且只有全部人员双手控制,滑块才能启动。故选ABD。

4. BDE [解析]本题考查的是机械危险部位及其安全防护措施。带传动机构的危险部位主要有传动带接头处、传动带进入带轮的地方。故选BDE。

5. ABCD [解析]本题考查的是实现机械安全的途径与对策措施。选项E错误，对联锁防护装置来说，在危险机器功能执行过程中，只要防护装置被打开，就应出停机指令。故选ABCD。

6. ABCE [解析]本题考查的是机械制造生产场所安全技术。选项D错误，当物资直接存放在地面上时，堆垛高度不应超过1.4m，且高与底边长之比不应大于3。故选ABCE。

7. ABD [解析]本题考查的是实现机械安全的途径与对策措施。选项CE属于限制机械应力以保证足够的抗破坏能力。故选ABD。

8. ACE [解析]本题考查的是实现机械安全的途径与对策措施。选项B错误，警告超载的信息应在负载接近额定值时，提前发出警告信息。选项D错误，安全色的使用不能取代防范事故的其他安全措施。故选ACE。

9. ABDE [解析]本题考查的是机械危险部位及其安全防护措施。选项C错误，对于辊轴交替驱动辊式输送机，应在驱动轴的下游安装防护罩。故选ABDE。

10. CE [解析]本题考查的是机械使用过程中的危险有害因素。产生机械性危险的条件因素主要有：①形状或表面特性；②相对位置；③动能；④势能；⑤质量和稳定性；⑥机械强度不够导致的断裂或破裂；⑦料堆(垛)坍塌、土岩滑动造成掩埋所致的窒息危险等。非机械性危险有电气危险、温度危险、噪声危险、振动危险、辐射危险、材料和物质产生的危险、未履行安全人机工程学原则而产生的危险等。故选CE。

专题2 金属切削机床及砂轮机安全技术

一、单项选择题

1. B [解析]本题考查的是砂轮机安全技术。工件托架与砂轮片之间的距离不得超过2mm。故选B。

2. B [解析]本题考查的是砂轮机安全技术。选项A错误，砂轮为非均质结构，磨具是由磨粒、结合剂和孔隙三要素组成的复合结构，其结构强度大大低于由单一均匀材质组成的一般金属切削刀具。选项C错误，砂轮防护罩任何部位不得与砂轮装置各运动部件接触。选项D错误，砂轮防护罩的总开口角度应不大于90°，如果使用砂轮安装轴水平面以下砂轮部分加工时，防护罩开口角度可以增大到125°。故选B。

3. B [解析]本题考查的是砂轮机安全技术。选项A错误，一般用途的砂轮机，砂轮卡盘直径应不小于10cm，选项中是9cm，因此不符合要求。选项B正确，切断用砂轮机的卡盘直径不应小于7.5cm，选项中是8cm，符合要求。选项C错误，卡盘结构应均匀平衡，各表面平滑无锐棱。选项D错误，卡盘与砂轮侧面的非接触部分应有不小于1.5mm的足够间隙，选项中只有1.2mm，不符合要求。故选B。

4. C [解析]本题考查的是金属切削机床存在的主要危险。选项A错误，由于质量分布不均、外形布局不合适、重心不稳，或有外力作用，丧失稳定性，发生倾翻、滚落——物体坠落打击的危险。选项B错误，蜗轮与蜗杆、啮合的齿轮之间、齿轮与齿条、传动带与带轮、链与链轮进入啮合部位——引入或卷入、碾轧的危险。选项D错误，机床冷却系统、液压系统、气动系统由于泄漏或元件失效引起流体喷射，负压和真空导致吸入的危险——飞出物打击的危险。故选C。

5. D [解析]本题考查的是砂轮机安全技术。砂轮机磨削加工危险因素：①机械伤害；②噪声危害；③粉尘危害。此外，磨削时产生的火花，可能引燃附近的可燃物，特别是磨削镁合金，是引起火灾的不安全因素。故选D。

6. B [解析]本题考查的是砂轮机安全技术。砂轮只可单向旋转，带除尘装置的砂轮机的粉尘浓度不应超过10mg/m³。故选B。

7. D [解析]本题考查的是砂轮机安全技术。砂轮防护罩任何部位不得与砂轮装置各运动部件接触，砂轮卡盘外侧面与砂轮防护罩开口边缘之间的间距一般应不大于15mm。故选D。

8. B [解析]本题考查的是砂轮机安全技术。应使用砂轮的圆周表面进行磨削作业，不宜使用侧面进行磨削。故选B。

9. B [解析]本题考查的是砂轮机安全技术。选项A错误，旋转方向应该相反。选项C错误，主轴螺纹部分应延伸到紧固螺母的压紧面内。选项D错误，应该是不得超过砂轮最小厚度内孔长度的1/2，而不是不得小于。故选B。

10. A [解析] 本题考查的是圆锯机安全技术。选项 B 错误,圆锯片有裂纹不允许修复使用,圆锯片连续断裂两齿或出现裂纹时应停止使用。选项 C 错误,分料刀应有足够的宽度以保证其强度和刚度,受力后不会被压弯或偏离正常的工作位置。其宽度应介于锯身厚度与锯料宽度之间,在全长上厚度要一致。选项 D 错误,锯轴的额定转速不得超过圆锯片的最大允许转速,任何情况下均不得超过。故选 A。

二、多项选择题

1. ABE [解析] 本题考查的是砂轮机安全技术。选项 A 正确,有裂纹或损伤等缺陷的砂轮绝对不准安装使用。选项 B 正确,在任何情况下都不允许超过砂轮的最高工作速度,安装砂轮前应核对砂轮主轴的转速,在更换新砂轮时应进行必要的验算。选项 C 错误,应使用砂轮的圆周表面进行磨削作业,不宜使用侧面进行磨削。选项 D 错误,无论是正常磨削作业、空转试验还是修整砂轮,操作者都应站在砂轮的斜前方位置,不得站在砂轮正面。选项 E 正确,禁止多人共用一台砂轮机同时操作。故选 ABE。

2. BDE [解析] 本题考查的是砂轮机安全技术。选项 A 错误、选项 D 正确,在任何情况下都不允许超过砂轮的最高工作速度,安装砂轮前应核对砂轮主轴的转速,在更换新砂轮时应进行必要的验算。选项 B 正确,无论是正常磨削作业、空转试验还是修整砂轮,操作者都应站在砂轮的斜前方位置,不得站在砂轮正面。选项 C 错误,禁止多人共用一台砂轮机同时操作。选项 E 正确,应使用砂轮的圆周表面进行磨削作业,不宜使用侧面进行磨削。故选 BDE。

3. CDE [解析] 本题考查的是砂轮机安全技术。选项 A 错误,砂轮有磨损时,应随时调节工件托架以补偿砂轮的磨损,使工件托架和砂轮间的距离不大于 2mm。选项 B 错误,如果使用砂轮安装轴水平面以上砂轮部分加工时,在任何情况下防护罩开口角度都应不大于 65°。故选 CDE。

专题 3 冲压剪切机械安全技术

一、单项选择题

1. D [解析] 本题考查的是压力机作业区的安全保护。安全保护装置包括活动式、固定栅栏式、推手式、拉手式等。安全保护控制装置包括双手操作式、光电感应式保护装置等。故选 D。

2. C [解析] 本题考查的是压力机作业区的安全保护。选项 A 错误,必须双手同时推按操纵器,离合器才能接合滑块下行程,在滑块下行过程中,松开任一按钮,滑块立即停止下行程或超过下死点。选项 B 错误,对于被中断的操作控制需要恢复以前,应先松开全部按钮,然后再次双手按压后才能恢复运行。选项 D 错误,双手操作式安全保护控制装置只能保护使用该装置的操作者,不能保护其他人员的安全。故选 C。

3. B [解析] 本题考查的是压力机作业区的安全保护。双手控制安全装置只能保护使用该装置的操作者,不能保护其他人员的安全。故选 B。

4. A [解析] 本题考查的是压力机作业区的安全保护。如果压力机工作过程中需要从多个侧面接触危险区域,应为各侧面安装提供相同等级的安全防护装置。故选 A。

5. D [解析] 本题考查的是冲压剪切机械安全技术。在冲压剪切作业中,常见的危险有害因素有机械危险、电气危险、热危险、噪声危险、振动危险等。故选 D。

6. D [解析] 本题考查的是压力机作业区的安全保护。在设计阶段需要考虑的安全措施属于本质安全,因此急停按钮动作须优于其他控制装置。选项 ABC 不属于设计阶段考虑的情况。故选 D。

7. B [解析] 本题考查的是压力机作业区的安全保护。选项 A 错误,自动保护功能是指保护幕被遮挡,滑块停止运动后,即使人体撤出恢复通光时,装置仍保持遮光状态,必须按动"复位"按钮,滑块才能再次启动。选项 C 错误,回程不保护功能是指滑块回程时保护装置不起作用。选项 D 错误,保护范围是指保护高度不低于滑块最大行程与装模高度调节量之和,保护长度能覆盖操作危险区。故选 B。

8. B [解析] 本题考查的是压力机作业区的安全保护。选项 A 错误,光电保护装置的响应时间不得超过 20ms。选项 C 错误,回程不保护功能,滑块回程时装置不起作用(有利于人手出入)。选项 D 错误,光电保护装置保护高度不低于滑块最大行程与装模高度调节量之和,保护长度应能覆盖操作危险区。故选 B。

二、多项选择题

1. ACD [解析] 本题考查的是压力机作业区的安全保护。双手操作式、光电感应式保护装置属于安全保护控制装置。故选 ACD。

2. AD　[解析]　本题考查的是压力机作业区的安全保护。选项 B 错误，脚踏操作与双手操作规范应具有联锁控制，当脚离开脚踏板或松开任一按钮，滑块立即停止下行程或超过下死点。选项 C 错误，离合器及其控制系统应保证在气动、液压和电气失灵的情况下，离合器立即脱开，制动器立即制动。选项 E 错误，禁止在机械压力机上使用带式制动器来停止滑块。故选 AD。

3. ABC　[解析]　本题考查的是压力机作业区的安全保护。选项 D 错误，如果压力机工作过程中需要从多个侧面接触危险区域，应为各侧面安装提供相同等级的安全防护装置。选项 E 错误，多人配合的压力机，应为每位操作者配置双手操纵装置，并且只有全部人员双手控制，滑块才能启动。故选 ABC。

4. CD　[解析]　本题考查的是压力机作业区的安全保护。选项 A 错误，刚性离合器以刚性金属键作为接合零件，构造简单，不需要额外动力源，只能使滑块停止在上死点。选项 B 错误，离合器与制动器的联锁控制动作应灵活、可靠，减少二者同时结合的可能性。选项 E 错误，禁止在机械压力机上使用带式制动器来停止滑块。故选 CD。

5. BC　[解析]　本题考查的是压力机作业区的安全保护。选项 A 错误，安全保护装置包括活动式、固定栅栏式、推手式、拉手式等。选项 D 错误，安全保护控制装置包括双手操作式、光电感应式保护装置等。选项 E 错误，危险区开口小于 6mm 的压力机可不配置安全防护装置。故选 BC。

专题 4　木工机械安全技术

一、单项选择题

1. D　[解析]　本题考查的是木工加工特点和危险因素。木工加工危险因素有机械危险、木材的生物效应危险、化学危害、木粉尘伤害、火灾和爆炸的危险、噪声和振动危害。故选 D。

2. A　[解析]　本题考查的是圆锯机安全技术。锯片的切割伤害、木材的反弹抛射打击伤害是主要危险。故选 A。

3. B　[解析]　本题考查的是木工平刨床安全技术。选项 A 错误，刀轴必须是装配式圆柱形结构，保证夹紧后在运转中不得松动或刀片发生径向滑移，组装后的刨刀片径向伸出量不得大于 1.1mm。选项 C 错误，导向板和升降机构应能自锁或被锁紧，防止受力后其位置自行变化引起危险。选项 D 错误，护指键刨削时仅打开与工件等宽的相应刀轴部分，其余的刀轴部分仍被遮盖，且回弹时间不应大于设计规定时间。故选 B。

4. A　[解析]　本题考查的是木材加工特点和危险因素。木材加工危险因素有机械伤害、木材的生物效应危害、化学危害、木粉尘伤害、火灾和爆炸的危险、噪声和振动危害。故选 A。

5. A　[解析]　本题考查的是带锯机安全技术。选项 A 正确，机器必须设有急停操纵装置，发生事故时能紧急停止运转。选项 B 错误，木工带锯机的锯轮和锯条应设置防护罩。选项 C 错误，带锯条接头焊接应牢固平整，焊接接头不得超过 3 个，接头与接头之间的长度应为总长 1/5 以上。选项 D 错误，机器上锯轮处于最高位置时，其上端与防护罩内衬表面之间的间隙不小于 100mm。故选 A。

6. D　[解析]　本题考查的是木材加工特点和危险因素。化学危害是指在木材的存储防腐、加工和成品的表面修饰粘接都需要采取化学手段。其中有些会引起中毒、皮炎或损害呼吸道黏膜。选项 D 属于木粉尘伤害。故选 D。

7. D　[解析]　本题考查的是带锯条的安全要求。带锯条的安全要求：①带锯条的锯齿应锋利，齿深不得超过锯宽的 1/4，锯条厚度应与匹配的带锯轮相适应。②锯条焊接应牢固平整，接头不得超过 3 个，两接头之间长度应为总长的 1/5 以上，接头厚度与锯条厚度一致。③严格控制带锯条的横向裂纹，裂纹超长应切断重新焊接。故选 D。

8. C　[解析]　本题考查的是木工平刨床安全技术。选项 A 错误，刀轴必须是装配式圆柱形结构，严禁使用方形刀轴，组装后的刀槽应为封闭型或半封闭型。选项 B 错误，组装后的刨刀片径向伸出量不得大于 1.1mm。选项 D 错误，组装后的刀轴须经强度试验和离心试验，试验后的刀片不得有卷刃、崩刃或显著磨钝现象。故选 C。

9. D　[解析]　本题考查的是木工平刨床安全技术。选项 AB 错误，刀轴必须是装配式圆柱形结构，严禁使用方形刀轴。刀体上的装刀梯形槽应上底在外，下底靠近圆心，组装后的刀槽应为封闭型或半封闭型。通过刀具零件的结构和形状可靠固定，保证夹紧后在运转中不得松动或刀片发生径向滑移。选项C错误,组装后的刨刀片径向伸出量不得大于1.1mm。选项D正确,组装后的刀轴须经强度试验和离心试验。故选D。

二、多项选择题

1. **AB** [解析] 本题考查的是木工平刨床安全技术。选项C错误,整体护罩或全部护指键应承受1kN径向压力,发生径向位移时,位移后与刀刃的剩余间隙要大于0.5mm。选项D错误,爪形护指键式的相邻键间距应小于8mm。选项E错误,安全防护装置不得涂耀眼颜色,不得反射光泽。故选AB。

2. **ABC** [解析] 本题考查的是木材加工特点和危险因素。木工加工危险因素包括:①机械危险;②木材的生物效应危险;③化学危害;④木粉尘危害;⑤火灾和爆炸的危险;⑥噪声和振动危害。故选ABC。

3. **CE** [解析] 本题考查的是木工平刨机安全技术。装置不得涂耀眼颜色,不得反射光泽;组装后的刨刀片径向伸出量不得大于1.1mm;非工作状态下,护指键(或防护罩)必须在工作台面全宽度上盖住刀轴。故选CE。

专题5 铸造安全技术

一、单项选择题

1. **D** [解析] 本题考查的是铸造作业危险有害因素。铸造作业危险有害因素主要是火灾及爆炸、灼烫、机械伤害、高处坠落、尘毒危害、噪声振动、高温和热辐射。故选D。

2. **C** [解析] 本题考查的是铸造作业安全技术措施。选项A属于工艺布置的要求。选项B属于工艺设备的要求。选项C属于工艺方法的要求。选项D属于工艺操作的要求。故选C。

3. **A** [解析] 本题考查的是铸造作业安全技术措施。污染较小的造型、制芯工段在集中采暖地区应布置在非采暖季节最小频率风向的下风侧。故选A。

4. **D** [解析] 本题考查的是铸造作业安全技术措施。选项A错误,铸造车间应利用天窗排风或设置屋顶通风器。熔化、浇注区和落砂、清理区应设避风天窗。选项B错误,颚式破碎机上部直接给料,落差小于1m时,可只做密闭罩而不排风。当下部落差大于等于1m时,既密闭又排风。选项C错误,铸造作业在工艺可能的条件下,宜采用湿法作业。故选D。

5. **C** [解析] 本题考查的是铸造作业安全技术措施。"冲天炉熔炼不宜加萤石"属于工艺方法。故选C。

6. **A** [解析] 本题考查的是铸造作业安全技术措施。铸造车间应安排在高温车间、动力车间的建筑群内,建在厂区其他不释放有害物质的生产建筑的下风侧。故选A。

7. **C** [解析] 本题考查的是铸造作业安全技术措施。浇包盛铁液不得超过容积的80%。故选C。

8. **D** [解析] 本题考查的是铸造作业安全技术措施。选项A错误,浇包盛铁液不得太满,不得超过容积的80%,以免洒出伤人。选项B错误,砂处理、清理等工段宜用轻质材料或实体墙等设施与其他部分隔开。选项C错误,铸件冷却到一定温度后,将其从砂型中取出,并从铸件内腔中清除芯砂和芯骨的过程称为落砂。有时为提高生产率,过早取出铸件,因其尚未完全凝固而易导致烫伤事故。故选D。

9. **B** [解析] 本题考查的是铸造作业安全技术措施。选项A错误,造型、制芯工段在集中采暖地区应布置在非采暖季节最小频率风向的下风侧,在非集中采暖地区应位于全年最小频率风向的下风侧。选项C错误,混砂不宜采用扬尘大的爬式翻斗加料机和外置式定量器,宜采用带称量装置的密闭混砂机。选项D错误,冲天炉熔炼不宜加入萤石。故选B。

二、多项选择题

1. **ACD** [解析] 本题考查的是铸造作业安全技术措施。选项A正确,凡产生粉尘污染的定型铸造设备(如混砂机、筛砂机、带式输送机等),制造厂应配置密闭罩。选项B错误,砂处理、清理等工段宜用轻质材料或实体墙等设施与其他部分隔开;大型铸造车间的砂处理、清理工段可布置在单独的厂房内。选项C正确,造型、落砂、清砂、打磨、切割、焊补等工序宜固定作业工位或场地,以方便采取防尘措施。铸造作业在工艺可能的条件下,宜采用湿法作业。如冲天炉的排烟净化在允许的条件下可以采用喷淋装置进行排烟净化。选项D正确,浇注时,所有与金属溶液接触的工具,如扒渣棒、火钳等均需预热,防止与冷工具接触产生飞溅。选项E错误,铸件浇注完毕后冷却到一定温度,再将其从砂型中取出,若过早取出铸件,因其尚未完全凝固而易导致烫伤事故。故选ACD。

2. **ADE** [解析] 本题考查的是铸造作业安全技术措施。选项AD正确,浇注作业一般包括烘包、浇注和冷却三个工序。浇注前检查浇包是否符合要求,升降机构、倾转机构、自锁机构及抬架是否完好、灵活、可靠。选项C错误,浇包盛铁液不得太满,不得超过容积的80%,以免洒出伤人。选项B错误,选项E正确,浇注时,所有与金属溶液接触的工具,如扒渣棒、火钳等均需预热,防止与冷工具接触产生飞溅。故选ADE。

3. ADE　[解析]本题考查的是铸造作业安全技术措施。选项B错误,铸造车间应安排在高温车间、动力车间的建筑群内,建在厂区其他不释放有害物质的生产建筑的下风侧。选项C错误,电弧炉的烟气净化设备宜采用干式高效除尘器。故选ADE。

4. DE　[解析]本题考查的是铸造作业安全技术措施。选项A错误,造型、制芯工段在非集中采暖地区应位于全年最小频率风向的下风侧。选项B错误,浇注作业一般包括烘包、浇注和冷却三个工序,与高温金属溶液接触的火钳,接触溶液前应进行预热(预热和干燥是不一样的工序)。选项C错误,落砂清理作业中,若过早取出铸件,因其尚未完全凝固而易导致烫伤事故。故选DE。

专题6 锻造安全技术

一、单项选择题

1. A　[解析]本题考查的是锻造的特点。锻造作业的加热炉和灼热的钢锭、毛坯及锻件,不断发散出大量的辐射热(锻件在锻压终了时,仍然具有相当高的温度),工人经常受到热辐射的侵害。故选A。

2. C　[解析]本题考查的是锻造安全技术措施。安全阀的重锤必须封在带锁的锤盒内。故选C。

3. C　[解析]本题考查的是锻造的危险有害因素。在锻造生产中易发生的伤害事故,按其原因可分为三种:①机械伤害。如锻锤锤头击伤;打飞锻件伤人;辅助工具打飞击伤;模具、冲头损坏伤人;原料、锻件等在运输过程中造成的砸伤;操作杆打伤、锤杆断裂击伤等。②火灾爆炸。高温锻件遇到易燃易爆物品引起火灾和爆炸。③灼烫。操作者接触高温锻件等,被烫伤。故选C。

4. C　[解析]本题考查的是锻造安全技术措施。高压蒸汽管道上必须装有安全阀和凝结罐,以消除水击现象,降低突然升高的压力;蓄力器通往水压机的主管上必须装有当水耗量突然增高时能自动关闭水管的装置;任何类型的蓄力器都应有安全阀,安全阀的重锤必须封在带锁的锤盒内。设备上使用的模具都必须严格按照图样上提出的材料和热

处理要求进行制造,紧固模具的斜楔应经退火处理,锻锤端部只允许局部淬火,端部一旦卷曲,则应停止使用或修复后再使用。故选C。

5. A　[解析]本题考查的是锻造安全技术措施。较大型的空气锤或蒸汽-空气自由锤一般是用手柄操纵的,应该设置简易的操作室或屏蔽装置。故选A。

6. C　[解析]本题考查的是锻造安全技术措施。锻压机械的启动装置必须能对设备进行迅速开关。故选C。

二、多项选择题

1. ADE　[解析]本题考查的是锻造安全技术措施。选项B错误,任何类型的蓄力器都应有安全阀。安全阀的重锤必须封在带锁的锤盒内。选项C错误,蓄力器通往水压机的主管上必须装有当水耗量突然增高时能自动关闭水管的装置。停车按钮为红色,其位置比启动按钮高10～12mm。故选ADE。

2. ABCD　[解析]本题考查的是锻造安全技术措施。防护罩需用铰链安装在锻压设备的不动部件上。故选ABCD。

专题7 安全人机工程

一、单项选择题

1. C　[解析]本题考查的是机器的特性。对于信息的交流与输出,机器与人之间的信息交流只能通过特定的方式进行,能够输出极大的和极小的功率,但在做精细的调整方面,机械多数情况下不如人手,难做精细的调整;一些专用机械的用途不能改变,只能按程序运转,不能随机应变。故选C。

2. D　[解析]本题考查的是人机系统和人机作业环境。照明条件与作业疲劳有一定的联系。故选D。

3. D　[解析]本题考查的是机器的特性。机器在持续性、可靠性和适应性方面有以下特点:可连续、稳定、长期地运转,但是也需要适当地进行维修和保养;机器可进行单调的重复性作业而不会疲劳和厌烦;可靠性与成本有关,设计合理的机器对设定的作业有很高的可靠性,但对意外事件则无能为力;机器的特性固定不变,不易出错,但是一旦出错则不易修正。故选D。

4. C　[解析]本题考查的是人机系统和人机作业环境。在人工操作系统、半自动化系统中,人在系统中主要充当生产过程的操作者与控制者。其系统的安全性主要取决于人机功能分配的合理性、机器

的本质安全性及人为失误状况。在自动化系统中，人只是一个监视者和管理者，监视自动化机器的工作。只有在自动控制系统出现差错时，人才进行干预，采取相应的措施。该系统的安全性主要取决于机器的本质安全性、机器的冗余系统是否失灵以及人处于低负荷时的应急反应变差等情形。故选C。

5. A [解析] 本题考查的是人与机器特性的比较。根据人机特性的比较，为了充分发挥各自的优点，人机功能合理分配的原则应是：笨重的、快速的、持久的、可靠性高的、精度高的、规律性的、单调的、高价运算的、操作复杂的、环境条件差的工作，适合由机器来做；研究、创造、决策、指令和程序的编排、检查、维修、故障处理及应付不测等工作，适合由人来承担。故选A。

6. B [解析] 本题考查的是机器的特性。对于信息处理，机器若按预先编程，可快速、准确地进行工作；记忆正确并能长时间储存，调出速度快；能连续进行超精密的重复操作和按程序的大量常规操作，可靠性较高；对处理液体、气体和粉状体等比人优越，但处理柔软物体不如人；能够正确地进行计算，但难以修正错误；图形识别能力弱；能进行多通道的复杂动作。故选B。

7. A [解析] 本题考查的是人与机器特性的比较。人能够运用多种通道接收信息，当一种信息通道发生障碍时可运用其他的通道进行补偿，而机器只能按设计的固定结构和方法输入信息。故选A。

8. D [解析] 本题考查的是机器的特性。机器设备一次性投资可能过高，但是在寿命期限内的运行成本较人工成本要低。故选D。

9. C [解析] 本题考查的是人机系统和人机作业环境。颜色设计具体应遵循的原则包括面对作业人员的墙壁，避免采用强烈的颜色对比；避免过多地使用黑色、暗色或深色；避免有光泽的或具有反射性的涂料(包括地板在内)；避免过度使用反射性强的颜色如白色；控制台或工作台应为低颜色对比；避免环境中有高饱和色等。故选C。

10. D [解析] 本题考查的是人机系统和人机作业环境。在人工操作系统、半自动化的人机系统中，人始终起着核心和主导作用，机器起着安全可靠的保障作用。在自动化系统中，则以机为主体，机器的正常运转完全依赖于闭环系统的机器自身的控制。故选D。

11. D [解析] 本题考查的是人机系统和人机作业环境。在全自动化控制的人机系统中，系统的主体是机器，机器的正常运行主要依赖于机器自身的控制，人只是生产过程的监视者与管理者，对自动化机器的工作进行监视。故选D。

12. C [解析] 本题考查的是人的特性。劳动效果不佳、劳动内容单调、劳动环境缺乏安全感、劳动技能不熟练等原因会诱发心理疲劳。故选C。

13. C [解析] 本题考查的是人的特性。大多数影响因素都会带来生理疲劳，但是肌体疲劳与主观疲劳感未必同时发生，有时肌体尚未进入疲劳状态，却出现了心理疲劳。如劳动效果不佳、劳动内容单调、劳动环境缺乏安全感、劳动技能不熟练等原因会诱发心理疲劳。故选C。

14. B [解析] 本题考查的是人机系统和人机作业环境。对引起眼睛疲劳而言，蓝、紫色最甚，红、橙色次之，黄绿、绿、绿蓝等色调不易引起视觉疲劳且认读速度快、准确度高。色彩对人体其他系统的机能和生理过程也有一定的影响。红色色调会使人的各种器官机能兴奋和不稳定，有促使血压升高及脉搏加快的作用；而蓝色、绿色等色调则会抑制各种器官的兴奋并使机能稳定，可起到一定的降低血压及减缓脉搏的作用。故选B。

15. B [解析] 本题考查的是人机系统和人机作业环境。$R_S = R_H R_M = [1-(1-R_1)(1-R_2)]R_M = [1-(1-0.8)(1-0.7)]\times 0.9 = 0.8460$。故选B。

16. B [解析] 本题考查的是机械的特性。选项A错误，设计合理的机器对设定的作业有很高的可靠性，但对意外事件无能为力。选项C错误，在学习与归纳能力方面，机器的学习能力较差，灵活性也较差，只能理解特定的事物。选项D错误，机器可快速、准确地进行工作；对处理液体、气体和粉状体等比人优越，但处理柔软物体不如人。故选B。

17. A [解析] 本题考查的是人机系统和人机作业环境。$R = [1-(1-0.8)\times(1-0.9)]\times 0.95 = 0.9310$。故选A。

二、多项选择题

1. CE [解析] 本题考查的是人的特性。选项CE属于作业者本身的因素。故选CE。

2. BCDE [解析] 本题考查的是人机系统和人机作业环境。选项B错误，人工操作系统、半自动化系统，人机共体，或机为主体，人在系统中主要充当生产过程的操作者与控制者；系统的安全性主要取决于

171

人机功能分配的合理性、机器的本质安全性及人为失误状况。选项 C 错误,自动化系统以机为主体,机器的正常运转完全依赖于闭环系统的机器自身的控制,人只是一个监视者和管理者;系统的安全性主要取决于机器的本质安全性、机器的冗余系统是否失灵以及人处于低负荷时的应急反应变差等情形。选项 D 错误,人机系统按有无反馈控制可分为闭环人机系统和开环人机系统两类,其中闭环人机系统也称为反馈控制人机系统。选项 E 错误,闭环人机系统其特点是系统中有反馈回路,系统的输出直接作用于系统的控制。故选 BCDE。

3. BDE [解析] 本题考查的是人的特性。常见职业体力劳动强度分级的描述见下表。

体力劳动强度分级	职业描述
Ⅰ(轻劳动)	坐姿:手工作业或腿的轻度活动(正常情况下,如打字、缝纫、脚踏开关等)
	立姿:操作仪器,控制、查看设备,上臂用力为主的装配工作
Ⅱ(中等劳动)	手和臂持续动作(如锯木头等);臂和腿的工作(如卡车、拖拉机或建筑设备等运输操作);臂和躯干的工作(如锻造、风动工具操作、粉刷、间断搬运中等重物、除草、锄田、摘水果和蔬菜等)
Ⅲ(重劳动)	臂和躯干负荷工作(如搬重物、铲、锤锻、锯刨或凿硬木、割草、挖掘等)

(续)

体力劳动强度分级	职业描述
Ⅳ(极重劳动)	大强度的挖掘、搬运,快到极限节律的极强活动

由上表可知,选项 A 错误,控制、查看设备属于Ⅰ级轻劳动强度。选项 C 错误,间断搬运中等重物属于Ⅱ级中等劳动强度。故选 BDE。

4. AE [解析] 本题考查的是人与机器特性的比较。选项 B 错误,机器能在恶劣的环境条件下工作,如高压、低压、高温、低温、振动等条件下都可以很好地工作。选项 C 错误,人能长期大量储存信息并能综合利用记忆的信息进行分析和判断。选项 D 错误,机器能同时完成多种操作,且可保持较高的效率和准确度。人一般只能同时完成 1~2 项操作,而且两项操作容易相互干扰,难以持久地进行。故选 AE。

5. AC [解析] 本题考查的是人机系统和人机作业环境。色彩对人们的生理和心理均会产生一定程度的影响,色彩的生理作用主要表现在对视觉疲劳的影响。对引起眼睛疲劳而言,蓝、紫色最甚,红、橙色次之,黄绿、绿、绿蓝等色调不易引起视觉疲劳且认读速度快、准确度高。故选 AC。

6. BDE [解析] 本题考查的是人与机器特性的比较。选项 A 错误,人能够运用多种通道接收信息,当一种信息通道发生障碍时可运用其他的通道进行补偿,而机器只能按设计的固定结构和方法输入信息。选项 C 错误,机器处理液体、气体和粉状体等比人优越,但处理柔软物体不如人;能够正确进行计算,但难以修正错误;图形识别能力弱;能进行多通道的复杂动作。故选 BDE。

第2章 电气安全技术

真题必刷

考点 1 电伤害分类

1. C [解析] 本题考查的是电伤害分类。选项 A 错误,小电流对人体的作用主要表现为生物学效应,给人以不同程度的刺激,使人体组织发生变异。选项 B 错误,数十至数百毫安的小电流通过人体短时间使人致命的最危险的原因是引起心室纤维性颤动。选项 D 错误,身体健康、肌肉发达者摆脱电流较大。患有心脏病、中枢神经系统疾病、肺病的人电击后的危险性较大。精神状态和心理因素对电击后果也有影响。故选 C。

2. B [解析] 本题考查的是电伤害分类。选项 A 错误,当热元件温度达到设定值时迅速动作,并通过控制触头使控制电路断开,从而使接触器失电,断开主电路,实现过载保护。选项 B 正确、选项 D 错误,由于易熔元件的热容量小,动作很快,熔断器可用作短路保护元件;在有冲击电流出现的线路上,熔断器不可用作过载保护元件。选项 C 错误,热继电器的热容量较大,动作延时也较大,只宜用于过载保护,不能用于短路保护。故选 B。

3. D [解析]本题考查的是电伤害分类。按照人体触及带电体的方式和电流流过人体的途径,电击可分为单线电击、两线电击和跨步电压电击。按照电流转换成作用于人体的能量的不同形式,电伤分为电弧烧伤、电流灼伤、皮肤金属化、电烙印、电气机械性伤害、电光眼等伤害。故选D。

4. A [解析]本题考查的是电伤害分类。间接接触电击是触及正常状态下不带电,而在故障状态下意外带电的带电体时(如触及漏电设备的外壳)发生的电击,也称为故障状态下的电击。直接接触电击是触及正常状态下带电的带电体时(如误触接线端子)发生的电击,也称为正常状态下的电击。描述中"带电更换""清扫配电柜""导线的裸露部分"属于原本状态下就带电,此时发生电击属于直接接触电击。故选A。

5. D [解析]本题考查的是电伤害分类。间接接触电击是触及正常状态下不带电,而在故障状态下意外带电的带电体时(如触及漏电设备的外壳)发生的电击,也称为故障状态下的电击。接地、接零、等电位联结等属于防止间接接触电击的安全措施。选项D,手持电动工具正常状态不带电,在故障状态下带电,导致触电,属于间接接触触电。故选D。

6. ACD [解析]本题考查的是电伤害分类。电流灼伤是电流通过人体由电能转换成热能造成的伤害。电流越大、通电时间越长、电流途径上的电阻越大,电流灼伤越严重。选项B是导线熔化烫伤手臂,而非电流通过人体造成,不属于电流灼伤。选项E属于机械伤害,不属于电气机械性伤害。故选ACD。

考点2 人体电阻特性

B [解析]本题考查的是人体电阻特性。在干燥条件下,当接触电压100~220V范围内时,人体阻抗大致上在2000~3000Ω。故选B。

考点3 直接接触触电防护

1. B [解析]本题考查的是直接接触触电防护。电击穿也是碰撞电离导致的击穿。电击穿的特点是作用时间短、击穿电压高。故选B。

2. B [解析]本题考查的是直接接触触电防护。TN-S系统可用于有爆炸危险,或火灾危险性较大的场所,如独立附变电站的车间。TN-C-S系统宜用于厂内设有总变电站、厂内低压配电场所及非生产性厂房。TN-C系统可用于无爆炸危险、火灾危险性不大,用电设备较少,用电线路简单且安全条件较好的场所。故选B。

3. D [解析]本题考查的是直接接触触电防护。选项A正确,架空线路的间距须考虑气温、风力、覆冰及环境条件的影响。选项B正确,架空线路应与有爆炸危险的厂房和有火灾危险的厂房保持必需的防火间距。选项C正确,架空线路与绿化区或公园树木的距离不得小于3m。选项D错误,架空线路应避免跨越建筑物,架空线路不应跨越可燃材料屋顶的建筑物。架空线路必须跨越建筑物时,应与有关部门协商并取得该部门的同意。故选D。

4. B [解析]本题考查的是直接接触触电防护。重复接地作用:①减轻零线断开或接触不良时电击的危险性。②降低漏电设备的对地电压。③改善架空线路的防雷性能。④缩短漏电故障持续时间。故选B。

5. B [解析]本题考查的是直接接触触电防护。绝缘材料的介电常数是表明绝缘极化特征的性能参数。介电常数越大,极化过程越慢。绝缘材料的耐弧性能是指接触电弧时表面抗炭化的能力。无机绝缘材料的耐弧性能优于有机绝缘材料的耐弧性能。绝缘电阻相当于漏导电流遇到的电阻,是直流电阻。绝缘材料的阻燃性能用氧指数表示。氧指数是在规定的条件下,材料在氧、氮混合气体中恰好能保持燃烧状态所需要的最低氧浓度。材料种类与氧指数关系见下表。故选B。

可燃性材料	自熄性材料	阻燃性材料
氧指数≤21%	21%<氧指数≤27%	氧指数>27%

6. D [解析]本题考查的是直接接触触电防护。屏护装置须符合以下条件:①遮栏高度不应小于1.7m,下部边缘离地面高度不应大于0.1m。户内栅栏高度不应小于1.2m;户外栅栏高度不应小于1.5m。②对于低压设备,遮栏与裸导体的距离不应小于0.8m,栏条间距离不应大于0.2m;网眼遮栏与裸导体之间的距离不宜小于0.15m。③凡用金属材料制成的屏护装置,为了防止屏护装置意外带电造成触电事故,必须接地(或接零)。④遮栏、栅栏等屏护装置上应根据被屏护对象,挂上"止步!高压危险!""禁止攀登!"等标示牌。⑤遮栏出入口的门上应根据需要安装信号装置和联锁装置。故选D。

7. ABC [解析]本题考查的是直接接触触电防护。选项D错误,热击穿的特点是电压作用时间较长,而击穿电压较低。选项E错误,电化学击穿的特点是电压作用时间很长,击穿电压往往很低。故选ABC。

考点4　间接接触电防护——电气隔离和接地装置

1. B　[解析] 本题考查的是间接接触电防护——电气隔离和接地装置。选项AC无R_E端,属于TN系统。选项D无R_N端是有接地的T系统。故选B。

2. D　[解析] 本题考查的是间接接触电防护——电气隔离和接地装置。交流电气设备应优先利用建筑物的金属结构、生产用的起重机的轨道、配线的钢管等自然导体作保护导体。故选D。

3. C　[解析] 本题考查的是间接接触电防护——电气隔离和接地装置。选项A错误,导线连接处的力学强度不得低于原导线力学强度的80%。选项B错误,绝缘强度不得低于原导线的绝缘强度。选项D错误,接头部位电阻不得大于原导线电阻的1.2倍。故选C。

4. B　[解析] 本题考查的是间接接触电防护——电气隔离和接地装置。TT系统为三相星形连接的低压中性点直接接地的三相四线配电网。故选B。

5. B　[解析] 本题考查的是间接接触电防护——电气隔离和接地装置。选项A错误,埋设在地下的金属管道,除有可燃或爆炸性介质的管道外,均可用作自然接地体。选项C错误,不得利用蛇形管、管道保温层的金属外皮或金属网以及电缆的金属护层作接地线。选项D错误,为了减小自然因素对接地电阻的影响,接地体上端离地面深度不应小于0.6m(农田地带不应小于1m),并应在冰冻层以下。故选B。

6. B　[解析] 本题考查的是间接接触电防护——电气隔离和接地装置。接地线与建筑物伸缩缝、沉降缝交叉时,应弯成弧状或另加补偿连接件。接地装置地下部分的连接应采用焊接,并应采用搭焊,不得有虚焊。接地线与管道的连接可采用螺纹连接或抱箍螺纹连接,但必须采用镀锌件,以防止锈蚀。在有振动的地方,应采取防松措施。故选B。

7. A　[解析] 本题考查的是间接接触电防护——电气隔离和接地装置。保护导体干线必须与电源中性点和接地体(工作接地、重复接地)相连。保护导体支线应与保护干线相连。为提高可靠性,保护干线应经两条连接线与接地体连接。在低压系统,允许利用不流经可燃液体或气体的金属管道作保护导体。电缆线路应利用其专用保护芯线和金属

包皮作保护零线。故选A。

8. D　[解析] 本题考查的是间接接触电防护——电气隔离和接地装置。选项A错误,安全电压回路的带电部分必须与较高的回路保持电气隔离,并不得与大地、保护接零(地)线或其他电气回路连接。选项B错误,安全电压设备的插座不得带有接零或接地插头或插孔。选项C错误、选项D正确,安全隔离变压器的一次边和二次边均应装设短路保护元件。通常采用安全隔离变压器作为特低电压的电源。故选D。

9. C　[解析] 本题考查的是间接接触电防护——电气隔离和接地装置。选项A错误,导线连接处的力学强度不得低于原导线的绝缘强度的80%。选项B错误,电力线路的过电流保护包括短路保护和过载保护。选项D错误,接头部位电阻不得大于原导线电阻的1.2倍。故选C。

10. B　[解析] 本题考查的是间接接触电防护——电气隔离和接地装置。选项A错误,自然接地体至少应有两根导体在不同地点与接地网相连(线路杆塔除外)。选项CD错误,为了减小自然因素对接地电阻的影响,接地体上端离地面深度不应小于0.6m(农田地带不应小于1m),并应在冰冻层以下。故选B。

考点5　兼防触电防护——漏电保护和特低电压

1. B　[解析] 本题考查的是兼防触电防护——漏电保护和特低电压。选项A错误,为了保持不导电特征,场所内不得有保护零线或保护地线。选项B正确,不导电环境应有防止场所内高电位引出场所范围外和场所外低电位引入场所范围内的措施。选项C错误,电压500V及以下者,地板和墙每一点的电阻不应低于50kΩ;电压500V以上者不应低于100kΩ。选项D错误,不导电环境具有永久性特征,为此,场所不会因受潮而失去不导电性能,不会因引进其他设备而降低安全水平。故选B。

2. D　[解析] 本题考查的是兼防触电防护——漏电保护和特低电压。安全电压是在一定条件下、一定时间内不危及生命安全的电压。根据欧姆定律,可以把加在人身上的电压限制在某一范围之内,使得在这种电压下,通过人体的电流不超过特定的允许范围。这一电压就称为安全电压,也称为特低电压。安全电压属于既能防止间接接触电击也能防止直接接触电击的安全技术措施。依靠安全电压供电的设备属于Ⅲ类设备。故选D。

3. B　[解析]本题考查的是兼防触电防护——漏电保护和特低电压。必须安装漏电保护装置的场所：属于Ⅰ类的移动式电气设备及手持式电动工具；生产用的电气设备；施工工地的电气设备；安装在户外的电气装置；临时用电的电气设备；机关、学校、宾馆、饭店、企事业单位和住宅等除壁挂式空调电源插座外的其他电源插座或插座回路；游泳池、喷水池、浴池的电气设备；安装在水中的供电线路和设备；医院中可能直接接触人体的电气医用设备等均必须安装漏电保护装置。故选B。

4. ABCD　[解析]本题考查的是兼防触电防护——漏电保护和特低电压。30mA及30mA以下的属高灵敏度，主要用于防止触电事故；30mA以上、1000mA及1000mA以下的属中灵敏度，用于防止触电事故和漏电火灾；1000mA以上的属低灵敏度，用于防止漏电火灾和监视单相接地故障。对于公共场所的通道照明电源和应急照明电源、消防用电梯及确保公共场所安全的电气设备、用于消防设备的电源（如火灾报警装置、消防水泵、消防通道照明等）、用于防盗报警的电源，以及其他不允许突然停电的场所或电气装置的电源，漏电时立即切断电源将会造成其他事故或重大经济损失。在这些情况下，应装设不切断电源的报警式漏电保护装置。故选ABCD。

考点6　危险物质分类

1. C　[解析]本题考查的是危险物质分类。20区包括粉尘容器、旋风除尘器、搅拌器等设备内部的区域。21区包括频繁打开的粉尘容器出口附近、传送带附近等设备外部邻近区域。22区包括粉尘袋、取样点等周围区域。故选C。

2. DE　[解析]本题考查的是危险物质分类。选项A错误，局部机械通风在降低爆炸性气体混合物浓度方面比自然通风和一般机械通风更为有效时，可采用局部机械通风降低爆炸危险区域等级。选项B错误，存在连续级释放源的区域可划为0区。选项C错误，存在第一级释放源的区域可划为1区。选项D正确，在障碍物、凹坑和死角处，应局部提高爆炸危险区域等级。选项E正确，如通风良好，应降低爆炸危险区域等级；如通风不良，应提高爆炸危险区域等级。故选DE。

考点7　点火源分类

1. C　[解析]本题考查的是点火源分类。铁芯过热是指电动机、变压器、接触器等带有铁芯的电气设备，如铁芯短路，或线圈电压过高，或通电后铁芯不能吸合，由于涡流损耗和磁滞损耗增加造成铁芯过热并产生危险温度。散热不良是指电气设备的散热或通风措施遭到破坏，如散热油管堵塞、通风道堵塞、安装位置不当、环境温度过高或距离外界热源太近，导致电气设备和线路产生危险温度。机械故障是指电动机被卡死或轴承损坏、缺油，造成堵转或负载转矩过大，产生危险温度。故选C。

2. A　[解析]本题考查的是点火源分类。工作火花是指电气设备正常工作或正常操作过程中产生的电火花。例如，控制开关、断路器、接触器接通和断开线路时产生的火花；插销拔出或插入时产生的火花；直流电动机的电刷与换向器的滑动接触处、绕线式异步电动机的电刷与滑环的滑动接触处产生的火花等。事故火花是线路或设备发生故障时出现的火花。例如，电路发生短路或接地时产生的火花；熔丝熔断时产生的火花；连接点松动或线路断开时产生的火花；变压器、断路器等高压电气设备由于绝缘质量降低发生的闪络等。事故火花还包括由外部原因产生的火花，如雷电火花、静电火花和电磁感应火花。故选A。

3. A　[解析]本题考查的是点火源分类。对于恒定电阻的负载，电压过高，会使电流增大，发热增加，可能导致危险温度；对于恒定功率负载，电压过低，会使电流增大，发热增加，可能导致危险温度。故选A。

4. C　[解析]本题考查的是点火源分类。电火花分为工作火花和事故火花。①工作电火花：控制开关、断路器、接触器接通和断开线路时产生的火花；插销拔出或插入时产生的火花；直流电动机的电刷与换向器的滑动接触处、绕线式异步电动机的电刷与滑环的滑动接触处产生的火花等。②事故电火花：电路发生短路或接地时产生的火花；熔丝熔断时产生的火花；连接点松动或线路断开时产生的火花；变压器、断路器等高压电气设备由于绝缘质量降低发生的闪络等；雷电火花、静电火花和电磁感应火花。故选C。

5. ABCE　[解析]本题考查的是点火源分类。选项D错误，良好的通风标志是混合物中危险物质的浓度被稀释到爆炸下限的1/4以下。局部机械通风在降低爆炸性气体混合物浓度方面比自然通风和一般机械通风更为有效时，可采用局部机械通风降低爆炸危险区域等级。故选ABCE。

考点8 雷电与静电

1. D [解析] 本题考查的是雷电与静电。选项A错误,静电能量虽然不大,但因其电压很高而容易发生放电。选项B错误、选项D正确,生产过程中产生的静电,可能妨碍生产或降低产品质量。例如,在电子技术领域,生产过程中产生的静电可能引起计算机等设备中电子元件误动作,可能对无线电设备产生干扰,还可能击穿集成电路的绝缘等。选项C错误,静电电击是静电放电造成的瞬间冲击性的电击。由于生产工艺过程中积累的静电能量不大,静电电击不会使人致命。故选D。

2. C [解析] 本题考查的是雷电与静电。球雷侵入棉花仓库造成火灾烧毁库里所有电器属于雷电流导致的火灾和爆炸危害。故选C。

3. B [解析] 本题考查的是雷电与静电。国家级重点文物保护建筑物是第二类防雷建筑物。故选B。

4. C [解析] 本题考查的是雷电与静电。为了有利于静电的泄漏,可采用导电性工具;非导电性工具不能将静电导走。接地的主要作用是消除导体上的静电,但不能从根本上消除感应静电。增湿的方法不宜用于消除高温绝缘体上的静电。静电消除器主要用来消除非导体上的静电。故选C。

5. C [解析] 本题考查的是雷电与静电。塑料桶盛装汽油,汽油与塑料桶发生冲击、冲刷和飞溅会产生和积累静电,在加油时发生静电放电,产生火花,形成点火源,发生燃爆。故选C。

6. ACD [解析] 本题考查的是雷电与静电。选项B错误,对于感应静电,接地只能消除部分危险。选项E错误,静电消除器主要用来消除非导体上的静电。故选ACD。

7. ABE [解析] 本题考查的是雷电与静电。选项C错误,带静电的人体接近接地导体或其他导体时,以及接地的人体接近带电的物体时,均可能发生火花放电,导致爆炸或火灾。选项D错误,静电电击是静电放电造成的瞬间冲击性的电击。由于生产工艺过程中积累的静电能量不大,静电电击不会使人致命。但是,不能排除由静电电击导致严重后果的可能性。例如,人体可能因静电电击而坠落或摔倒,造成二次事故。静电电击还可能引起工作人员紧张而妨碍工作等。故选ABE。

8. ABC [解析] 本题考查的是雷电与静电。选项D错误,国家级的会堂、办公楼、档案馆、大型展览馆、大型机场航站楼、大型火车站、大型港口客运站、大型旅游建筑、国宾馆、大型城市的重要动力设施是第二类防雷建筑物。选项E错误,具有2区、22区爆炸危险场所的建筑物是第二类防雷建筑物。故选ABC。

9. BDE [解析] 本题考查的是雷电与静电。静电危害包括:①爆炸和火灾。静电能量虽然不大,但因其电压很高而容易发生放电。带静电的人体接近接地导体或其他导体时,以及接地的人体接近带电的物体时,均可能发生火花放电,导致爆炸或火灾。②静电电击。静电电击是静电放电造成的瞬间冲击性的电击。由于生产工艺过程中积累的静电能量不大,静电电击不会使人致命。但是,不能排除由静电电击导致严重后果的可能性。③妨碍生产。生产过程中产生的静电,可能妨碍生产或降低产品质量。故选BDE。

考点9 电气装置安全技术

1. B [解析] 本题考查的是电气装置安全技术。选项A错误,热继电器的热容量较大,动作延时也较大,只宜用于过载保护,不能用于短路保护。选项B正确,热继电器的核心元件是热元件,利用电流的热效应实施保护作用。当热元件温度达到设定值时迅速动作,并通过控制触头来控制电路断开,从而使接触器失电,断开主电路,实现过载保护。选项C错误,熔断器是将易熔元件串联在线路上,遇到短路电流时迅速熔断来实施保护的保护电器。选项D错误,由于易熔元件的热容量小,动作很快,熔断器可用作短路保护元件;在有冲击电流出现的线路上,熔断器不可用作过载保护元件。故选B。

2. A [解析] 本题考查的是电气装置安全技术。选项A错误,隔离开关不具备操作负荷电流的能力。切断电路时必须先拉开断路器,后拉开隔离开关;接通电路时必须先合上隔离开关,后合上断路器。选项B正确,高压断路器必须与高压隔离开关或隔离插头串联使用,由断路器接通和分断电流,隔离开关或隔离插头隔断电源。选项C正确,高压负荷开关必须串联有高压熔断器,由熔断器切断短路电流,负荷开关只用来操作负荷电流。选项D正确,正常情况下,跌开式熔断器只用来操作空载线路或空载变压器。故选A。

3. CE [解析] 本题考查的是电气装置安全技术。选项A错误,移动式电气设备的保护线不应单独敷设,而应当与电源线有同样的防护措施,即采用带有保护芯线的橡胶套软线作为电源线。选项 B 错误,在锅炉内、金属容器内、管道内等狭窄的特别危险场所,应使用Ⅲ类设备。选项 C 正确,Ⅱ类、Ⅲ类设备没有保护接地或保护接零的要求,Ⅰ类设备必须采取保护接地或保护接零措施。选项 D 错误,鉴于不接地配电网中单相触电的危险性小于接地配电网中单相触电的危险性,在接地配电网中,可以装设一台隔离变压器,并由该隔离变压器给设备供电。选项 E 正确,单相设备的相线和中性线上都应该装有熔断器,并装有双极开关。故选 CE。

专题必刷

专题 1 电气事故及危害

一、单项选择题

1. A [解析] 本题考查的是触电事故要素。直接接触电击和间接接触电击的区别:直接接触电击是设备本身就带电,由此引发的电击事故,而间接接触电击是设备本来不带电,但是由于某种原因带了电引发的电击事故。电钻漏电是设备的故障而非人的原因导致的跳闸,所以是间接接触电击跳闸。故选 A。

2. C [解析] 本题考查的是触电事故要素。跨步电压电击是人体进入地面带电的区域时,两脚之间承受跨步电压造成的电击。故障接地点附近(特别是高压故障接地点附近),有大电流流过的接地装置附近,防雷接地装置附近以及可能落雷的高大树木或高大设施所在的地面均可能发生跨步电压电击。故选 C。

3. B [解析] 本题考查的是触电事故要素。选项 A 错误,小电流对人体的作用主要表现为生物学效应,给人以不同程度的刺激,使人体组织发生变异。选项 B 正确,电流对机体除直接起作用外,还可能通过中枢神经系统起作用。因此,当人体触及带电体时,一些没有电流通过的部位也会发生强烈反应,甚至重要器官的正常工作会受到影响。选项 C 错误,数十至数百毫安的小电流通过人体短时间使人致命的最危险的原因是引起心室纤维性颤动。呼吸麻痹和中止、电休克虽然也可能导致死亡,但其危险性比引起心室纤维性颤动的危险性小得多。选项 D 错误,发生心室纤维性颤动时,心脏每分钟颤动 1000 次以上,但幅值很小,而且没有规则,血液实际中止循环,如抢救不及时,数秒钟至数分钟将由诊断性死亡转为生物性死亡。故选 B。

4. A [解析] 本题考查的是触电事故要素。选项 B 错误,两线电击应是人体在不接地状态下,某 2 个部位同时触及不同电位的 2 个导体时由接触造成的电击。选项 C 错误,跨步电压电击是人体进入地面带电的区域时,两脚之间承受跨步电压造成的电击。选项 D 错误,单线电击是发生最多的触电事故。故选 A。

5. D [解析] 本题考查的是触电事故要素。接触面积增大、接触压力增大、温度升高时,人体阻抗也会降低。故选 D。

6. B [解析] 本题考查的是触电事故要素。电流灼伤是指人体与带电体接触,电流通过人体时,因电能转换成的热能引起的伤害。故选 B。

7. C [解析] 本题考查的是触电事故要素。跨步电压电击是人体进入地面带电的区域时,两脚之间承受的跨步电压造成的电击。故障接地点附近(特别是高压故障接地点附近),有大电流流过的接地装置附近,防雷接地装置附近以及可能落雷的高大树木或高大设施所在的地面均可能发生跨步电压电击。故选 C。

8. D [解析] 本题考查的是触电事故要素。直接接触电击是指在电气设备或线路正常运行条件下,人体直接触及了设备或线路的带电部分所形成的电击。故选 D。

9. B [解析] 本题考查的是触电事故要素。电路中,人体与接地电阻并联,并联电路中各支路电压相等。因此先根据欧姆定律计算出施加在人体的电压 $U=5A\times 2\Omega=10V$,再根据电压和电阻计算出通过人体的电流 $I=10V\div 1000\Omega=0.01A=10mA$。正常男子摆脱电流是 9mA,女子摆脱电流是 6mA。摆脱电流是指能自主摆脱带电体的最大电流。故选 B。

10. D [解析] 本题考查的是触电事故要素。选项 A 错误,高压电弧和低压电弧都能造成严重烧伤,高压电弧的烧伤更为严重一些。选项 B 错误,电流灼伤并不是最危险的电伤,电弧烧伤是由弧光放电造成的烧伤,是最危险的电伤。选项 C 错误,电流灼伤是电流通过人体由电能转换成热能造成的伤害。电流越大、通电时间越长、电流途径上的电阻越大,电流灼伤越严重。故选 D。

11. D [解析] 本题考查的是触电事故要素。因线路放电导致甲触电受伤,为电弧烧伤。电弧烧伤是由弧光放电造成的烧伤,可造成大面积、大深度的烧伤。同时,熔化的炽热金属飞溅出来还会造成烫伤。故选 D。

177

12. B [解析] 本题考查的是触电事故要素。对于高压与低压电的界定额定值为1000V。本题中电压超过1kV，为高压电触电。工人通过瞭望塔与高压电线触碰，高压电线属于正常带电体，故为直接接触触电。直接接触触电与间接接触触电的区分在于接触到物体的状态，此物体是否正常带电，与是否有工具无关。故选B。

二、多项选择题

1. ACE [解析] 本题考查的是触电事故要素。高压电线断裂、电风扇漏电，都是处于故障导致的漏电状态，不是正常带电体，故为间接接触触击。故选ACE。

2. ADE [解析] 本题考查的是触电事故要素。电击是电流通过人体，刺激机体组织，使肌体产生针刺感、压迫感、打击感、痉挛、疼痛、血压异常、昏迷、心律不齐、心室颤动等造成伤害的形式。当电流作用于心脏或管理心脏和呼吸机能的脑神经中枢时，能破坏心脏等重要器官的正常工作。电流对人体的伤害程度是与通过人体电流的大小、种类、持续时间、通过途径及人体状况等多种因素有关。电伤是电流的热效应、化学效应、机械效应等对人体所造成的伤害。伤害多见于机体的外部，往往在机体表面留下伤痕。能够形成电伤的电流通常比较大。电伤的危险程度决定于受伤面积、受伤深度、受伤部位等。选项B和选项C是电伤的特征。故选ADE。

3. ABE [解析] 本题考查的是触电事故要素。接地、接零、等电位联结等属于防止间接接触触击的安全措施。故选ABE。

4. ADE [解析] 本题考查的是触电事故要素。直接接触触击预防技术：①绝缘；②屏护；③间距。安全电压是兼防直接和间接触电的方法。双重绝缘属于防止间接接触触击的安全技术措施。故选ADE。

5. CDE [解析] 本题考查的是触电事故要素。选项A错误，吴某在检修时发生了相间短路，产生的弧光放电时，熔化了的炽热金属飞溅出来造成的烫伤属于电弧烧伤。选项B错误，赵某在检修时手部误触裸导线，手部与导线接触的部位留下的永久性瘢痕属于电烙印。故选CDE。

专题2 触电防护技术

一、单项选择题

1. B [解析] 本题考查的是绝缘、屏护和间距。气体、液体、固体绝缘击穿特性：①气体击穿是碰撞电离导致的电击穿。气体击穿后绝缘性能会很快恢复。②液体绝缘的击穿特性与其纯净度有关，纯净的液体击穿也是由碰撞电离最后导致的电击穿，密度越大越难击穿。液体绝缘击穿后，绝缘性能只能在一定程度上得到恢复。③固体击穿有电击穿、热击穿、电化学击穿等。电击穿作用时间短、击穿电压高；热击穿电压作用时间长，击穿电压较低。固体绝缘击穿后将失去原有性能。故选B。

2. D [解析] 本题考查的是绝缘、屏护和间距。无机绝缘材料的耐弧性能优于有机绝缘材料的耐弧性能。故选D。

3. B [解析] 本题考查的是双重绝缘、安全电压和漏电保护。选项B错误，为保持不导电特征，场所内不得有保护接零或保护接地。故选B。

4. D [解析] 本题考查的是绝缘、屏护和间距。气体、液体、固体绝缘击穿特性：①气体击穿是碰撞电离导致的电击穿，其后绝缘性能会很快恢复。②液体绝缘的击穿特性与其纯净度有关，纯净的液体击穿也是电击穿，密度越大越难击穿，液体绝缘击穿后，绝缘性能只能在一定程度上得到恢复。③固体击穿有电击穿、热击穿、电化学击穿等，电击穿作用时间短、击穿电压高，热击穿电压作用时间长，电压较低。固体绝缘击穿后将失去原有性能。故选D。

5. B [解析] 本题考查的是双重绝缘、安全电压和漏电保护。延时型只能用于动作电流30mA以上的漏电保护装置，其动作时间可选为0.2s、0.8s、1s、1.5s和2s。故选B。

6. B [解析] 本题考查的是绝缘、屏护和间距。遮栏高度不应小于1.7m，下部边缘离地面高度不应大于0.1m。故选B。

7. C [解析] 本题考查的是保护接地和保护接零。在接零系统中，对于配电线路或仅供给固定式电气设备的线路，故障持续时间不宜超过5s；对于供给手持式电动工具、移动式电气设备的线路或插座回路，电压220V者故障持续时间不应超过0.4s，380V者不应超过0.2s。否则，应采取能将故障电压限制在许可范围之内的等电位联结措施。故选C。

8. B [解析] 本题考查的是绝缘、屏护和间距。遮栏高度不应小于1.7m，下部边缘离地面高度不应大于0.1m。户内栅栏高度不应小于1.2m，户外栅栏高度不应小于1.5m。故选B。

9. A [解析] 本题考查的是保护接地和保护接零。

保护接地能够把故障电压限制在安全范围以内,但漏电状态并未消失。保护接地适用于各种不接地配电网,如煤矿井下低压配电网。故选 A。

10. A [解析] 本题考查的是保护接地和保护接零。选项 BC 的对象是 TT 系统。选项 D 错误,TN 系统的原理是通过单相短路促使线路上的短路保护迅速动作。故选 A。

11. B [解析] 本题考查的是保护接地和保护接零。除应用电缆芯线或金属护套作保护线者外,采用单芯绝缘导线作保护零线时,有机械防护的截面面积不得小于 2.5mm²;没有机械防护的截面面积不得小于 4mm²。兼用作中性线、保护零线的 PEN 线铜质的截面面积不得小于 10mm²,铝质的不得小于 16mm²,如为电缆芯线截面面积则不得小于 4mm²。故选 B。

12. A [解析] 本题考查的是保护接地和保护接零。选项 B 错误,TT 系统必须装设漏电保护装置。选项 C 错误,TN 系统将故障部分断开电源,消除电击危险。选项 D 错误,IT 系统能把设备故障电压限制在安全范围内。故选 A。

13. A [解析] 本题考查的是保护接地和保护接零。TN 系统分为 TN-S、T-C-S、TN-C 三种方式。TN-S 系统是保护零线与中性线完全分开的系统;TN-C-S 系统是干线部分的前一段保护零线与中性线共用,后一段保护零线与中性线分开的系统;TN-C 系统是干线部分保护零线与中性线完全共用的系统。故选 A。

14. C [解析] 本题考查的是保护接地和保护接零。选项 A 错误,电气线路宜在有爆炸危险的建(构)筑物的墙外敷设。选项 B 错误,爆炸危险环境应优先采用铜线。选项 D 错误,独立避雷针接地体之间的水平距离不得小于 3m。故选 C。

15. B [解析] 本题考查的是保护接地和保护接零。为了保持保护导体导电的连续性,所有保护导体,包括有保护作用的 PEN 线上均不得安装单极开关和熔断器。故选 B。

16. A [解析] 本题考查的是双重绝缘、安全电压和漏电保护。特别危险环境中使用的手持电动工具应采用 42V 特低电压;有电击危险环境中使用的手持照明灯和局部照明灯应采用 36V 或 24V 特低电压;金属容器内、特别潮湿处等特别危险环境中使用的手持照明灯应采用 12V 特低电压;水下作业等场所应采用 6V 特低电压。故选 A。

17. D [解析] 本题考查的是双重绝缘、安全电压和漏电保护。Ⅱ 类设备的绝缘电阻用 500V 直流电压测试。工作绝缘的绝缘电阻不得低于 2MΩ,保护绝缘的绝缘电阻不得低于 5MΩ,加强绝缘的绝缘电阻不得低于 7MΩ。故选 D。

18. D [解析] 本题考查的是双重绝缘、安全电压和漏电保护。额定剩余动作电流 0.03A 及其以下属于高灵敏度,主要用于防止各种人身事故。0.03A 以上至 1A 属中灵敏度,用于防止触电事故和漏电火灾。1A 以上属于低灵敏度,用于防止漏电火灾和监视单相接地事故。故选 D。

19. C [解析] 本题考查的是保护接地和保护接零。TT 系统能够将故障电压限制在安全范围内但漏电状态并未消失;TN 系统当设备某相带电体碰连设备外壳时,形成该相对保护零线的短路,短路电流促使线路上的短路保护迅速动作,从而将故障部分断开电源,消除电击危险;TT 系统和 TN 系统的供电回路中,均应强制设置漏电保护装置,切断故障回路。故选 C。

20. C [解析] 本题考查的是保护接地和保护接零。选项 A 错误。只有在不接地配电网中,由于单相接地电流较小,才有可能通过保护接地把漏电设备故障对地电压限制在安全范围之内(注意是在"不接地配电网中")。选项 B 错误。在 TT 系统中应装设能自动切断漏电故障的漏电保护装置(剩余电流保护装置)。选项 D 错误。TN 系统在一般情况下,欲将漏电设备对地电压限制在某一安全范围内是困难的。只有在不接地配电网中,由于单相接地电流较小才有可能通过保护接地把漏电设备故障对地电压限制在安全范围之内。故选 C。

21. A [解析] 本题考查的是保护接地和保护接零。保护接地不强制要求设置漏电保护装置,即使设置也应采用报警式漏电保护装置;保护接地适用于不接地配电网,利用设备外壳的低电阻接地将故障电压限定在安全范围之内;保护接地应设置短路保护装置。故选 A。

22. B [解析] 本题考查的是双重绝缘、安全电压和漏电保护。Ⅱ 类设备在其明显部位应有"回"形标志。故选 B。

二、多项选择题

1. ACD [解析] 本题考查的是绝缘、屏护和间距。电气设备的绝缘应符合电压等级、环境条件和使用条件的要求。故选 ACD。

2. DE　[解析]本题考查的是绝缘、屏护和间距。绝缘材料性能和绝缘材料击穿特性：①气体击穿是碰撞电离导致的电击穿，击穿后绝缘性能很快恢复。②液体绝缘的击穿特性与其纯净度有关，纯净的液体击穿也是电击穿，密度越大越难击穿，液体绝缘击穿后，绝缘性能只能在一定程度得到恢复。故选DE。

3. ABDE　[解析]本题考查的是保护接地和保护接零。重复接地的作用：①减轻零线断开或接触不良时电击的危险性；②降低漏电设备的对地电压；③改善架空线路的防雷性能；④缩短漏电故障持续时间。故选ABDE。

4. AC　[解析]本题考查的是绝缘、屏护和间距。材料恰好能保持燃烧状态所需要的最低氧浓度用氧指数表示，故在不考虑材料成本的前提下，绝缘材料的氧指数越高阻燃性能越好；液体绝缘的击穿特性与其纯净程度有关，杂质和电解质越多越容易被击穿；耐弧性能是指接触电弧表面抗碳化的能力，无机绝缘材料的耐弧性能优于有机绝缘材料的耐弧性能。故选AC。

5. AD　[解析]本题考查的是保护接地和保护接零。图2为TN-C-S供电方式，适用于厂内低压配电的场所及非生产性楼房（住宅及公共建筑）；图3为TN-C供电方式，适用于保护零线与中性线完全共用的系统，无爆炸危险、火灾危险性不大、用电设备较少、用电线路简单且安全条件较好的场所。故选AD。

6. BE　[解析]本题考查的是双重绝缘、安全电压和漏电保护。选项B错误，凡属双重绝缘的设备，不得再行接地或接零。选项E错误，位于带电体与不可触及金属件之间，用以保证电气设备工作和防止触电的基本绝缘是工作绝缘。故选BE。

专题3　电气防火防爆技术

一、单项选择题

1. D　[解析]本题考查的是电气引燃源。电气引燃源形成危险温度的典型情况主要有短路、过载、漏电、接触不良、铁芯过热、散热不良、机械故障、电压异常、电热器具和照明灯具、电辐射能量。选项A属于散热不良，选项B属于接触不良，选项C属于电压异常。故选D。

2. D　[解析]本题考查的是电气引燃源。工作火花是指电气设备正常工作或正常操作过程中产生的电火花。例如，控制开关、断路器、接触器接通和断开线路时产生的火花；插销拔出或插入时产生的火花；直流电动机的电刷与换向器的滑动接触处、绕线式异步电动机的电刷与滑环的滑动接触处产生的火花等。故选D。

3. D　[解析]本题考查的是爆炸危险区域。易燃物质重于空气，设在户外地坪上的浮顶式储罐和固定式储罐的分区如下图所示。故选D。

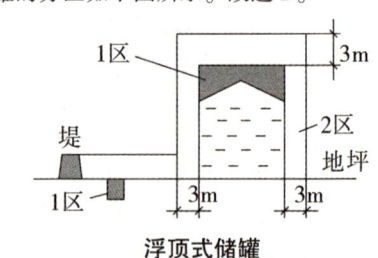

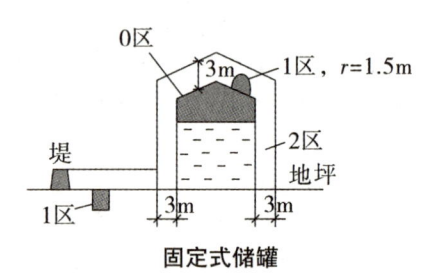

4. B　[解析]本题考查的是爆炸危险区域。存在连续级释放源的区域可划为0区，存在第一级释放源的区域可划为1区，存在第二级释放源的区域可划为2区。故选B。

5. A　[解析]本题考查的是防爆电气设备和防爆电气线路。Ex d ⅡBT3 Gb表示该设备为隔爆型"d"，保护级别（EPL）为Gb，用于ⅡB类T3组爆炸性气体环境的防爆电气设备。故选A。

6. D　[解析]本题考查的是电气引燃源。电气设备通风设施遭到破坏，如散热油管堵塞、通风道堵塞、安装位置不当、环境温度过高或距外界热源太近，均可能导致电气设备和线路产生危险温度。故选D。

7. D　[解析]本题考查的是防爆电气设备和防爆电气线路。按照其铭牌标识，该设备为隔爆型，保护级别Gb，适用于ⅡB类T4组的爆炸性气体环境。故选D。

二、多项选择题

ABDE　[解析]本题考查的是危险物质和爆炸危险环境。选项C所指空间应划分为爆炸性气体环境2区。故选ABDE。

专题 4 雷击和静电防护技术

一、单项选择题

1. B [解析] 本题考查的是雷电防护技术。选项A错误,避雷器的保护原理为正常时处在不通的状态,出现雷击过电压时,击穿放电,切断过电压,发挥保护作用,过电压中止后,迅速恢复不通状态,恢复正常工作。选项C错误,除独立避雷针外,在接地电阻满足要求的前提下,防雷接地装置可以和其他接地装置共用。选项D错误,第一类防雷建筑物防止二次放电的最小距离不得小于3m,第二类防雷建筑物防止二次放电的最小距离不得小于2m,不能满足间距要求时应予以跨接。故选B。

2. D [解析] 本题考查的是雷电防护技术。选项ABC属于第二类防雷建筑物。故选D。

3. B [解析] 本题考查的是雷电防护技术。雷电危害的事故后果主要有火灾和爆炸、电击、设备和设施毁坏、大规模停电,不包括变压器断路。故选B。

4. C [解析] 本题考查的是静电防护技术。环境危险程度的控制包括:①取代易燃介质;②降低爆炸性混合物的浓度;③减少氧化剂含量。故选C。

5. D [解析] 本题考查的是静电防护技术。杂质对静电有很大的影响。静电在很大程度上取决于所含杂质的成分。一般情况下,杂质有增强静电的趋势。故选D。

6. D [解析] 本题考查的是雷电防护技术。选项A错误,具有20区爆炸危险场所的建筑物属于第一类防雷建筑物。选项B错误,乙炔站属于第一类防雷建筑物。选项C错误,露天钢质封闭气罐属于第二类防雷建筑物。故选D。

7. B [解析] 本题考查的是静电防护技术。金属导体应直接接地。故选B。

8. B [解析] 本题考查的是静电防护技术。完全纯净的气体即使高速流动或高速喷出也不会产生静电,所以压缩空气在橡胶软管内高速流动产生静电即使有也不会太多。工作人员在现场走动产生静电的可能性小,且人离反应釜较远。空气压缩机合闸产生静电的可能性小,且离反应釜较远。故选B。

二、多项选择题

1. CE [解析] 本题考查的是静电防护技术。选项A正确,工艺控制是从材料的选用、摩擦速度或流速的限制、静电松弛过程的增强、附加静电的消除等方面采取措施,限制和避免静电的产生和积累。选项B正确,增湿的方法不宜用于消除高温绝缘体上的静电。选项C错误,接地的主要作用是消除导体上的静电。金属导体应直接接地。选项D正确,静电消除器主要用来消除非导体上的静电。尽管不一定能把带电体上的静电完全消除掉,但可消除至安全范围以内。选项E错误,为防止大量带电,相对湿度应在50%以上。故选CE。

2. BCDE [解析] 本题考查的是雷电防护技术。选项A错误,静电产生的电压可高达数十千伏以上,但其产生的能量不大,不能直接致人死亡。故选BCDE。

3. ABC [解析] 本题考查的是静电防护技术。选项D错误,对于吸湿性很强的聚合材料,为了保证降低静电的效果,相对湿度应提高到80%~90%,但是增湿的方法不宜用于消除高温绝缘体上的静电。选项E错误,为了防止静电放电,在液体灌装、循环或搅拌过程中不得进行取样、检测或测温操作。故选ABC。

专题 5 电气装置安全技术

一、单项选择题

1. D [解析] 本题考查的是高压电气设备。选项D错误,在高压电气保护中,高压隔离开关不能带电操作,故断电时,应先断开高压断路器,然后断开高压隔离开关。故选D。

2. C [解析] 本题考查的是电气安全检测仪器。电气安全检测仪器有:兆欧表(设备必须停电;对于有较大电容的设备,测量前应进行充分放电,同时测量结束也应立即放电)、接地电阻测量仪、谐波测试仪、红外测温仪。故选C。

3. C [解析] 本题考查的是低压电气设备。低压配电箱落地安装的箱柜底面应高出底面50~100mm,操作手柄中心高度一般为1.2~1.5m,箱柜前方0.8~1.2m的范围内无障碍物。故选C。

4. C [解析] 本题考查的是电气安全检查仪器。选项A错误,绝缘电阻是兆欧级的电阻,要求在较高的电压下进行测量。选项B错误,测量时应采用绝缘良好的单股线分开连接,以免双股线绝缘不良带来测量误差。选项D错误,测量绝缘电阻应尽可能在设备刚停止运转时进行测量,以使测量结果符合运转时的实际温度。故选C。

5. C [解析] 本题考查的是电气安全检测仪器。使用指针式兆欧表测量过程中,如果指针指向"0"位,表明被测绝缘已经失效,应立即停止转动摇把,防

6. D [解析]本题考查的是低压电气设备。各级防护性见下表。

防护等级	简称
0	无防护
1	防护不小于50mm的固体
2	防护不小于12mm的固体
3	防护不小于2.5mm的固体
4	防护不小于1mm的固体
5	防尘
6	尘密

由上表可知,选项ABC错误。故选D。

7. D [解析]本题考查的是电气线路。工作中应尽可能减少导线的接头,接头过多的导线不宜使用,导线连接必须紧密。原则上导线连接处的力学强度不得低于原导线力学强度的80%。铜导线与铝导线之间连接应尽量采用铜-铝过渡接头。故选D。

8. C [解析]本题考查的是低压电气设备。库房内不应装设碘钨灯、卤钨灯、60W以上的白炽灯等高温灯具。故选C。

9. A [解析]本题考查的是高压电气设备。隔离开关不具备操作负荷电流的能力,切断电路时,必须先拉开断路器,后拉开隔离开关。故选A。

10. C [解析]本题考查的是低压电气设备。5代表防喷水。故选C。

11. B [解析]本题考查的是低压电气设备。库房内不应装设碘钨灯、卤钨灯、60W以上的白炽灯等高温灯具;灯饰所用材料应为难燃型材料;在潮湿或金属构架上等导电性能良好的作业场所,必须使用Ⅱ类或Ⅲ类设备。故选B。

12. C [解析]本题考查的是电气安全检测仪器。使用兆欧表测量绝缘电阻时,被测设备必须停电。对于有较大电容的设备,停电后还须充分放电。测量连接导线不得采用双股绝缘线,而应采用绝缘良好单股线分开连接,以免双股线绝缘不良带来测量误差。故选C。

二、多项选择题

1. BCE [解析]本题考查的是低压电气设备。选项A错误,0类设备外壳既可以由绝缘材料制成,也可以由金属材料制成。选项D错误,Ⅱ类设备具有双重绝缘和加强绝缘的结构,Ⅱ类设备可以有Ⅲ类结构的部件。故选BCE。

2. AB [解析]本题考查的是低压电气设备。选项C错误,移动式电气设备的保护线不应单独敷设,而应当与电源线有同样的防护措施,即采用带有保护芯线的橡胶套软线作为电源线。选项D错误,在锅炉内、金属容器内、管道内等狭窄的特别危险场所,应使用Ⅲ类设备。选项E错误,Ⅲ类设备的安全隔离变压器、Ⅱ类设备的漏电保护装置以及Ⅲ类设备的控制箱和电源连接器件等必须放在外部。故选AB。

第3章　特种设备安全技术

真题必刷

考点1　特种设备分类

1. D [解析]本题考查的是特种设备分类。门座式起重机是安装在门座上,下方可通过铁路或公路车辆的移动式回转起重机。它是回转臂架安装在门形座架上的起重机,沿地面轨道运行的门座架下可通过铁路车辆或其他车辆,多用于港口装卸作业,或造船厂进行船体与设备装配。故选D。

2. C [解析]本题考查的是特种设备分类。起重机械是指用于垂直升降或者垂直升降并水平移动重物的机电设备。其范围规定为额定起重量大于或者等于0.5t的升降机;额定起重量大于或者等于3t(或额定起重力矩大于或者等于40t·m的塔式起重机,或生产率大于或者等于300t/h的装卸桥),且提升高度大于或者等于2m的起重机;层数大于或者等于2层的机械式停车设备。故选C。

3. B [解析]本题考查的是特种设备分类。大型游乐设施是指用于经营范围的,承载乘客游乐的设施。其范围规定为设计最大运行线速度大于或者等于2m/s,或者运行高度距地面高于或者等于2m的载人游乐设施。故选B。

考点2　锅炉安全技术

1. A [解析]本题考查的是锅炉安全技术。安全阀的安装位置应当符合以下要求:①在设备或者管道上的安全阀竖直安装。②一般安装在靠近被保护设备,安装位置易于维修和检查。③蒸汽安全阀装在锅炉的锅筒、集箱的最高位置,或者装在被保护设备液面以上气相空间的最高处。④液体安全阀装在正常液面的下面。故选A。

2. C [解析] 本题考查的是锅炉安全技术。安全阀的校验:①在用锅炉的安全阀每年至少校验1次,校验一般在锅炉运行状态下进行。②如果现场校验有困难或者对安全阀进行修理后,可以在安全阀校验台上进行,校验后的安全阀在搬运或者安装过程中,不能摔、砸、碰撞。③新安装的锅炉或者安全阀检修、更换后,应当校验其整定压力和密封性。④安全阀经过校验后,应当加锁或者铅封。⑤控制式安全阀应当分别进行控制回路可靠性试验和开启性能检验。⑥安全阀整定压力、密封性等检验结果应当记入锅炉安全技术档案。故选C。

3. A [解析] 本题考查的是锅炉安全技术。锅炉负荷变化时,燃料量、送风量、引风量都需进行调节,调节的顺序是当负荷增加时,应先增大引风量,再增大送风量,最后增大燃料量;当负荷降低时,应首先减小燃料量,然后减小送风量,最后减小引风量,并将炉膛负压调整到规定值。故选A。

4. C [解析] 本题考查的是锅炉安全技术。为防止炉膛和尾部烟道再次燃烧造成破坏,常采用在炉膛和烟道易爆处装设防爆门。故选C。

5. D [解析] 本题考查的是锅炉安全技术。选项AC错误、选项D正确,发现锅炉满水后,应冲洗水位表,检查水位表有无故障;一旦确认满水,应立即关闭给水阀停止向锅炉上水,启用省煤器再循环管路,减弱燃烧,开启排污阀及过热器、蒸汽管道上的疏水阀;待水位恢复正常后,关闭排污阀及各疏水阀;查清事故原因并予以消除,恢复正常运行。如果满水时出现水击,则在恢复正常水位后,必须检查蒸汽管道、附件、支架等,确定无异常情况,才可恢复正常运行。选项B错误,"叫水"程序是缺水事故的措施。故选D。

6. BD [解析] 本题考查的是锅炉安全技术。对过热器的保护措施:在升压过程中,开启过热器出口集箱疏水阀,对空排气阀,使一部分蒸汽流经过热器后被排除,从而使过热器得到足够的冷却。对省煤器的保护措施是:对钢管省煤器,在省煤器与锅筒间连接再循环管,在点火升压期间,将再循环管上的阀门打开,使省煤器中的水经锅筒、再循环管(不

受热)重回省煤器,进行循环流动。但在上水时应将再循环管上的阀门关闭。故选BD。

7. ABC [解析] 本题考查的是锅炉安全技术。选项D错误,新装、移装、大修或长期停用的锅炉,其炉膛和烟道的墙壁非常潮湿,一旦骤然接触高温烟气,将会产生裂纹、变形,甚至发生倒塌事故。为防止此种情况发生,此类锅炉在上水后、启动前要进行烘炉。选项E错误,对于钢管省煤器,在省煤器与锅筒间连接再循环管,在点火升压期间,将再循环管上的阀门打开,使省煤器中的水经锅筒、再循环管(不受热)重回省煤器,进行循环流动。但在上水时应将再循环管上的阀门关闭。故选ABC。

考点3 气瓶安全技术

1. D [解析] 本题考查的是气瓶安全技术。选项AB正确,检查气瓶的气体产品合格证,警示标签是否与充装气体及气瓶标志的介质名称一致,要配带瓶帽、防振圈。运送要注意:①气瓶轻装、轻卸;②严禁抛、滑、滚、碰;③严禁拖拖、随地平滚、顺坡横或竖滑下或用脚踢;严禁肩扛、背驮、怀抱、臂挟、托举等。当人工将气瓶向高处举放或气瓶从高处落地时必须2人同时操作。选项C正确,吊运气瓶应做到:①将散装瓶装入集装箱内,固定好气瓶,用机械起重设备吊运;②不得使用电磁起重机吊运气瓶;③不得使用金属链绳捆绑后吊运气瓶;④不得吊气瓶瓶帽吊运气瓶。选项D错误,严禁用叉车、翻斗车或铲车搬运气瓶。故选D。

2. D [解析] 本题考查的是气瓶安全技术。由于无缝气瓶瓶体上不宜开孔,高压无缝气瓶容积较小,安全泄放量也小,不需要太大的泄放面积,因此用于永久气体气瓶的爆破片一般装配在气瓶阀门上。故选D。

3. B [解析] 本题考查的是气瓶安全技术。可燃气体的气瓶不可与氧化性气体气瓶同库储存;氢气不准与笑气、氨、氯乙烷、环氧乙烷、乙炔等同库。故选B。

4. B [解析] 本题考查的是气瓶安全技术。盛装高压液化气体气瓶的公称工作压力,是60℃气体压力的上限值。故选B。

5. D [解析] 本题考查的是气瓶安全技术。运输车辆应具有固定气瓶的相应装置,散装直立气瓶高出栏板部分不应大于气瓶高度的1/4。故选D。

6. C [解析] 本题考查的是气瓶安全技术。车用压

缩天然气气瓶应当装设爆破片-易熔合金塞串联复合装置。故选C。

7. C　[解析]　本题考查的是气瓶安全技术。我国目前使用的易熔合金塞装置的公称动作温度有102.5℃、100℃和70℃三种。车用压缩天然气气瓶的易熔合金塞装置的动作温度为110℃。故选C。

8. ACDE　[解析]　本题考查的是气瓶安全技术。气瓶入库应按照气体的性质、公称工作压力及空实瓶严格分类存放，应有明确的标志。可燃气体的气瓶不可与氧化性气体气瓶同库储存；氢气不准与笑气、氨、氯乙烷、环氧乙烷、乙炔等同库。故选ACDE。

考点4　压力容器安全技术

1. A　[解析]　本题考查的是压力容器安全技术。反应压力容器主要是用于完成介质的物理、化学反应的压力容器，如各种反应器、反应釜、聚合釜、合成塔、变换炉、煤气发生炉等。换热压力容器主要是用于完成介质的热量交换的压力容器，如各种热交换器、冷却器、冷凝器、蒸发器等。分离压力容器主要是用于完成介质的流体压力平衡缓冲和气体净化分离的压力容器，如各种分离器、过滤器、集油器、洗涤器、吸收塔、干燥塔、汽提塔、分汽缸、除氧器等。储存压力容器主要是用于储存、盛装气体、液体、液化气体等介质的压力容器，如各种形式的储罐、缓冲罐、消毒锅、印染机、烘缸、蒸锅等。故选A。

2. B　[解析]　本题考查的是压力容器安全技术。超声检测和射线检测主要是针对被检测物内部的缺陷，磁粉检测、渗透检测和涡流检测主要是针对被检测物的表面及近表面缺陷。故选B。

3. B　[解析]　本题考查的是压力容器安全技术。对运行中的容器进行检查，包括工艺条件、设备状况以及安全装置等方面。在工艺条件方面，主要检查操作压力、操作温度、液位是否在安全操作规程规定的范围内，容器工作介质的化学组成，特别是那些影响容器安全（如产生应力腐蚀、使压力升高等）的成分是否符合要求。在设备状况方面，主要检查各连接部位有无泄漏、渗漏现象，容器的部件和附件有无塑性变形、腐蚀以及其他缺陷或可疑迹象，容器及其连接管道有无振动、磨损等现象。在安全装置方面，主要检查安全装置以及与安全有关的计量器具是否保持完好状态。故选B。

4. C　[解析]　本题考查的是压力容器安全技术。根据压力容器在生产中的作用，可划分为：①反应压力容器主要是用于完成介质的物理、化学反应的压力容器，如各种反应器、反应釜、聚合釜、合成塔、变换炉、煤气发生炉等。②换热压力容器主要是用于完成介质的热量交换的压力容器，如各种热交换器、冷却器、冷凝器、蒸发器等。③分离压力容器主要是用于完成介质的流体压力平衡缓冲和气体净化分离的压力容器，如各种分离器、过滤器、集油器、洗涤器、吸收塔、干燥塔、汽提塔、分汽缸、除氧器等。④储存压力容器主要是用于储存、盛装气体、液体、液化气体等介质的压力容器，如各种形式的储罐、缓冲罐、消毒锅、印染机、烘缸、蒸锅等。故选C。

5. BDE　[解析]　本题考查的是压力容器安全技术。选项A错误，爆破片的泄放面积不得小于安全阀的进口面积，同时应保证爆破片破裂的碎片不影响安全阀的正常动作。选项C错误，爆破片的最小爆破压力不得小于该容器的工作压力。故选BDE。

考点5　压力管道安全技术

1. B　[解析]　本题考查的是压力管道安全技术。可拆卸接头和密封填料处泄漏是管道系统常见故障，一般可采取紧固措施消除泄漏，但不得带压紧固连接件。埋地敷设的燃气管道泄漏地点在地下，泄漏的燃气会到处流窜，一般漏气时采取先按燃气气味的浓度初步确定大致的漏气范围，然后选用钻孔查漏、挖探坑查漏、井室检查、用检漏工具查漏、使用检漏仪器查漏，以及观察植物生长和利用凝水缸抽水量变化情况判断是否漏气等方法进行检查判断。故选B。

2. A　[解析]　本题考查的是压力管道安全技术。蠕变断口可能因长期在高温下被氧化或腐蚀，表面被氧化层或其他腐蚀物覆盖。宏观上还有一个重要特征，即因长期蠕变，致使管道在直径方向（而非长度方向）有明显的变形，并伴有许多沿径线方向的小蠕变裂纹，甚至出现表面龟裂，或穿透壁厚而泄漏，或引起破裂事故。常见的管道蠕变断裂包括管道焊缝熔合线处蠕变开裂、运行中管道沿轴向开裂、三通焊缝部位蠕变失效。故选A。

3. ABDE　[解析]　本题考查的是压力管道安全技术。选项C错误，不得利用与易燃易爆生产设备有联系的金属构件作为电焊地线，以防止在电路接触不良的地方产生高温或电火花。故选ABDE。

4. ABCD [解析] 本题考查的是压力管道安全技术。压力管道是由管子、管件、阀门、补偿器等压力管道元件以及安全保护装置(安全附件)、附属设施等组成。压力管道元件一般分成管子、管件(弯头、异径接头、三通、法兰、管帽)、阀门、补偿器、连接件、密封件、附属部件(疏水器、过滤器、分离器、除污器、凝水缸、缓冲器等)、支吊架等。故选 ABCD。

考点 6　起重机械安全技术

1. C [解析] 本题考查的是起重机械安全技术。在露天工作的桥式或门式起重机因环境因素的影响,可能出现地形风。它持续时间较短,但风力很强,足以吹动起重机做较长距离的滑行,并可能撞毁轨道端部止挡,造成脱轨或跌落。所以《起重机械安全规程　第 1 部分:总则》规定,在露天工作的桥式起重机宜装设防风夹轨器和锚定装置或铁鞋。因此,起重机抗风防滑装置主要有三类,分别为夹轨器、锚定装置和铁鞋。故选 C。

2. B [解析] 本题考查的是起重机械安全技术。驾驶员在正常操作过程中,不得利用极限位置限制器停车;不得利用打反车进行制动;不得在起重作业过程中进行检查和维修;不得带载调整起升、变幅机构的制动器,或带载增大作业幅度;吊物不得从人头顶上通过,吊物和起重臂下不得站人。故选 B。

3. C [解析] 本题考查的是起重机械安全技术。选项 A 错误,可多人吊挂同一吊物。选项 B 错误,吊运大而重的物体应加诱导绳,诱导绳长应能使司索工既可握住绳头,同时又能避开吊物正下方,以便发生意外时司索工可用该绳控制吊物。选项 D 错误,吊物捆扎部位的毛刺要打磨平滑,尖棱利角应加垫物,防止起吊吃力后损坏吊索。故选 C。

4. C [解析] 本题考查的是起重机械安全技术。开机作业前,应确认起重机与其他设备或固定建筑物的最小距离是否在 0.5m 以上。故选 C。

5. A [解析] 本题考查的是起重机械安全技术。选项 B 错误,依据题干描述:"场地中单件设备质量均小于汽车起重机的额定起重量",可知吊物质量清楚。选项 C 错误,"吊物有浮置物"是指吊装物体含有未被固定的物品。像这类未被固定的物品被称作"浮置物"。在吊装过程中浮置物易翻滚、滑移、脱落,易造成事故,但不会导致起重机吊臂折断。选项 D 错误,"吊物捆绑不牢"有可能导致被吊起物坠落伤人,不会导致起重机吊臂折断。故选 A。

6. A [解析] 本题考查的是起重机械安全技术。起重机械年度检查是指每年对所有在用的起重机械至少进行 1 次全面检查。停用 1 年以上、遇 4 级以上地震或发生重大设备事故、露天作业的起重机械经受 9 级以上的风力后的起重机,使用前都应做全面检查。故选 A。

7. D [解析] 本题考查的是起重机械安全技术。对吊物的质量和重心估计要准确,如果是目测估算,应增大 20% 来选择吊具;每次吊装都要对吊具进行认真的安全检查,如果是旧吊索应根据情况降级使用,绝不可侥幸超载或使用已报废的吊具。故选 D。

8. D [解析] 本题考查的是起重机械安全技术。钢丝绳在卷筒上的极限安全圈应保证在 2 圈以上。故选 D。

9. C [解析] 本题考查的是起重机械安全技术。桥架类型起重机有桥式、门式、绳索式起重机。臂架类型起重机有流动式、塔式、门座式起重机。故选 C。

10. D [解析] 本题考查的是起重机械安全技术。用两台或多台起重机吊运同一重物时,每台起重机都不得超载。故选 D。

11. B [解析] 本题考查的是起重机械安全技术。选项 A 错误,司索工主要从事地面工作,如准备吊具、捆绑挂钩、摘钩卸载等,多数情况还要担任指挥任务。选项 C 错误,司索工对吊物的质量和重心估计要准确,如果是目测估算,应增大 20% 来选择吊具。选项 D 错误,摘钩时应等所有吊索完全松弛再进行,确认所有绳索从钩上卸下再起钩,不允许抖绳摘索,更不许利用起重机抽索。故选 B。

12. ABE [解析] 本题考查的是起重机械安全技术。每日检查的项目包括各类安全装置、制动器、操纵控制装置、紧急报警装置、轨道的安全状况、钢丝绳的安全状况。电气系统工作性能、动力系统和控制器属于每月检查的项目。故选 ABE。

考点 7　场(厂)内专用机动车辆安全技术

1. B [解析] 本题考查的是场(厂)内专用机动车辆安全技术。选项 A 错误,驾驶员驾驶观光车,应避免突然起步、停车及高速转弯。在车辆起步时,方向盘不应处在极限位置(特殊情况除外)。选项 B 正确,当物件重量不明时,应将该物件叉起离地

100mm后检查机械的稳定性,确认无超载现象后,方可运送。选项C错误,两辆叉车同时装卸一辆货车时,应有专人指挥联系,保证安全作业。选项D错误,观光车启动后,驾驶员应对其技术状况(发动机、离合器、传动系、行驶系、转向器、制动器)进行检查,确认正常后,方可运行。故选B。

2. C [解析]本题考查的是场(厂)内专用机动车辆安全技术。选项A错误,叉装物件时,被装物件重量应在该机允许载荷范围内。当物件重量不明时,应将该物件叉起离地100mm后检查机械的稳定性,确认无超载现象后,方可运送。选项B错误,两辆叉车同时装卸一辆货车时,应有专人指挥联系,保证安全作业。选项C正确、选项D错误,观光车在坡道上运行,应遵守下列规则:①缓慢地通过上、下坡道。②不应在坡面上调头,不应横跨坡道运行。③下坡时不应空档滑行。④靠近坡道、高站台或平台边缘时,车身与站台或平台边缘之间的距离至少为观光车一个轮胎的宽度。故选C。

3. B [解析]本题考查的是场(厂)内专用机动车辆安全技术。选项A错误,两辆叉车同时装卸一辆货车时,应有专人指挥联系,保证安全作业。选项C错误,物件提升离地后,应将起落架后仰,方可行驶。选项D错误,当物件重量不明时,应将该物件叉起离地100mm后检查机械的稳定性,确认无超载现象后,方可运送。故选B。

4. C [解析]本题考查的是场(厂)内专用机动车辆安全技术。选项A正确,两辆叉车同时装卸一辆货车时,应有专人指挥联系,保证安全作业。选项B正确,物件提升离地后,应将起落架后仰,方可行驶。选项C错误,以内燃机为动力的叉车,严禁在易燃、易爆的仓库内作业。选项D正确,不得单叉作业和使用货叉顶货或拉货。故选C。

5. ABCD [解析]本题考查的是场(厂)内专用机动车辆安全技术。叉车等车辆的液压系统,一般都使用中高压供油,高压油管的可靠性不仅关系车辆的正常工作,而且一旦发生破裂将会危害人身安全。因此,高压胶管必须符合相关标准,并通过耐压试验、长度变化试验、爆破试验、脉冲试验、泄漏试验等试验检测。故选ABCD。

考点8 其他特种设备安全技术

1. C [解析]本题考查的是其他特种设备安全技术。

选项A正确,游乐设施运行中,在乘客产生恐惧、大声喊叫时,操作人员应立即停机,让恐惧乘客下来。选项B正确,紧急停止按钮的位置,必须让本机台所有取得证件的操作人员都知道,以便需要紧急停车时,每个操作人员都能操作。选项C错误,游乐设施正式运营前,操作人员应将空车按实际工况运行2次以上,确认一切正常再开机营业。选项D正确,游乐设施运行中,操作人员不能离开岗位。要随时注意观察乘客及设备情况,遇有紧急情况时,要及时停机并采取相应的措施。故选C。

2. B [解析]本题考查的是其他特种设备安全技术。大型游乐设施检查方面,使用单位应进行大型游乐设施的自我检查、每日检查、每月检查和年度检查。①对使用的游乐设施,每年要进行一次全面检查,必要时要进行载荷试验,并按额定速度进行起升、运行、回转、变速等机构的安全技术性能检查。②月检要求检查下列项目:各种安全装置、动力装置、传动和制动系统;绳索、链条和乘坐物;控制电路与电气元件;备用电源。③日检要求检查下列项目:控制装置、限速装置、制动装置和其他安全装置是否有效及可靠;运行是否正常,有无异常的振动或者噪声;易磨损件状况;门联锁开关及安全带等是否完好;润滑点的检查和加添润滑油;重要部位(轨道、车轮等)是否正常。故选B。

3. D [解析]本题考查的是其他特种设备安全技术。机械设备的运动部件上设置了行程开关,与其相对运动的固定点上安装极限位置的挡块,或者是相反安装位置。当行程开关的机械触头碰上挡块时,切断了控制电路,机械就停止运行或改变运行,由于机械的惯性运动,这种行程开关有一定的"超行程"以保护开关不受损坏。这类安全装置称为限位装置。故选D。

4. C [解析]本题考查的是其他特种设备安全技术。油压缓冲器属于耗能型缓冲器。故选C。

专题必刷

专题1 特种设备的基础知识

一、单项选择题

1. B [解析]本题考查的是特种设备的基本概念。大型游乐设施是指用于经营目的,承载乘客游乐的设施,其范围规定为设计最大运行线速度大于或者等于2m/s,或者运行高度距地面高于或等于2m

的载人大型游乐设施。用于体育运动、文艺演出和非经营活动的大型游乐设施除外。故选 B。

2. C [解析] 本题考查的是特种设备的基本概念。承压类特种设备是指承载一定压力的密闭设备或管状设备,包括锅炉、压力容器(含气瓶)、压力管道。故选 C。

3. C [解析] 本题考查的是压力容器基础知识。按容器在生产中的作用划分:①反应压力容器主要是用于完成介质的物理、化学反应的压力容器,如各种反应器、反应釜、聚合釜、合成塔、变换炉、煤气发生炉等。②换热压力容器主要是用于完成介质的热量交换的压力容器,如各种热交换器、冷却器、冷凝器、蒸发器等。③分离压力容器主要是用于完成介质的流体压力平衡缓冲和气体净化分离的压力容器,如各种分离器、过滤器、集油器、洗涤器、吸收塔、干燥塔、汽提塔、分汽缸、除氧器等。④储存压力容器主要是用于储存、盛装气体、液体、液化气体等介质的压力容器,如各种形式的储罐、缓冲罐、消毒锅、印染机、烘缸、蒸锅等。故选 C。

4. A [解析] 本题考查的是压力容器基础知识。当壳壁或元件金属温度低于 $-20℃$,按最低温度确定设计温度;除此之外,设计温度一律按最高温度选取。故选 A。

5. D [解析] 本题考查的是特种设备的基本概念。根据《特种设备安全监察条例》,特种设备是指涉及生命安全、危险性较大的锅炉、压力容器(含气瓶,下同)、压力管道、电梯、起重机械、客运索道、大型游乐设施和场(厂)内专用机动车辆。故选 D。

6. C [解析] 本题考查的是压力容器基础知识。按承压方式分类,压力容器可以分为内压容器和外压容器,内压容器按设计压力(p)可以划分为低压、中压、高压和超高压四个压力等级:①低压容器,$0.1MPa \leq p < 1.6MPa$。②中压容器,$1.6MPa \leq p < 10.0MPa$。③高压容器,$10.0MPa \leq p < 100.0MPa$。④超高压容器,$p \geq 100.0MPa$。故选 C。

7. A [解析] 本题考查的是特种设备的基本概念。压力管道是指利用一定的压力,用于输送气体或者液体的管状设备,其范围规定为最高工作压力大于或者等于 $0.1MPa$(表压),介质为气体、液化气体、蒸汽或者可燃、易爆、有毒、有腐蚀性、最高工作温度高于或者等于标准沸点的液体,且公称直径大于或者等于 $50mm$ 的管道。公称直径小于 $150mm$,且其最高工作压力小于 $1.6MPa$(表压)的输送无毒、不可燃、无腐蚀性气体的管道和设备本体所属管道除外。故选 A。

8. C [解析] 本题考查的是压力容器基础知识。压力容器划分办法:首先将压力容器的介质分为两组,第一组介质为毒性程度为极度危害、高度危害的化学介质、易燃介质、液化气体;第二组介质为除第一组以外的介质组成,如毒性程度为中度危害以下的化学介质,包括水蒸气、氮气等。水蒸气为第二组介质,应看第二个图。根据压力和容积确定坐标点,以坐标点所在位置确定等级。已知该压力容器压力为 $10MPa$,容积为 $10m^3$,根据图示可得出该压力容器为Ⅲ类。故选 C。

9. B [解析] 本题考查的是压力容器基础知识。试验温度指的是压力试验时,壳体的金属温度。故选 B。

10. A [解析] 本题考查的是压力管道基础知识。选项 B 错误,设计压力是指在相应设计温度下用以确定容器壳体厚度及其元件尺寸的压力。选项 C 错误,设计温度是指正常情况下设定的元件温度。当壳体或元件金属的温度低于 $-20℃$ 时,按最低温度确定设计温度,除此之外一律按最高温度。选项 D 错误,安全阀起跳压力不应高于容器设计压力,以达到超压泄放的目的。故选 A。

11. D [解析] 本题考查的是特种设备的基本概念。压力管道是指利用一定的压力,用于输送气体或者液体的管状设备,其范围规定为最高工作压力大于或者等于 $0.1MPa$(表压),介质为气体、液化气体、蒸汽或者可燃、易爆、有毒、有腐蚀性、最高工作温度高于或者等于标准沸点的液体,且公称直径大于或者等于 $50mm$ 的管道。公称直径小于 $150mm$,且其最高工作压力小于 $1.6MPa$(表压)的输送无毒、不可燃、无腐蚀性气体的管道和设备本体所属管道除外。故选 D。

12. C [解析] 本题考查的是特种设备的基本概念。选项 A 错误,锅炉范围之一为设计正常水位容积大于或者等于 $30L$,且额定蒸汽压力大于或者等于 $0.1MPa$(表压)的承压蒸汽锅炉。选项 B 错误,压力容器范围之一为盛装公称工作压力大于或者等于 $0.2MPa$(表压),且压力与容积的乘积大于或者等于 $1.0MPa$ 的气体、液化气体和标准沸点等于或者低于 $60℃$ 液体的气瓶。选项 D 错误,氮气属于无毒、不可燃、无腐蚀性的气体,公称直径小于150mm,且其最高工作压力小于1.6MPa(表压)的输送无毒、不可燃、无腐蚀性气体的管道不属于特种设备。故选C。

13. A [解析] 本题考查的是压力容器基础知识。压力容器的最高工作压力多指在正常操作情况下,容器顶部可能出现的最高压力。压力容器的设计压力值应高于最高工作压力。故选A。

二、多项选择题

BE [解析] 本题考查的是起重机械基础知识。桥架类型起重机包括桥式起重机(单主梁或双主梁桥式起重机);门式起重机(多用于港口运输);绳索起重机(适用于地形复杂的水库、工地作业)。故选BE。

专题 2 特种设备事故的类型

一、单项选择题

1. A [解析] 本题考查的是锅炉事故。采取提高燃烧效率减少不完全燃烧、减少锅炉的启停次数、加强尾部受热面的吹灰等措施主要是为了防止可燃物随烟气在尾部烟道积存。故选A。

2. B [解析] 本题考查的是锅炉事故。发现锅炉满水后,应冲洗水位表,检查水位表有无故障;一旦确认满水,应立即关闭给水阀停止向锅炉上水,启用省煤器再循环管路,减弱燃烧,开启排污阀及过热器、蒸汽管道上的疏水阀;待水位恢复正常后,关闭排污阀及各疏水阀;查清事故原因并予以消除,恢复正常运行。如果满水时出现水击,则在恢复正常水位后,还须检查蒸汽管道、附件、支架等,确定无异常情况,才可恢复正常运行。故选B。

3. D [解析] 本题考查的是锅炉事故。选项D属于省煤器损坏的原因。故选D。

4. B [解析] 本题考查的是锅炉事故。锅炉的主要承压部件如锅筒、封头、管板、炉胆等,不少是直接受火焰加热的。锅炉一旦严重缺水,上述主要受压部件得不到正常冷却,甚至被烧,金属温度急剧上升甚至被烧红。这样的缺水情况是严禁加水的,应立即停炉。如给严重缺水的锅炉上水,往往会酿成爆炸事故。长时间缺水干烧的锅炉也会爆炸。故选B。

5. D [解析] 本题考查的是锅炉事故。锅炉蒸发表面(水面)汽水共同上升,产生大量泡沫并上下波动翻腾的现象,称为汽水共腾。故选D。

6. D [解析] 本题考查的是锅炉事故。控制火焰中心位置,避免火焰偏斜和火焰冲墙是防止锅炉结渣的预防措施。故选D。

7. B [解析] 本题考查的是压力管道事故。因为带压堵漏的特殊性,有些紧急情况下不能采取带压堵漏技术进行处理,这些情况包括:①毒性极大的介质管道。②管道受压元件因裂纹而产生泄漏。③管道腐蚀、冲刷壁厚状况不清。④由于介质泄漏使螺栓承受高于设计使用温度的管道。⑤泄漏特别严重(当量直径大于10m),压力高、介质易燃易爆或腐蚀性的管道。⑥现场安全措施不符合要求的管道。故选B。

8. B [解析] 本题考查的是锅炉事故。锅炉满水的处理措施:发现锅炉满水后,应冲洗水位表,检查水位表有无故障;一旦确认满水,应立即关闭给水阀停止向锅炉上水,启用省煤器再循环路,减弱燃烧,开启排污阀及过热器、蒸汽管道上的疏水阀;待水位恢复正常后,关闭排污阀及各疏水阀;查清事故原因并予以消除,恢复正常运行。如果满水时出现水击,则在恢复正常水位后,还须检查蒸汽管道、附件、支架等,确定无异常情况,才可恢复正常运行。故选B。

9. A [解析] 本题考查的是锅炉事故。为了预防水击事故,给水管道和省煤器管道的阀门启闭不应于频繁,开闭速度要缓慢;对可分式省煤器的出口水温要严格控制,使之低于同压力下的饱和温度40℃;防止满水和汽水共腾事故,暖管之前应彻底疏水;上锅筒进水速度应缓慢,下锅筒进汽速度也应缓慢。发生水击时,除立即采取措施使之消除外,还应认真检查管道、阀门、法兰、支撑等,如无异常情况,才能使锅炉继续运行。故选A。

10. B [解析] 本题考查的是锅炉事故。轻微缺水时,可以立即向锅炉上水,使水位恢复正常。如果上水后水位仍不能恢复正常,应立即停炉检查。严重缺水时,必须紧急停炉。在未判定缺水程度或者已判定属于严重缺水的情况下,严禁给锅炉上水,以免造成锅炉爆炸事故。故选B。

11. D [解析] 本题考查的是锅炉事故。选项A错误,尾部烟道二次燃烧主要发生在燃油锅炉上。选项B错误,锅炉停炉时,引风机有可能将尚未燃烧的可燃物吸引到尾部烟道上。此时烟气流速很低,甚至不流动,容易发生尾部烟道二次燃烧,即引风机将可燃物带到尾部烟道,带有温度的烟气属于点火源。选项C错误,为防止产生尾部烟道二次燃烧,要提高燃烧效率,尽可能减少不完全燃烧损失,保证烟道各种门孔及烟气挡板密封良好。故选D。

12. A [解析]本题考查的是锅炉事故。在设计上要控制炉膛燃烧热负荷,在炉膛中布置足够的受热面,控制炉膛出口温度,使之不超过灰渣变形温度。故选A。

13. D [解析]本题考查的是锅炉事故。形成汽水共腾有两个方面的原因,分别为锅水品质太差;负荷增加和压力降低过快。故选D。

14. D [解析]本题考查的是压力容器事故。使用过程中,发生下列现象立即采取紧急措施,停止容器的运行:①超温、超压、超负荷时,采取措施后仍不能得到有效控制。②容器主要受压元件发生裂纹、鼓包、变形等现象。③安全附件失效。④接管、紧固件损坏,难以保证安全运行。⑤发生火灾、撞击等直接威胁压力容器安全运行的情况。⑥充装过量。⑦压力容器液位超过规定,采取措施仍不能得到有效控制。⑧压力容器与管道发生严重振动,危及安全运行。故选D。

15. C [解析]本题考查的是起重机械事故。造成起升绳破断的主要原因有:超载起吊拉断钢丝绳;起升限位开关失灵造成过卷拉断钢丝绳;斜吊、斜拉造成乱绳挤伤切断钢丝绳;钢丝绳因长期使用又缺乏维护保养,造成疲劳变形、磨损损伤;达到或超过报废标准仍然使用等。故选C。

16. D [解析]本题考查的是锅炉事故。形成汽水共腾的原因:①锅水品质太差。由于给水品质差、排污不当等原因,造成锅水中悬浮物或含盐量太高,碱度过高。由于汽水分离,锅水表面层附近含盐浓度更高,锅水黏度很大,气泡上升阻力增大。在负荷增加、汽化加剧时,大量气泡被粘阻在锅水表面层附近来不及分离出去,形成大量泡沫,使锅水表面上下翻腾。②负荷增加和压力降低过快。当水位高、负荷增加过快,压力降低过速时,会使水面汽化加剧,造成水面波动及蒸汽带水。故选D。

17. C [解析]本题考查的是锅炉事故。发现汽水共腾时,应减弱燃烧力度,降低负荷,关小主汽阀;加强蒸汽管道和过热器的疏水;全开连续排污阀,并

打开定期排污阀放水,同时上水,以改善锅水品质;待水质改善、水位清晰时,可逐渐恢复正常运行。故选C。

18. A [解析]本题考查的是锅炉事故。锅炉结渣使受热面吸热能力减弱,降低锅炉的出力和效率;局部水冷壁管结渣会影响和破坏水循环,甚至造成水循环故障;结渣会造成过热蒸汽温度的变化,使过热器金属超温;严重的结渣会妨碍燃烧设备的正常运行,甚至造成被迫停炉。故选A。

19. B [解析]本题考查的是起重机械事故。倾翻事故是自行式起重机的常见事故,自行式起重机倾翻事故大多是由起重机作业前支ུ不当引发,如野外作业场地支承地基松软,起重机支腿未能全部伸出等。起重量限制器或起重力矩限制器等安全装置动作失灵、悬臂伸长与规定起重量不符、超载起吊等因素也都会造成自行式起重机倾翻事故。故选B。

二、多项选择题

1. AC [解析]本题考查的是锅炉事故。选项A错误,锅炉一旦发生事故,司炉人员一定要保持清醒的头脑,不要惊慌失措,应立即判断和查明事故原因,并及时进行事故处理。选项C错误,熄灭和清除炉膛内的燃料不能用向炉膛浇水的方法灭火,而应用黄砂或湿煤灰将红火压灭。故选AC。

2. AC [解析]本题考查的是锅炉事故。发现汽水共腾时,应减弱燃烧力度,降低负荷,关小主汽阀;加强蒸汽管道及过热器的疏水;全开连续排污阀,并打开定期排污阀,同时上水,以改善锅水品质;待水质改善、水位清晰时,可逐渐恢复正常运行。选项E为锅炉缺水事故中"叫水"的方法。故选AC。

3. ADE [解析]本题考查的是锅炉事故。形成汽水共腾有两个方面的原因,分别为锅水品质太差;负荷增加和压力降低过快。故选ADE。

4. BD [解析]本题考查的是锅炉事故。省煤器损坏时,给水流量不正常的大于蒸汽流量;严重时,锅炉水位下降,过热蒸汽温度上升;省煤器烟道内有异常声响,烟道潮湿或漏水,排烟温度下降,烟气阻力增大,引风机电流增大。故选BD。

5. BCE [解析]本题考查的是起重机械事故。在室外作业的门式起重机、门座起重机、塔式起重机等,由于无防风夹轨器、无车轮止挡或无固定链等,或者上述安全设施机能失效,当遇到强风吹击时,可

能会倾倒、移位,甚至从栈桥上翻落,造成严重的机体摔伤事故。故选 BCE。

6. ACD [解析] 本题考查的是起重机械事故。脱钩事故是指重物、吊装绳或专用吊具从吊钩口脱出而引起的重物失落事故。造成脱钩事故的主要原因有:①吊钩缺少护钩装置;②护钩保护装置机能失效;③吊装方法不当;④吊钩钩口变形引起开口过大等。故选 ACD。

7. ABCE [解析] 本题考查的是起重机械事故。机体毁坏事故的主要类型有断臂事故、机体摔伤事故、倾翻事故、相互撞毁事故。故选 ABCE。

专题 3 锅炉安全技术

一、单项选择题

1. D [解析] 本题考查的是锅炉使用安全技术。从防止产生过大热应力出发,水温与筒壁温差不超过 50℃。故选 D。

2. D [解析] 本题考查的是锅炉使用安全技术。从防止产生过大热应力出发,上水温度最高不超过 90℃,水温与筒壁温差不超过 50℃。对水管锅炉,全部上水时间在夏季不小于 1h,在冬季不小于 2h。冷炉上水至最低安全水位时应停止上水,以防止受热膨胀后水位过高。故选 D。

3. A [解析] 本题考查的是锅炉安全附件。选项 B 错误,水位计应安装合理,便于观察,且灵敏可靠。每台锅炉至少应装两只独立的水位计,额定蒸发量小于或等于 0.2t/h 的锅炉可只装一只。选项 C 错误,水位计应设置放水管并接至安全地点。选项 D 错误,玻璃管式水位计应有防护装置。故选 A。

4. B [解析] 本题考查的是锅炉安全附件。高低水位警报和低水位联锁保护装置的作用:当锅炉内的水位高于最高安全水位或低于最低安全水位时,水位警报器就自动发出警报,提醒司炉人员采取措施防止事故发生。故选 B。

5. C [解析] 本题考查的是锅炉使用安全技术。在锅炉运行中,运行人员应不间断地通过水位表监督锅内的水位。锅炉水位应经常保持在正常水位线处,并允许在正常水位线上下 50mm 内波动。故选 C。

6. C [解析] 本题考查的是锅炉使用安全技术。防止炉膛爆炸的措施有:点火前,开动引风机给锅炉通风 5~10min,没有风机的可自然通风 5~10min,以清除炉膛及烟道中的可燃物质。点燃气、油、煤粉

炉时,应先送风,之后投入点燃火炬,最后送入燃料。一次点火未成功需重新点燃火炬时,一定要在点火前给炉膛烟道重新通风,待充分清除可燃物之后再进行点火操作。故选 C。

7. A [解析] 本题考查的是锅炉使用安全技术。锅炉运行中,运行人员应不间断地通过水位表监督锅内的水位。锅炉水位应经常保持在正常水位线处,并允许在正常水位线上下 50mm 内波动。故选 A。

8. A [解析] 本题考查的是锅炉使用安全技术。选项 B 错误,并汽也称为并炉、并列,并汽前应减弱燃烧,打开蒸汽管道上的疏水阀。选项 C 错误,冷炉上水至最低安全水位时应停止上水,以防止受热膨胀后水位过高。选项 D 错误,过热器的保护措施:在升压过程中,开启过热器出口集箱疏水阀、对空排气阀,使一部分蒸汽流经过热器后被排除,从而使过热器得到足够的冷却。故选 A。

9. B [解析] 本题考查的是锅炉使用安全技术。锅炉启动步骤:①检查准备;②上水;③烘炉;④煮炉;⑤点火升压;⑥暖管。故选 B。

二、多项选择题

1. ACDE [解析] 本题考查的是锅炉使用安全技术。停炉保养常用的方式有压力保养、湿法保养、干法保养和充气保养。故选 ACDE。

2. ACD [解析] 本题考查的是锅炉使用安全技术。紧急停炉的操作次序:立即停止添加燃料和送风,减弱引风;与此同时,设法熄灭炉膛内的燃料,对于一般层燃炉可以用砂土或湿灰灭火,链条炉可以开快档使炉排快速运转,把红火送入灰坑;灭火后把炉门、灰门及烟道挡板打开,以加强通风冷却;锅内可以较快降压并更换锅水,锅水冷却至 70℃ 左右允许排水。因缺水紧急停炉时,严禁给锅炉上水,并不得开启空气阀及安全阀快速降压。故选 ACD。

3. ABD [解析] 本题考查的是锅炉使用安全技术。锅炉遇有下列情况之一者,应紧急停炉:锅炉水位低于水位表的下部可见边缘;不断加大向锅炉进水及采取其他措施,但水位仍继续下降;锅炉水位超过最高可见水位(满水),经放水仍不能见到水位;给水泵全部失效或给水系统故障,不能向锅炉进水;水位表或安全阀全部失效;设置在汽空间的压力表全部失效;锅炉元件损坏,危及操作人员安全;燃烧设备损坏、炉墙倒塌或锅炉构件被烧红等,严重威胁锅炉安全运行;其他异常情况危及锅炉安全运行。故选 ABD。

4. ACD　[解析]本题考查的是锅炉使用安全技术。选项B错误,上水温度最高不超过90℃,水温与筒壁温差不超过50℃。选项E错误,对于层燃炉一般用木材引火,严禁用挥发性强烈的油类或易燃物引火,以免造成爆炸事故。故选ACD。

5. ABE　[解析]本题考查的是锅炉使用安全技术。选项C错误,对于燃气、燃油锅炉,炉膛熄火后,引风机至少要继续引风5min以上。选项D错误,对无旁通烟道的可分式省煤器,应密切监视其出口水温,并连续经省煤器上水、放水至水箱中,使省煤器出口水温低于锅筒压力下饱和温度20℃。故选ABE。

6. CE　[解析]本题考查的是锅炉使用安全技术。选项A错误,为使水位保持正常,锅炉在低负荷运行时,水位应稍高于正常水位,以防负荷增加时水位降得过低;锅炉在高负荷运行时,水位应稍低于正常水位,以免负荷降低时水位升得过高。选项B错误,对于间断上水的锅炉,为保持气压稳定,要注意上水均匀。上水间隔的时间不宜过长,一次上水不宜过多。在燃烧减弱时不宜上水,人工烧炉在投煤、扒渣时也不宜上水。选项D错误,当锅炉蒸发量和负荷不相等时,气压就要变动。若负荷小于蒸发量,气压就上升;负荷大于蒸发量,气压就下降。故选CE。

7. BDE　[解析]本题考查的是锅炉安全附件。选项A错误,在用锅炉的安全阀每年至少校验一次,检验一般在锅炉运行状态下进行。选项C错误,锅炉运行中安全阀不允许解列。故选BDE。

专题4 气瓶安全技术

一、单项选择题

1. D　[解析]本题考查的是充装站对气瓶的日常管理。应当遵循先入库先发出的原则。故选D。

2. C　[解析]本题考查的是气瓶概述。盛装剧毒气体的气瓶,禁止装设安全泄压装置(如爆破片)。故选C。

3. C　[解析]本题考查的是充装站对气瓶的日常管理。气瓶运输车辆应具有固定气瓶的相应装置,散装直立气瓶高出栏板部分不应大于气瓶的高度的1/4。故选C。

4. D　[解析]本题考查的是气瓶概述。车用压缩天然气气瓶的易熔塞合金装置的动作温度为110℃。故选D。

5. C　[解析]本题考查的是气瓶充装。充装过程中,瓶壁温度不得超过40℃,充装容积流速小于$0.015m^3/(h·L)$。故选C。

6. D　[解析]本题考查的是气瓶概述。选项A错误,为防止易熔合金塞因受压力脱落,常将塞体内孔做成带螺纹形、阶梯形或锥形。选项B错误,易熔塞合金装置的公称动作温度有102.5℃、100℃和70℃三种,其中用于溶解乙炔的易熔合金塞装置,其公称动作温度为100℃。选项C错误,由于无缝气瓶体上不宜开孔,用于永久气体气瓶的爆破片一般装配在气瓶阀门上。选项D正确,复合装置只有在环境温度和瓶内压力都分别达到了规定值的条件才发生动作、泄压排气,一般不会发生误动作。故选D。

7. B　[解析]本题考查的是气瓶充装。严禁用电磁起重机吊运气瓶。气瓶车辆应尽量避免穿越繁华市区。故选B。

二、多项选择题

1. ABCE　[解析]本题考查的是充装站对气瓶的日常管理。气瓶的装卸运输管理要求:①熟知气体性质。②检查气瓶的气体产品合格证、警示标签是否与充装气体及气瓶标志的介质名称一致,要配带瓶帽、防振圈。③严禁用叉车、翻斗车或铲车搬运气瓶。④化学性质相抵触的气体(如氧气、氯气与氢气;乙炔和液化石油气)不得同车运输,氧化或强氧化气体气瓶不准和易燃品、油脂及沾有油脂的物品同车运输。⑤严禁用自卸汽车、挂车或长途客运汽车运送气瓶,装运气瓶的货车也禁止载客。⑥禁止在重要机关、居民密集处、超市闹市区及学校等处停车。运输车停靠时,驾驶员和押运员不得同时离开车辆。故选ABCE。

2. ABC　[解析]本题考查的是气瓶概述。目前常用的安全泄压装置有易熔合金塞装置、爆破片装置、安全阀和爆破片-易熔塞复合装置。故选ABC。

3. AD　[解析]本题考查的是气瓶概述。安全泄压装置的设置原则:①车用气瓶或者其他可燃气体气瓶、呼吸器用气瓶、消防灭火器用气瓶、溶解乙炔气瓶、盛装低温液化气体的焊接绝热气瓶、盛装液化气体的气瓶集束装置、长管拖车及管束式集装箱用大容积气瓶,应当装设安全泄压装置。②盛装剧毒气体的气瓶,禁止装设安全泄压装置。③液化石油气钢瓶,不宜装设安全泄压装置。选项BE两项属于安全泄压装置的选用原则。故选AD。

4. AE　[解析]本题考查的是充装站对气瓶的日常管理。将散装瓶装入集装箱内,固定好气瓶,用机械起重设备吊运;气瓶放置应整齐,并佩戴瓶帽,立放时,应有防倾倒措施;横放时,头部朝向一方。故选 AE。

5. ABCE [解析] 本题考查的是气瓶概述。气瓶附件包括瓶阀、瓶帽、保护罩、安全泄压装置、防振圈、气瓶专用爆破片、安全阀、液位计、紧急切断和充装限位装置等。气瓶附件是气瓶的重要组成部分,对气瓶安全使用起着非常重要的作用。故选 ABCE。

专题 5 压力容器安全技术

一、单项选择题

1. C [解析] 本题考查的是压力容器使用安全技术。压力容器在运行中出现下列情况时,应立即停止运行:容器的操作压力或壁温超过安全操作规程规定的极限值,而且采取措施仍无法控制,并有继续恶化的趋势;容器的承压部件出现裂纹、鼓包变形、焊缝或可拆连接处泄漏等危及容器安全的迹象;安全装置全部失效,连接管件断裂,紧固件损坏等,难以保证安全操作;操作岗位发生火灾,威胁到容器的安全操作;高压容器的信号孔或警报孔泄漏。故选 C。

2. C [解析] 本题考查的是压力容器安全附件及仪表。安全阀与爆破片装置并联组合时,爆破片的标定爆破压力不得超过容器的设计压力。安全阀的开启压力应略低于爆破片的标定爆破压力。故选 C。

3. B [解析] 本题考查的是压力容器安全附件及仪表。安全阀与爆破片装置并联组合时,爆破片的标定爆破压力不得超过容器的设计压力。安全阀的开启压力应略低于爆破片的标定爆破压力。故选 B。

4. B [解析] 本题考查的是压力容器使用安全技术。有些工作介质只有在某种特定条件下才会对容器的材料产生腐蚀。因此,要尽力消除这种能引起腐蚀的、特别是应力腐蚀的条件。例如天然气、一氧化碳气体只有在含有水分的情况下才可能对钢制容器产生应力腐蚀,应尽量采取干燥、过滤等措施。故选 B。

5. B [解析] 本题考查的是压力容器使用安全技术。容器的维护保养主要包括:①保持完好的防腐层。②消除产生腐蚀的因素。③消灭容器的"跑、冒、滴、漏",经常保持容器的完好状态。④加强容器在停用期间的维护。⑤经常保持容器的完好状态。故选 B。

6. A [解析] 本题考查的是压力容器使用安全技术。碳钢容器的碱脆需要具备温度、拉伸应力和较高的碱液浓度等条件,介质中含有稀碱液的容器,必须采

取措施消除使稀液浓缩的条件,如接缝渗漏、器壁粗糙或存在铁锈等多孔性物质等。故选 A。

7. B [解析] 本题考查的是压力容器使用安全技术。选项 A 错误,压力容器要保持完好的防腐层。选项 B 正确,消除产生腐蚀的因素,最好使氧气经过干燥,或在使用中经常排放容器中的积水。选项 C 错误,对于停用的容器,必须将内部的介质排除干净,腐蚀性介质要经过排放、置换、清洗等技术处理。选项 D 错误,容器上所有的安全装置和计量仪表,应定期进行调整校正,使其始终保持灵敏、准确。故选 B。

8. C [解析] 本题考查的是压力容器安全附件及仪表。选项 A 错误,安全阀与爆破片装置并联组合,安全阀的开启压力应略低于爆破片的标定爆破压力。选项 B 错误,容器内的介质对安全阀开启、回座、密封有腐蚀影响的情况下,应使用安全阀进口和容器之间串联安装爆破片装置。选项 D 错误,安全阀出口侧串联安装爆破片装置,爆破片的泄放面积不得小于安全阀的进口面积。故选 C。

9. B [解析] 本题考查的是压力容器安全附件及仪表。选项 A 错误,安全阀具有重复启闭功能,通常适用于清洁、无颗粒、低黏度的流体。选项 C 错误,安全阀与爆破片装置并联组合时,安全阀的开启压力应略低于爆破片的标定爆破压力。选项 D 错误,为便于安全阀的清洗与更换,安全阀与压力容器间一般可装设截止阀门,但正常运行期间必须保证常开状态。故选 B。

10. D [解析] 本题考查的是压力容器安全附件及仪表。当安全阀进口和容器之间串联安装爆破片装置时,爆破片破裂后的泄放面积应不小于安全阀进口面积,同时应保证爆破片破裂的碎片不影响安全阀的正常动作。故选 D。

11. A [解析] 本题考查的是压力容器安全附件及仪表。安全泄放装置与压力容器之间一般不宜装设截止阀;为实现安全阀的在线校验应在安全阀与压力容器之间装设爆破片装置。故选 A。

二、多项选择题

1. ABCE [解析] 本题考查的是压力容器使用安全技术。压力容器在运行中出现下列情况时,应立即停止运行:容器的操作压力或壁温超过安全操作规程规定的极限值,而且采取措施仍无法控制,并有继续恶化的趋势;容器的承压部件出现裂纹、鼓包变

形、焊缝或可拆连接处泄漏等危及容器安全的迹象;安全装置全部失效,连接管件断裂,紧固件损坏等,难以保证安全操作;操作岗位发生火灾,威胁到容器的安全操作;高压容器的信号孔或警报孔泄漏。故选ABCE。

2. ABCE　[解析]本题考查的是压力容器使用安全技术。选项D错误,除了防止超压以外,压力容器的操作温度也应严格控制在设计规定的范围内,长期的超温运行也可以直接或间接地导致容器的破坏。故选ABCE。

3. BC　[解析]本题考查的是压力容器安全附件及仪表。选项A错误,安全阀对于有毒物质和含胶着的物质不能使用。选项D错误,安全阀与爆破片装置并联组合时,安全阀的开启压力应略低于爆破片的标定爆破压力。选项E错误,当安全阀与爆破片串联组合时,爆破片破裂后的泄放面积应不小于安全阀的进口面积。故选BC。

4. AB　[解析]本题考查的是压力容器使用安全技术。在工艺条件方面,主要检查操作压力、操作温度、液位是否在安全操作规程规定的范围内;容器工作介质的化学组成,特别是那些影响容器安全(如产生应力腐蚀、使压力升高等)的成分是否符合要求。故选AB。

专题6　压力管道安全技术

一、单项选择题

1. D　[解析]本题考查的是压力管道安全附件。阻火器按其结构形式可以分为金属网型、波纹型、泡沫金属型、平行板型、多孔板型、水封型、充填型等;按功能可分为爆燃型和轰爆型,其中爆燃型阻火器是用于阻止火焰以亚音速通过的阻火器,轰爆型阻火器是用于阻止火焰以音速或超音速通过的阻火器。故选D。

2. C　[解析]本题考查的是压力管道安全附件。选项A错误,选用的阻火器的安全阻火速度应大于安装位置可能达到的火焰传播速度。选项B错误,选用阻火器时,其最大间隙应不大于介质在操作工况下的最大试验安全间隙。选项C正确,单向阻火器安装时,应当将阻火侧朝向潜在点火源。选项D错误,阻火器不得靠近炉子和加热设备,除非阻火单元温度升高不会影响其阻火性能。故选C。

3. D　[解析]本题考查的是压力管道安全附件。选项A错误,长输管道一般设置安全泄放装置、热力管道设置超压保护装置,除特殊情况外,处于运行

中可能超压的管道系统均应设置泄压装置。选项B错误,安全阻火速度应大于安装位置可能达到的火焰传播速度。选项C错误,不能采取带压堵漏的情况:介质毒性极大;管道受压元件因裂纹而产生泄漏;管道腐蚀、冲刷壁厚状况不清;由于介质泄漏使螺栓承受高于设计使用温度的管道;泄漏特别严重,压力高、介质易燃易爆或有腐蚀性的管道;现场安全措施不符合要求的管道。故选D。

4. D　[解析]本题考查的是压力管道使用安全技术。静电跨接和接地装置要保持良好完整,及时消除缺陷;及时消除"跑、冒、滴、漏";经常对管道底部、弯曲处等薄弱环节进行检查;禁止将管道及支架作为电焊零线或起重工具的锚点和撬抬重物的支撑点;停用的管道应排除管内有毒、可燃介质,并进行置换。故选D。

5. B　[解析]本题考查的是压力管道安全附件。选项A错误,爆燃型阻火器是用于阻止火焰以亚音速通过的阻火器,轰爆型阻火器是用于阻止火焰以音速或超音速通过的阻火器。选项C错误,选用的阻火器的安全阻火速度应大于安装位置可能达到的火焰传播速度。选项D错误,选用阻火器时,其最大间隙应不大于介质在操作工况下的最大试验安全间隙。故选B。

6. B　[解析]本题考查的是压力管道安全附件。选项A错误,工艺物料含有水汽或者其他凝固点高于0℃的蒸汽(如醋酸蒸汽等)时,有可能发生冻结的情况,因此,阻火器应当设置防冻或者解冻措施。选项C错误,单向阻火器安装时,应当将阻火侧朝向潜在点火源。选项D错误,阻火器不得靠近炉子和加热设备,除非阻火单元温度升高不会影响其阻火性能。故选B。

7. B　[解析]本题考查的是压力管道使用安全技术。选项A错误,操作维修人员在可拆卸接头和密封填料处发现问题后,一般可采取紧固措施消除泄漏,但不得带压紧固连接件。选项C错误,燃气管道发生不均匀沉降时,冷凝水会积存在下沉处的管道中,形成袋水,如果冷凝水达到一定数量,不及时抽除,就会堵塞管道。选项D错误,萘蒸气不具有腐蚀性,人工燃气中常含有一定量的萘蒸气,温度降低就凝成固体,附着在管道内壁使其流动断面减小或堵塞。故选B。

二、多项选择题

BCE　[解析]本题考查的是压力管道安全附件。选

193

项B错误,单向阻火器安装时,应当将阻火侧朝向潜在点火源。选项E错误,阻火器最大间隙不大于介质在操作工况下的最大试验安全间隙。故选BCE。

专题7 起重机械安全技术

一、单项选择题

1. D　[解析]本题考查的是起重机械使用安全技术。绝不可侥幸超载或使用已报废的吊具。故选D。

2. D　[解析]本题考查的是起重机械使用安全管理。选项D应为露天作业的起重机械经受9级以上风力后的起重机,使用前应做全面检查。故选D。

3. B　[解析]本题考查的是起重机械安全装置。根据《起重机械安全规程　第1部分:总则》,凡是动力驱动的起重机,其起升机构(包括主、副起升机构)均应装设上升极限位置限制器。故选B。

4. B　[解析]本题考查的是起重机械使用安全管理。年度检查是指每年对所有在用的起重机械至少进行1次全面检查。停用1年以上、4级以上地震或发生重大设备事故,露天作业的起重机械经受9级以上的风力后的起重机,使用前都应做全面检查。故选B。

5. D　[解析]本题考查的是起重机械安全装置。同层多台起重机同时作业比较普遍,还有两层、甚至三层起重机共同作业的场所。在这种工况环境中,单凭行程开关、安全尺,或者单凭起重机操作员目测等传统方式来防止碰撞,已经不能保证安全。目前,在上述环境使用的起重机上要求安装防碰撞装置,用来防止上述起重机在交会时发生碰撞事故。故选D。

6. D　[解析]本题考查的是起重机械事故。倾翻事故是自行式起重机的常见事故。故选D。

7. C　[解析]本题考查的是起重机械使用安全技术。有主、副两套起升机构的,不允许同时利用主、副钩工作(设计允许的专用起重机除外)。故选C。

8. D　[解析]本题考查的是起重机械安全装置。选项A错误,起重机起吊时不得超重。选项B错误,夜间施工必须有充分照明。选项C错误,光滑物体必须加衬垫方可起吊。故选D。

9. D　[解析]本题考查的是起重机械使用安全技术。用两台或多台起重机吊运同一重物时,每台起重机都不得超载。吊运过程应保持钢丝绳垂直,保持运行步调同步。故选D。

10. C　[解析]本题考查的是起重机械使用安全技术。吊载接近或达到额定值,或起吊危险物品(液

态金属、有害物、易燃易爆物)时,吊运前检查制动器,并用小高度、短行程试吊,确认无问题后再吊运;用两台或多台起重机吊运同一重物时,每台起重机都不得超载。故选C。

二、多项选择题

1. BCE　[解析]本题考查的是起重机械使用安全管理。动力系统控制装置和机械零部件安全情况是每月检查的内容。故选BCE。

2. ABCD　[解析]本题考查的是起重机械使用安全技术。选项A错误,起吊前应进行小高度、短行程试吊,以确定起重机的载荷承受能力。选项B错误,主、副两套起升机构不得同时工作(设计允许的除外)。选项C错误,被吊重物与吊绳之间有锐利棱角处、光滑处必须加衬垫。选项D错误,司索工与整个搬运过程作业安全关系极大,多数情况下还担任指挥任务。故选ABCD。

3. BE　[解析]本题考查的是起重机械基础知识。塔式起重机、门座式起重机、桅杆式起重机属于臂架式起重机,应设置起重量限制器。故选BE。

专题8 场(厂)内专用机动车辆安全技术

一、单项选择题

1. C　[解析]本题考查的是场(厂)内专用机动车辆涉及安全的主要部件。链条应进行极限拉伸载荷和检验载荷试验。故选C。

2. D　[解析]本题考查的是场(厂)内专用机动车辆涉及安全的主要部件。对于叉车等起升高度超过1.8m的工业车辆,必须设置护顶架,以保护驾驶员免受重物落下造成的伤害。护顶架一般是由型钢焊接而成,必须能够遮掩驾驶员的上方,还应保证驾驶员有良好的视野。护顶架应进行静态和动态两种载荷试验检测。故选D。

3. C　[解析]本题考查的是场(厂)内专用机动车辆使用安全技术。选项A错误,叉装时,物件应靠近起落架,重心应靠近起落架中心。选项B错误,严禁货叉上载人。选项D错误,叉车叉取质量不明的物体,需将物体叉离地面100mm检查稳定性。故选C。

4. A　[解析]本题考查的是场(厂)内专用机动车辆涉及安全的主要部件。选项B错误,静压传动叉车,只有处于制动状态时才能启动发动机。选项C错误,罩壳打开后由于意外关闭会造成伤害的,应当设置防止罩壳(如牵引蓄电池、发动机罩)意外关闭的装置,并且永久固定在叉车上或者安装在叉

安全处。选项D错误,叉车向前运行时,顺时针转动方向盘或者对转向控制装置的等同操作,应当使叉车右转。故选A。

5. D [解析] 本题考查的是场(厂)内专用机动车辆使用安全技术。选项A错误,物件提升离地后,应将起落架后仰,方可行驶。选项B错误,两辆叉车同时装卸一辆货车时,应有专人指挥联系,保证安全作业。选项C错误,以内燃机为动力的叉车,严禁在易燃易爆仓库作业。故选D。

6. D [解析] 本题考查的是场(厂)内专用机动车辆使用安全技术。选项A错误,物件提升离地后,应将起落架后仰,方可行驶。选项B错误,严禁货叉上载人,驾驶室除规定的操作人员外,严禁其他任何人进入或在室外搭乘。叉车在叉取易碎品、贵重品或装载不稳的货物时,应采用安全绳加固。必要时,应有专人引导,方可行驶。选项C错误,不得单叉作业和使用货叉顶货或拉货。故选D。

7. A [解析] 本题考查的是场(厂)内专用机动车辆涉及安全的主要部件。液压系统中,可能由于超载或者液压缸到达终点油路仍未切断,以及油路堵塞引起压力突然升高,造成液压系统破坏。因此,系统中必须设置安全阀,用于控制系统最高压力。最常用的是溢流安全阀。故选A。

二、多项选择题

1. ABCE [解析] 本题考查的是场(厂)内专用机动车辆涉及安全的主要部件。选项D错误,护顶架应进行静态和动态两种荷载试验检验。故选ABCE。

2. ABE [解析] 本题考查的是场(厂)内专用机动车辆涉及安全的主要部件。选项C错误,对于叉车等起升高度超过1.8m的工业车辆,必须设置护顶架,以保护驾驶员免受重物落下造成伤害,一般由型钢焊接而成,护顶架应进行静态和动态两种载荷试验检测。选项D错误,高压胶管必须符合相关标准,并通过耐压试验、长度变化试验、爆破试验、脉冲试验、泄漏试验等试验检测。故选ABE。

专题9 客运索道安全技术

一、单项选择题

1. C [解析] 本题考查的是客运索道应具备的安全装置。单线循环脱挂抱索器客运架空索道在吊具距地高度大于15m时,应配备缓降器救护工具。故选C。

2. C [解析] 本题考查的是客运索道应具备的安全

装置。选项A错误,吊厢门应安装闭锁系统,不能由车内打开,也不能由于撞击或大风的影响而自动开启。选项B错误,有负力的索道应设超速保护,在运行速度超过额定速度15%时,能自动停车。选项D错误,张紧小车前后均应装设缓冲器防止意外撞击。故选C。

3. A [解析] 本题考查的是客运索道使用安全技术。选项A正确,客运索道在每天运行前应仔细检查,在运送乘客之前应进行一次空车循环试车。选项BD错误,客运索道值班电工、钳工对专责设备每班至少检查1次,线路润滑巡视工每班至少全线巡视一周。选项C错误,单线循环固定抱索式有负力的索道应设超速保护,在运行速度超过额定速度15%时,能自动停车。故选A。

4. B [解析] 本题考查的是客运索道应具备的安全装置。客运索道线路机电设施及安全装置:①应根据地形情况配备救护工具和救援设施,沿线路不能垂直救护时,应配备水平救护设施。吊具距地大于15m时,应有缓降器救护工具,绳索长度应适应最大高度救护要求。②压索支架应有防脱索二次保护装置及地锚。③托压索轮组内侧应设有防止钢丝绳往回跳的挡绳板,外侧应安装捕索器和U形开关,脱索时接住钢丝绳并紧急停车。故选B。

5. A [解析] 本题考查的是客运索道应具备的安全装置。制动液压站和张紧液压站应设有油压上下限开关,上限泄油、下限补油。故选A。

二、多项选择题

ACE [解析] 本题考查的是客运索道应具备的安全装置。选项B错误,有负力的索道应设超速保护,在运行速度超过额定速度15%时,能自动停车。选项D错误,如索道夜间运行时,站内及线路上应有针对性照明,支架上电力线不允许超过36V。故选ACE。

专题10 大型游乐设施安全技术

一、单项选择题

1. D [解析] 本题考查的是大型游乐设施的安全装置。大型游乐设施的安全装置中,斜坡牵引的提升系统,必须设有防止载人装置逆行的装置,在最大冲击负荷时必须止逆可靠。故选D。

2. B [解析] 本题考查的是大型游乐设施的安全装置。为了使游乐设施安全停止或减速,大部分运行速度较快的设施都采用了制动系统。游乐设施的制动包括对电动机的制动和对车辆的制动。电动机的制动有机械制动和电气制动两种方式,游乐设施车辆制动的方式主要采用机械制动。故选B。

3. B [解析] 本题考查的是大型游乐设施使用安全技术。游乐设施正式运营前,操作员应将空车按实际工况运行2次以上,确认一切正常再开机营业。开机前,先鸣铃以示警告,让等待上机的乘客及服务员远离游乐设施,以防开机后碰伤。确认乘客都已坐好并符合安全要求,确认周围环境无安全隐患,场内无闲杂人员再开机。故选B。

4. B [解析] 本题考查的是大型游乐设施使用安全技术。栅栏门开启方向应只有一个方向,并应与乘客行进方向一致。故选B。

5. A [解析] 本题考查的是大型游乐设施的安全装置。选项B错误,沿斜坡牵引的提升系统,必须设有防止载人装置逆行的装置,止逆行装置逆行距离的设计应使冲击负荷最小,在最大冲击负荷时止逆可靠。选项C错误,在游乐设施中,采用直流电动机驱动或者设有速度可调系统时,必须设有防止超出最大设定速度的限速装置,限速装置必须灵敏可靠。选项D错误,绕水平轴回转并配有平衡重的游乐设施,乘人部位在最高点有可能出现静止状态时,应有防止或处理该状态的措施;液压缸或气缸行程的终点,应设置限位装置,且灵敏可靠。故选A。

二、多项选择题

1. CD [解析] 本题考查的是大型游乐设施使用安全技术。选项C错误,设施运行中,在乘客产生恐惧、大声叫喊时,操作员应立即停机,让恐惧乘客下机。选项D错误,设施运行中,操作人员不能离开岗位。故选CD。

2. BE [解析] 本题考查的是大型游乐设施使用安全技术。选项A错误,游乐设施正式运营前,操作员应将空车按实际工况运行2次以上。选项C错误,对座舱在空中旋转的游乐设施,服务人员负责疏导乘客,尽量使其均匀乘坐,不要造成偏载。选项D错误,不准幼儿乘坐的游乐设施,要劝阻家长不要抱幼儿乘坐。故选BE。

3. BCDE [解析] 本题考查的是大型游乐设施的安全装置。选项A错误,游乐设施常见的缓冲器分为蓄能型缓冲器和耗能型缓冲器,前者主要以弹簧和聚氨酯材料等为缓冲元件,后者主要是油压缓冲器。故选BCDE。

第4章　防火防爆安全技术

真题必刷

考点1　燃烧及爆炸分类

1. A [解析] 本题考查的是燃烧及爆炸分类。选项A正确,热分解温度是指可燃物质受热发生分解的初始温度。它是评价可燃固体的火灾危险性主要指标之一,固体的热分解温度越低,燃点也低,火灾的危险性越大。选项B错误,引燃能是指释放能够触发初始燃烧化学反应的能量,也称为最小点火能,影响其反应的因素包括温度、释放的能量、热量和加热时间。选项C错误,闪燃是在一定温度下,在可燃液体表面上能产生足够的可燃蒸气,遇火能产生一闪即灭的燃烧现象。由于易燃、可燃液体在闪点温度下,蒸发速度还不太快,蒸发产生的可燃蒸气仅能维持一刹那的燃烧,不能持续燃烧,因而燃烧一闪即过。闪燃往往是持续燃烧的先兆。选项D错误,自燃是指物质在通常的环境条件下自行发生燃烧的现象,一般情况下,密度越大,闪点越高,而自燃点越低。比如,下列油品的密度:汽油<煤油<轻柴油<重柴油<蜡油<渣油,而其闪点依次升高,自燃点则依次降低。故选A。

2. A [解析] 本题考查的是燃烧及爆炸分类。物理爆炸是一种极为迅速的物理能量因失控而释放的过程,这是一种纯物理过程,只发生物态变化,不发生化学反应。蒸汽锅炉爆炸、轮胎爆炸、导线电流过载引起的爆炸,水的大量急剧汽化等均属于此类爆炸。选项BC属于化学爆炸,选项D属于液相爆炸。故选A。

考点2　燃烧及爆炸规律

1. A [解析] 本题考查的是燃烧及爆炸规律。选项A正确,活化能越低的可燃性粉尘物质,其火灾危险性越大。选项B错误,燃点(着火点)越低,火灾危险性越大。选项C错误,一般情况下,闪点越低,火灾危险性越大。选项D错误,爆炸下限越低的可燃气体物质,其火灾危险性越大。故选A。

2. C [解析] 本题考查的是燃烧及爆炸规律。选项A错误,液体可燃物受热分解越快,自身散热越快,其自燃点越低。选项B错误,固体可燃物粉碎得越细,其自燃点越低。选项D错误,油品密度越小,闪点越低,其自燃点越高。故选C。

考点3　爆炸极限

1. **D**　[解析] 本题考查的是爆炸极限。选项A错误，甲烷的爆炸极限范围在空气中比在纯氧中的窄。选项B错误，惰性气体更容易把氧分子和可燃气体分子隔开，对爆炸上限产生较大的影响，使爆炸上限迅速下降。选项C错误，当惰性气体的浓度增加到某一数值时，爆炸上下限趋于一致，使混合气体不发生爆炸。故选D。

2. **C**　[解析] 本题考查的是爆炸极限。危险度H等于爆炸上限、下限之差与爆炸下限浓度的比值，因此该可燃气的危险度$H=(44\%-4\%)/4\%=10.00$。故选C。

3. **D**　[解析] 本题考查的是爆炸极限。点火能量对甲烷爆炸极限影响如下图所示。当火花能量达到某一数值时，爆炸极限范围受点火能量影响较小，如测甲烷与空气混合气体的爆炸极限时，当点火能量为10J时，爆炸极限趋于稳定，为5%～15%。所以，一般情况下，爆炸极限均在较高的点火能量下测得。故选D。

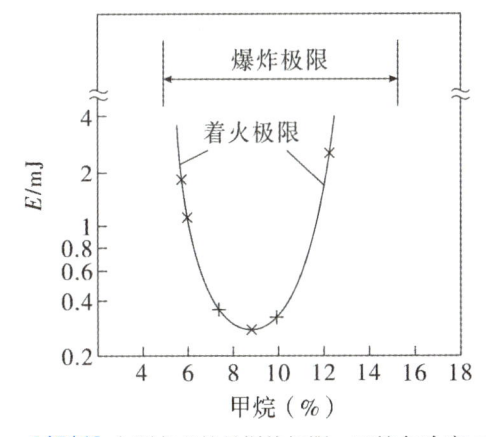

4. **B**　[解析] 本题考查的是爆炸极限。丁烷危险度$H=(8.5-1.5)/1.5=4.7$；氢气危险度$H=(75-4)/4=17.75$；乙烯危险度$H=(34-2.8)/2.8=11.14$；一氧化碳危险度$H=(74.5-12)/12=5.21$。故危险度最高者为氢气，危险度越大，危险性越大。故选B。

5. **BCD**　[解析] 本题考查的是爆炸极限。选项A错误，向可燃气体、蒸气或粉尘和空气的混合物中加入惰性气体，可以达到两种效果，一是缩小甚至消除爆炸极限范围；二是将混合物冲淡。选项E错误，可燃混合气体的容器材料的传热性越好，其爆炸极限范围越小。故选BCD。

考点4　粉尘爆炸特性

1. **D**　[解析] 本题考查的是粉尘爆炸特性。选项A错误，粉尘爆炸极限不是固定不变的。一般来说，粉尘粒度越细、分散度越高、可燃气体和氧的含量越大、点火源强度越大、初始温度越高、湿度越低、惰性粉尘及灰分越少，爆炸极限范围越大，粉尘爆炸危险性也就越大。选项B错误，与可燃气爆炸一样，粉尘容器尺寸会对粉尘爆炸压力及压力上升速率有很大的影响。选项C错误，粉尘爆炸在管道中传播碰到障碍片时，因湍流的影响，粉尘呈漩涡状态，使爆炸波阵面不断加速。选项D正确，粒度对粉尘爆炸压力上升速率的影响比粉尘爆炸压力大得多。故选D。

2. **B**　[解析] 本题考查的是粉尘爆炸特性。选项A错误，电气防爆是为了防止火灾和爆炸的产生，因此在采取了电气防爆措施后最小点火能提高。选项C错误，粉尘爆炸在管道中传播碰到障碍片时，因湍流的影响，粉尘呈漩涡状态，使爆炸波阵面不断加速。当管道长度足够长时，甚至会转化为爆轰。选项D错误，粉尘爆炸压力及压力上升速率主要受粉尘粒度、初始压力、粉尘爆炸容器、湍流度等因素的影响。粒度对粉尘爆炸压力上升速率的影响比粉尘爆炸压力大得多。故选B。

3. **A**　[解析] 本题考查的是粉尘爆炸特性。粉尘爆炸是瞬间的连锁反应，爆炸过程比气体爆炸过程复杂，其爆炸条件有三个，即粉尘本身具有可燃性、粉尘悬浮在空气或助燃气体中并达到一定浓度、有足以引起粉尘爆炸的起始能量(点火源)。故选A。

4. **D**　[解析] 本题考查的是粉尘爆炸特性。粉尘爆炸过程与可燃气爆炸相似，但有两点区别：一是粉尘爆炸所需的点火能要大得多；二是在可燃气爆炸中，促使温度上升的传热方式主要是热传导；而在粉尘爆炸中，热辐射的作用大。故选D。

5. **C**　[解析] 本题考查的是粉尘爆炸特性。粉尘爆炸压力及压力上升速率主要受粉尘粒度、初始压力、粉尘爆炸容器、湍流度等影响。粒度对粉尘爆炸压力上升速率的影响比其对粉尘爆炸压力的影响大得多。粉尘爆炸在管道中传播碰到障碍片时，因湍流的影响，粉尘呈漩涡状态，使爆炸波阵面不断加速。故选C。

6. **CDE**　[解析] 本题考查的是粉尘爆炸特性。选项A错误，粉尘爆炸感应期比气体爆炸感应期长。选项B错误，粉尘爆炸产生的能量大，破坏程度大。故选CDE。

考点 5　火灾分类

B　[解析]本题考查的是火灾分类。雷尼镍是催化剂,催化剂量极少,因此不是事故的主要原因。事故的主要原因是甲苯燃爆造成的,甲苯为液态,为 B 类液体火灾。故选 B。

考点 6　防火防爆及泄压装置

1. A　[解析]本题考查的是防火防爆及泄压装置。选项 B 错误,采用惰性气体保护系统属于防止形成爆炸性混合物。选项 C 错误,采用防爆电气设备属于防止出现电弧电火花。选项 D 错误,将危险化学品密闭处理属于空间密闭和隔离防止形成爆炸性混合物。故选 A。

2. A　[解析]本题考查的是防火防爆及泄压装置。选项 A 正确,对于工作介质为剧毒气体或可燃气体(蒸气)里含有剧毒气体的压力容器,其泄压装置应采用爆破片而不宜用安全阀,以免污染环境。选项 B 错误,脉冲式安全阀适用于高压系统。选项 C 错误,液化气体容器上的安全阀应安装于气相部分,防止排出液体物料,发生事故。选项 D 错误,爆破片的爆破压力均应低于系统的设计压力。故选 A。

3. A　[解析]本题考查防火防爆及泄压装置。化学抑爆技术适用于易产生二次爆炸,或无法开设泄爆口的设备以及所处位置不利于泄爆的设备。故选 A。

4. A　[解析]本题考查的是防火防爆及泄压装置。选项 A 错误,当烟气由管径较小的管道进入管径较大的火星熄灭器中,流速减慢、压力降低,烟气中携带的体积、质量较大的火星就会沉降下来,不会从烟道飞出。故选 A。

5. CDE　[解析]本题考查的是防火防爆及泄压装置。选项 A 错误,工作介质含剧毒气体时不能采用安全阀作为防爆泄压装置。选项 B 错误,化学抑爆技术可用于可燃性粉尘的管道,但可燃性粉尘管道不允许用空气输送。故选 CDE。

考点 7　烟花爆竹和民用爆炸物品安全技术

1. D　[解析]本题考查的是烟花爆竹和民用爆竹物品安全技术。选项 A 错误,能量特征是标志炸药做功能力的参量,一般是指 1kg 炸药燃烧时气体产物所做的功。选项 B 错误,安定性是指炸药必须在长期储存中保持其物理化学性质的相对稳定。为改善炸药的安定性,一般在炸药中加入少量的化学安定剂,如二苯胺等。选项 C 错误,选项 D 正确,燃烧特性标志炸药能量释放的能力,主要取决于炸药的燃烧速率和燃烧表面积。燃烧速率与炸药的组成和物理结构有关,还随初始温度和工作压力的升高而增大。故选 D。

2. A　[解析]本题考查的是烟花爆竹和民用爆炸物品安全技术。选项 B 错误,烟火药制造宜采用球磨、振动筛混合,氯酸盐不能使用球磨机混合。选项 C 错误,烟火药在干燥散热时,不应翻动和收取,应冷却至室温时收取,如另设散热间,其定员、定量、药架设置应与烘房一致并配套;散热间内不应进行收取和计量包装操作,不应堆放成箱烟火药;湿药和未经摊凉、散热的烟火药不应堆放和入库。选项 D 错误,引火线应机械制作,并在专用工房内操作;机械动力装置应与制引机隔离。故选 A。

3. B　[解析]本题考查的是烟花爆竹和民用爆炸物品安全技术。烟花爆竹工厂的安全距离实际上是危险性建筑物与周围建筑物之间的最小允许距离,包括工厂危险品生产区内的危险性建筑物与其周围村庄、公路、铁路、城镇和本厂住宅区等的外部距离,以及危险品生产区内危险性建筑物之间和危险建筑物与周围其他建(构)筑物之间的内部距离。安全距离的作用是保证一旦某座危险性建筑物内的爆炸品发生爆炸时,不至于使邻近的其他建(构)筑物造成严重破坏和造成人员伤亡。故选 B。

4. BCD　[解析]本题考查的是烟花爆竹和民用爆炸物品安全技术。根据《烟花爆竹作业安全技术规程》,不应使用石磨、石臼混合药物;不应使用球磨机混合氯酸盐烟火药等高感度药物。进行二元或三元黑火药混合的球磨机与药物接触的部分不应使用铁质部件。故选 BCD。

考点 8　消防器材

1. D　[解析]本题考查的是消防器材。选项 A 错误,氯酸盐、硝酸盐、高锰酸盐等均为氧化剂,具有强氧化作用,着火后自身会释放出氧气,使用二氧化碳起不到窒息灭火作用。选项 B 错误,氯酸盐、硝酸盐、高锰酸盐等属于遇湿易燃物品,使用水、泡沫等灭火会加速火灾发展。选项 C 错误,发生电气火灾时,应用二氧化碳或干粉灭火剂扑灭,严禁用泡沫灭火剂和水进行灭火。因为水易导电,会造成触电事故。理化性能测试室存在精密仪器及电气设备,宜采用二氧化碳气体灭火。故选 D。

2. A　[解析]本题考查的是消防器材。干粉灭火剂灭火机理有:①化学抑制作用。阻断链式反应自由基。②"烧爆"作用。干粉与火焰接触时,其粉粒受高热的作用可以爆裂成为许多更小的颗粒,增加了与火焰的接触面积。③冷却和窒息。干粉灭火剂受热发生分解作用,属于吸热反应;产生的水蒸气及二氧化碳等气体起到一定的窒息作用。④隔离。干粉附着到可燃物质的表面,起到隔离氧气的作用。故选A。

3. ABC [解析]本题考查的是消防器材。选项D错误,离子感烟火灾探测器在制造、运输以及弃置等方面对环境造成污染,威胁着人的生命安全。因此,这种产品在欧洲现已开始禁止使用,在我国也终将成为淘汰产品。选项E错误,定温火灾探测器有较好的可靠性和稳定性,保养维修也方便,只是响应过程长些,灵敏度低些。故选ABC。

专题必刷

专题1 火灾爆炸事故机理

一、单项选择题

1. C [解析]本题考查的是燃烧与火灾。可燃固体燃烧,如果是简单物质(如硫、磷等),受热后首先熔化,蒸发成蒸气进行燃烧,没有分解过程;如果是复杂物质,在受热时首先分解为气态或液态产物,其气态和液态产物的蒸气进行氧化分解着火燃烧。有的可燃固体(如焦炭等)不能分解为气态物质,在燃烧时则炽热状态,没有火焰产生。故选C。

2. D [解析]本题考查的是燃烧与火灾。选项A错误,C类火灾是指气体火灾,如煤气、天然气、甲烷、乙烷、丙烷、氢气火灾等。选项B错误,D类火灾是指金属火灾,如钾、钠、镁、钛、锆、锂、铝镁合金火灾等。选项C错误,E类火灾是指带电火灾,是物体带电燃烧的火灾,如发电机、电缆、家用电器等。故选D。

3. C [解析]本题考查的是爆炸。分解爆炸的敏感性与压力有关。分解爆炸所需的能量,随压力升高而降低。在高压下,较小的点火能量就能引起分解爆炸;而压力较低时,则需要较高的点火能量才能引起分解爆炸;当压力低于某值时,就不再产生分解爆炸,此压力值称为分解爆炸的极限压力(临界压力)。故选C。

4. B [解析]本题考查的是燃烧与火灾。一般情况下,密度越大,闪点越高而自燃点越低。故选B。

5. C [解析]本题考查的是爆炸。气相爆炸类别见下表。

类别	爆炸机理	举例
混合气体爆炸	可燃性气体和助燃气体以适当的浓度混合,由于燃烧波或爆炸波的传播而引起的爆炸	空气和氢气、丙烷、乙醚等混合气的爆炸
气体的分解爆炸	单一气体由于分解反应产生大量的反应热引起的爆炸	乙炔、乙烯、氯乙烯等在分解时引起的爆炸
粉尘爆炸	空气中飞散的易燃性粉尘,由于剧烈燃烧引起的爆炸	空气中飞散的铝粉、镁粉、亚麻粉、玉米淀粉等引起的爆炸
喷雾爆炸	空气中易燃液体被喷成雾状物,在剧烈的燃烧时引起的爆炸	油压机喷出的油雾、喷漆作业的爆炸

由上表可知,选项C属于气相爆炸。故选C。

6. D [解析]本题考查的是爆炸。$H=(L_上 - L_下)/L_下$ 或 $H=(Y_上 - Y_下)/Y_下$,则该气体危险度为 $(15\% - 5\%)/5\% = 2$。故选D。

7. A [解析]本题考查的是爆炸。由图可知,原始温度为500℃曲线为最外侧曲线,曲线最低处水平切线切点所对应的纵轴数值约为13,因此可知甲烷在该温度条件下的临界压力约为13kPa。故选A。

8. A [解析]本题考查的是爆炸。粉尘爆炸有以下特点:①粉尘爆炸速度或爆炸压力上升速度比爆炸气体小,但燃烧时间长,产生的能量大,破坏程度大。②爆炸感应期较长。③有产生二次爆炸的可能性。④粉尘有不完全燃烧现象。在燃烧后的气体中含有大量的CO及粉尘(如塑料粉)自身分解的有毒气体,会伴随中毒死亡的事故。故选A。

9. A [解析]本题考查的是爆炸。粉尘爆炸过程与可燃气体爆炸相似,但有两点区别:一是粉尘爆炸所需的点火能要大得多;二是在可燃气体爆炸中,促使温度上升的传热方式主要是热传导;而在粉尘爆炸中,热辐射的作用大。故选A。

10. D [解析]本题考查的是燃烧与火灾。飞机因飞行事故而导致本身燃烧不列入火灾统计范围。故选D。

11. C [解析] 本题考查的是爆炸。能够爆炸的最低浓度称为爆炸下限；能发生爆炸的最高浓度称为爆炸上限。用爆炸上限、下限之差与爆炸下限浓度的比值表示其危险度 H。一般情况下，H 值越大，表示可燃性混合物的爆炸极限范围越宽，其爆炸危险性越大。故选 C。

12. C [解析] 本题考查的是燃烧与火灾。液态可燃物（包括受热后先液化后燃烧的固态可燃物，如蜡烛）通常先蒸发为可燃蒸气，可燃蒸气与氧化剂再发生燃烧。故选 C。

13. B [解析] 本题考查的是燃烧与火灾。一般采用 T 平方特征火灾模型来简化描述发展期阶段非稳态火灾热释放速率随时间的变化。故选 B。

14. B [解析] 本题考查的是爆炸。可燃混合气体中加入惰性气体，会使爆炸极限范围变窄，一般上限降低，下限变化比较复杂。当加入的惰性气体超过一定量以后，任何比例的混合气体均不能发生爆炸。故选 B。

15. C [解析] 本题考查的是爆炸。根据危险度 H 的计算公式可知，乙烷的危险度 $H=(L_r-L_p)/L_p=(15\%-3\%)/3\%=4$。故选 C。

16. D [解析] 本题考查的是爆炸。选项 A 错误，爆燃会伴有以亚音速传播的燃烧波。选项 B 错误，发生爆燃时，物质爆燃时的燃烧速度为每秒数米，爆炸时无多大破坏力，声响也不大。选项 C 错误，发生爆燃时，物质爆燃时的燃烧速度为每秒十几米至数百米，爆炸时能在爆炸点引起压力激增，有较大破坏力。故选 D。

17. B [解析] 本题考查的是爆炸。点火源的活化能量越大，加热面积越大，作用时间越长，爆炸极限范围也越宽。故选 B。

18. D [解析] 本题考查的是爆炸。选项 AB 属于气相爆炸和化学爆炸。选项 C 属于液相爆炸和化学爆炸。选项 D 属于固相爆炸和物理爆炸。故选 D。

19. D [解析] 本题考查的是燃烧与火灾。家用燃气设备的燃烧属于扩散燃烧。酒精、汽油、乙醚等易燃液体的燃烧属于蒸发燃烧。木材、纸、油脂一类的高沸点固体可燃物的燃烧属于分解燃烧。故选 D。

20. A [解析] 本题考查的是爆炸。温度越高，爆炸极限范围越宽。故选 A。

21. D [解析] 本题考查的是燃烧与火灾。图中①是熔化；②是蒸发；③是氧化分解；④是燃烧。可燃液体在点火源作用（加热）下，首先蒸发成蒸气，其蒸气进行氧化分解并达到自燃点而燃烧。故选 D。

22. B [解析] 本题考查的是燃烧与火灾。闪燃是可燃物表面或可燃液体上方在很短时间内重复出现火焰一闪即灭的现象。闪燃往往是持续燃烧的先兆。阴燃是指没有火焰和可见光的燃烧。故选 B。

23. C [解析] 本题考查的是爆炸。爆炸极限计算由题可得，该混合气体的爆炸极限 $L_m=1/(80\%/4\%+20\%/2\%)=3.3\%$。故选 C。

24. B [解析] 本题考查的是爆炸。某些气体如乙炔、乙烯、环氧乙烷等，即使在没有氧气的条件下，也能被点燃爆炸，其实质是一种分解爆炸。除上述气体外，分解爆炸性气体还有臭氧、联氨、丙二烯、甲基乙炔、乙烯基乙炔、一氧化氮、二氧化氮、氰化氢、四氟乙烯等。故选 B。

25. A [解析] 本题考查的是燃烧与火灾。预混燃烧是指在燃烧（或燃爆）前，可燃气体与空气通过旋流器进行充分混合，并形成一定浓度的可燃气体混合物，被点火源点燃所引起的燃烧或爆炸。故选 A。

二、多项选择题

1. ACDE [解析] 本题考查的是爆炸。评价粉尘爆炸危险性的主要特征参数有爆炸极限、最小点火能量、最低着火温度、粉尘爆炸压力及压力上升速率。故选 ACDE。

2. ABDE [解析] 本题考查的是爆炸。在没有氧气的条件下，也能被点燃的爆炸称为分解爆炸。分解爆炸气体有乙炔、乙烯、环氧乙烷、臭氧、联氨、丙烯、甲基乙炔、乙烯基乙炔、一氧化氮、二氧化氮、氰化氢、四氟乙烯等。故选 ABDE。

3. BCD [解析] 本题考查的是爆炸。选项 A 错误，粉尘的分散度越高，爆炸危险性越大。选项 B 正确，粉尘粒度越细，粉尘爆炸危险性越大。选项 C 正确，粉尘湿度越低，爆炸危险性越大。选项 D 正确，可燃气体和含氧量越大，爆炸危险性越大。选项 E 错误，粉尘灰分越少，爆炸危险性越大。故选 BCD。

4. ABD [解析] 本题考查的是燃烧与火灾。在适当的外界条件下，木材、棉、麻、纸张等的燃烧会存在表面燃烧、分解燃烧、阴燃等形式。选项 C 属于表面燃烧。选项 E 会受热分解可燃有毒气体如 CO，CO 与氧气接触加热燃烧属于分解燃烧。故选 ABD。

5. BD [解析] 本题考查的是爆炸。选项 A 错误,爆炸极限不是固定不变的,它随条件的变化而变化。选项 C 错误,混合气体的温度越高,则爆炸下限越低,爆炸范围越宽。选项 E 错误,爆炸的临界压力指的是在此压力值时混合气体爆炸上下限重合,压力再降低,混合气体就不会发生爆炸。故选 BD。

6. ABE [解析] 本题考查的是爆炸。粉尘爆炸极限不是固定不变的,它的影响因素主要有粉尘粒度、分散度、温度、点火源的性质、可燃气含量、氧含量、湿度、惰性粉尘和灰分等。故选 ABE。

7. BC [解析] 本题考查的是燃烧与火灾。选项 B 错误,固体可燃物粉碎越细,其自燃点越低。选项 C 错误,燃点越低,火灾危险越高。密度越大,闪点越高,而引燃温度却越低。故选 BC。

8. AD [解析] 本题考查的是爆炸。选项 B 油雾爆炸属于气相爆炸,选项 C 硝基甘油爆炸和选项 E 乙炔铜爆炸属于固相爆炸。故选 AD。

9. BD [解析] 本题考查的是燃烧与火灾。《火灾分类》中 B 类火灾是指液体火灾和可融化的固体物质火灾,如汽油、煤油、柴油、原油、甲醇、乙醇、沥青、石蜡火灾等。故选 BD。

10. CDE [解析] 本题考查的是爆炸。选项 A 属于核爆炸。选项 B 属于物理爆炸。选项 CDE 属于化学爆炸。故选 CDE。

专题 2 防火防爆技术

一、单项选择题

1. A [解析] 本题考查的是爆炸控制。在有爆炸性危险的生产场所,对有可能引起火灾危险的电器、仪表等采用充氮气正压保护。故选 A。

2. C [解析] 本题考查的是点火源及其控制。明火加热设备的布置,应远离可能泄漏易燃气体或蒸气的工艺设备和储罐区,并应布置在其上风向或侧风向。对于有飞溅火花的加热装置,应布置在上述设备的侧风向。故选 C。

3. D [解析] 本题考查的是防火防爆安全装置及技术。选项 A 错误,安全阀按其结构和作用原理可分为杠杆式、弹簧式和脉冲式等。选项 B 错误,当安全阀的入口处装有隔断阀时,隔断阀必须保持常开状态并加铅封。选项 C 错误,爆破片的防爆效率取决于它的厚度、泄压面积和膜片材料的选择。故选 D。

4. C [解析] 本题考查的是爆炸控制。以不燃或难燃的材料代替可燃或易燃材料,防火与防爆的根本性措施。故选 C。

5. B [解析] 本题考查的是防火防爆安全装置及技术。选项 A 错误,一些具有复合结构的机械阻火器可阻止爆轰火焰的传播。选项 B 正确,工业阻火器常用于阻止爆炸初期火焰的蔓延。选项 CD 错误,主动式、被动式隔爆装置是靠装置某一元件的动作来阻隔火焰,这与工业阻火器靠本身的物理特性来阻火是不同的。工业阻火器在工业生产过程中时刻都在起作用,对流体介质的阻力较大,而主动式、被动式隔爆装置只是在爆炸发生时才起作用。另外,工业阻火器对于纯气体介质才是有效的,对气体中含有杂质(如粉尘、易凝物等)的输送管道,应当选用主动式、被动式隔爆装置为宜。故选 B。

6. D [解析] 本题考查的是点火源及其控制。选项 A 错误,如焊接系统和其他系统相连,应先加堵金属盲板隔绝,再进行清洗,最后吹扫置换。选项 B 错误,焊割时,不得利用与易燃易爆生产设备有联系的金属构件作为电焊地线。选项 C 错误、选项 D 正确,若气体爆炸下限大于 4%,环境中该气体浓度应小于 0.5%;爆炸下限小于 4% 的可燃气体或蒸气,浓度应小于 0.2%。故选 D。

7. C [解析] 本题考查的是爆炸控制。防止爆炸的一般原则:一是控制混合气体中的可燃物含量处在爆炸极限以外;二是使用惰性气体取代空气;三是使氧气浓度处于其极限值以下。为此,应防止可燃气体向空气中泄漏,或防止空气进入可燃气体中;控制、监视混合气体各组分浓度;装设报警装置和设施。故选 C。

8. D [解析] 本题考查的是防火防爆安全装置及技术。选项 A 错误,杠杆式安全阀适于温度较高的系统。选项 B 错误,杠杆式安全阀因阀体体积较大,不便于更换,因此在持续运行的系统中不利于调整、更换和维护。选项 C 错误,弹簧式安全阀的弹力受到温度影响,长期高温会致使弹力减小,因此不适用于高温系统。选项 D 正确,脉冲安全阀适用于安全泄放量很大的系统或高压系统。故选 D。

9. D [解析] 本题考查的是点火源及其控制。维修焊割用火的控制要点为:①在输送、盛装易燃物料的设备、管道上,或在可燃可爆区域内动火时,应将系统和环境进行彻底的清洗或清理。②动火现场应配备必要的消防器材,并将可燃物品清理干净。③气焊作业时,应将乙炔发生器放置在安全地点,以防回火爆炸伤人或将易燃物引燃。④电杆线破残应及时更换或修理,不得利用与易燃易爆生产设备有关联的金属构件作为电焊地线,以防止在电路接触不良的地方产生高温或电火花。故选D。

10. C　[解析] 本题考查的是爆炸控制。使用惰性气体取代空气,采取的惰性气体(或阻燃性气体)主要有氮气、二氧化碳、水蒸气、烟道气等。故选C。

11. B　[解析] 本题考查的是防火防爆安全装置及技术。火星熄灭器熄火的基本方法主要有以下几种:①当烟气由管径较小的管道进入管径较大的火星熄灭器中,气流由小容积进入大容积,致使流速减慢、压力降低,烟气中携带的体积、质量较大的火星就会沉降下来,不会从烟道飞出。②在火星熄灭器中设置网格等障碍物,将较大、较重的火星挡住;或者采用设置旋转叶轮等方法改变烟气流动方向,增加烟气所走的路程,以加速火星的熄灭或沉降。③用喷水或通水蒸气的方法熄灭火星。故选B。

12. D　[解析] 本题考查的是火灾爆炸预防基本原则。防止火灾爆炸事故发生的基本原则为:①防止和限制可燃可爆系统的形成。②燃烧爆炸物质不可避免时,尽可能消除或隔离各类点火源。③阻止和限制火灾爆炸的蔓延扩展,尽量降低火灾爆炸事故造成的损失。故选D。

13. A　[解析] 本题考查的是点火源及其控制。加热易燃物料时,要尽量避免采用明火设备,而宜采用热水或其他介质间接加热,如蒸汽或密闭电气加热等加热设备,不得采用电炉、火炉、煤炉等直接加热。故选A。

14. C　[解析] 本题考查的是爆炸控制。惰性气体的需用量 $X = [(21-12)/12] \times 100 = 75(L)$。故选C。

15. A　[解析] 本题考查的是火灾爆炸预防基本原则。从理论上讲,防止火灾爆炸事故发生的基本原则为:①防止和限制可燃可爆系统的形成。②当燃烧爆炸物质不可避免地出现时,要尽可能消除或隔离各类点火源。③阻止和限制火灾爆炸的蔓延扩展,尽量降低火灾爆炸事故造成的损失。故选A。

16. C　[解析] 本题考查的是防火防爆安全装置及技术。在工业生产上,通常在系统中流体的进口和出口之间,与燃气或燃油管道及设备相连接的辅助管线上,高压与低压系统之间的低压线上,或压缩机与油泵(液压泵)的出口管线上安置单向阀。故选C。

17. B　[解析] 本题考查的是防火防爆安全装置及技术。当烟气由管径较小的管道进入管径较大的火星熄灭器中,气流由小容积进入大容积,致使流速减慢、压力降低,烟气中携带的体积、质量较大的火星就会沉降下来,不会从烟道飞出。故选B。

18. B　[解析] 本题考查的是点火源及其控制。在易燃易爆场合应避免下列现象发生:工人应禁止穿钉鞋,不得使用铁器制品;搬运储存可燃物体和易燃液体的金属容器时,应当用专门的运输工具,禁止在地面上滚动、拖拉或抛掷,并防止容器的互相撞击,以免产生火花,引起燃烧或容器爆裂造成事故。故选B。

19. A　[解析] 本题考查的是爆炸控制。爆炸物品不准与任何其他类的物品共储,必须单独隔离储存。故选A。

20. D　[解析] 本题考查的是爆炸控制。采用烟道气时应经过冷却,并除去氧及残余的可燃组分。故选D。

21. B　[解析] 本题考查的是防火防爆安全装置及技术。防爆泄压装置主要有安全阀、爆破片、泄爆设施等。安全阀的作用是为了防止设备和容器内压力过高而爆炸。爆破片是一种断裂型的安全泄压装置。有爆炸危险的厂房或厂房内有爆炸危险的部位应设置泄爆设施。故选B。

22. A　[解析] 本题考查的是防火防爆安全装置及技术。化学抑爆是在火焰传播显著加速的初期通过喷洒抑爆剂来抑制爆炸的作用范围及猛烈程度的一种防爆技术。故选A。

23. A　[解析] 本题考查的是爆炸控制。对爆炸危险度大的可燃气体或可燃粉尘(如乙炔、氢气、镁粉等)以及危险设备和系统,在连接处应尽量采用焊接接头,减少法兰连接。如果必须使用法兰连接时,应尽量选用止口连接面型。故选A。

二、多项选择题

1. CE　[解析] 本题考查的是防火防爆安全装置及技术。选项C错误,天然气系统投运前,不得用一氧化碳这类有毒气体吹扫系统中的残余杂物,应该使用惰性气体吹扫。选项E错误,必须使用通风的方法使可燃气体、蒸气或粉尘的浓度控制在爆炸下限的1/5以下。故选CE。

2. ADE　[解析] 本题考查的是防火防爆安全装置及技术。选项A错误,若介质不洁净、易于结晶或聚合宜使用爆破片作泄压装置。选项B正确,工作介质为剧毒气体或可燃气体里含有剧毒气体的压力容器,其泄压装置应采用爆破片而不宜用安全阀。选项C正确,防爆效率取决于厚度、泄压面积和膜片材料的选择。选项D错误,爆破片应有足够的泄压面积,对于氢气和乙炔的设备泄压面积应大于$0.4m^2$。选项E错误,任何情况下,爆破片的爆破压力均应低于系统的设计压力。故选ADE。

3. BCD　[解析]本题考查的是点火源及其控制。选项B错误,加热易燃物料时,要尽量避免采用明火设备。选项C错误,如果存在一个以上的明火设备,应将其集中于装置的边缘。选项D错误,动火现场应配备必要的消防器材,并将可燃物品清理干净。故选BCD。

4. ABCD　[解析]本题考查的是爆炸控制。在生产过程中,应根据可燃易燃物质的燃烧爆炸特性,以及生产工艺和设备等条件,采取有效措施,预防在设备和系统里或在其周围形成爆炸性混合物。这类措施主要有设备密闭、厂房通风、惰性介质保护、以不燃溶剂代替可燃溶剂、危险物品隔离储存等。故选ABCD。

5. ACE　[解析]本题考查的是防火防爆安全装置及技术。选项B错误,主动式阻火器是靠装置某一元件的动作来阻隔火焰,而不是靠本身的物理特性。选项D错误,被动式隔爆装置主要有自动断路阀、管道换向隔爆等形式,是由爆炸波推动隔爆装置的阀门或闸门来阻隔火焰的。故选ACE。

专题3　烟花爆竹安全技术

一、单项选择题

1. C　[解析]本题考查的是烟花爆竹概述。烟花爆竹的主要特性有能量特征、燃烧特性、力学特性和安全性。故选C。

2. B　[解析]本题考查的是烟花爆竹概述。常用的还原剂包括镁铝合金粉、铝粉、钛粉、铝渣、铁粉、木炭、硫黄、苯甲酸钾、苯二甲酸氢钾等。常用的添加剂包括草酸钠、氟铝酸钠、氟硅酸钠、硫酸钡、碳酸锶、硫酸锶、碱式碳酸铜、聚氯乙烯、六氯代苯、六氯乙烷、氯化橡胶、珍珠岩粉、木炭、纸屑、稻壳、棉籽皮、锯末、香料、石蜡(又名矿蜡、白蜡)、硬脂酸(化学名十八烷酸)、各种香料、AQ-888烟花增效剂等。故选B。

3. B　[解析]本题考查的是烟花爆竹概论。烟花爆竹的主要特征有:①能量特征,标志火药做功能力的参量;②燃烧特性,标志火药能量释放的能力;③力学特性,是指火药要具有相应的强度;④安定性,是指火药必须在长期储存中保持其物理化学性质的相对稳定;⑤安全性,由于火药在特定的条件下能发生爆轰,所以要求在配方设计时必须考虑火药在生产、使用和运输过程中安全可靠。故选B。

4. C　[解析]本题考查的是烟花爆竹基本安全知识。直接接触烟火药的工序应按规定设置防静电装置,并采取增加湿度等措施,以减少静电积累。手工直接接触烟火药的工序应使用铜、铝、木、竹等材质的工具,不应使用铁器、瓷器和不导静电的塑料、化纤材料等工具盛装、掏挖、装填(压)烟火药;盛装烟火药时药面应不超过容器边缘。故选C。

5. C　[解析]本题考查的是烟花爆竹基本安全知识。粉碎氧化剂、还原剂应分别在单独专用工房内进行,严禁将氧化剂和还原剂混合粉碎筛选。不应用粉碎过氧化剂的设备粉碎还原剂,或用粉碎过还原剂的设备粉碎氧化剂。粉碎筛选过一种原材料后的机械、工具、工房,应经清扫(洗)、擦拭干净才能粉碎筛选另一种原材料。黑火药制造宜采用球磨、振动筛混合,三元黑火药制造应先将炭和硫进行二元混合。故选C。

6. C　[解析]本题考查的是烟花爆竹基本安全知识。F2类危险场所是在正常运行时能形成火灾危险,而爆炸危险性极小的危险品及粉尘的危险场所。故选C。

7. D　[解析]本题考查的是烟花爆竹基本安全知识。不同类别仓库应考虑分区布置,同一危险等级的仓库宜集中布置;计算药量大或危险性大的仓库宜布置在总仓库区的边缘或其他有利于安全的地形处。故选D。

8. C　[解析]本题考查的是烟花爆竹基本安全知识。选项A错误,烟花爆竹药剂的外相容性是指药剂与其接触物质之间的相容性,内相容性是药剂中组分与组分之间的相容性。选项B错误,炸药的爆发点越低,表示炸药对热的敏感度越高。选项D错误,摩擦感度是指在摩擦作用下,火药发生燃烧或爆炸的难易程度。故选C。

9. B　[解析]本题考查的是烟花爆竹基本安全知识。选项A正确,热点的半径越小,临界温度越高。选项B错误,炸药敏感度越低,临界温度越高。选项C正确,爆发点越低,则表示炸药对热的感度越高(敏感),反之就低。选项D正确,炸药与其包装材质之间的相容性会影响炸药的安全性。故选B。

10. B　[解析]本题考查的是烟花爆竹基本安全知识。当仓库(或储存隔间)的建筑面积大于$100m^2$

(或长度大于18m)时,安全出口不应少于2个;当仓库(或储存隔间)的建筑面积小于100m²,且长度小于18m时,可设1个安全出口;仓库内任一点至安全出口的距离不应大于15m。仓库的门应向外平开。故选B。

11. A [解析] 本题考查的是烟花爆竹基本安全知识。干燥厂房内应设置排湿装置、感温报警装置及通风凉药设施。热风干燥厂房可对没有裸露药剂的成品、半成品及无药半成品进行干燥;当对药剂和带裸露药剂的半成品采用热风干燥时,应有防止药物产生扬尘的措施。日光干燥应在专门的晒场进行,晒场场地要求平整。危险品晒场周围应设置防护堤,防护堤顶面应高出产品面1m。故选A。

二、多项选择题

1. DE [解析] 本题考查的是烟花爆竹基本安全知识。内相容性是药剂中组分与组分之间的相容性;外相容性是把药剂作为一个体系,它与相关的接触物质之间的相容性;药剂温度升高,各种感度毫无例外地会增高,当温度接近药剂的爆发点时,很小的外界作用就可以引起爆炸。故选DE。

2. ABDE [解析] 本题考查的是烟花爆竹基本安全知识。《烟花爆竹 安全与质量》规定的主要安全性能检测项目包括摩擦感度、撞击感度、静电感度、爆发点、相容性、吸湿性、水分、pH值。故选ABDE。

3. ABCD [解析] 本题考查的是烟花爆竹基本安全知识。选项A正确,围墙与危险性建筑物、构筑物之间的距离宜设为12m,且不应小于5m。选项B正确,距离危险性建筑物、构筑物外墙四周5m内宜设置防火隔离带。选项C正确,危险品生产区内的危险性建筑物与其周围零散住户、村庄、公路、铁路、城镇和本企业总仓库区等外部最小允许距离,应分别按建筑物的危险等级和计算药量计算后取其最大值。选项D正确,烟花爆竹企业的危险品销毁场边缘,距场外建筑物的外部最小允许距离不应小于65m,一次销毁药量不应超过20kg。选项E错误,抗爆间室的危险品药量可不计入危险性建筑物的计算药量。故选ABCD。

4. CD [解析] 本题考查的是烟花爆竹基本安全知识。选项A错误,一般来说,热点的半径越小、临界温度越高,炸药的敏感度越低,临界温度越高。选项B错误,相容性包括内相容性和外相容性,其中外相容性是指将药剂作为一种体系,与另一种药剂或结构材料之间的相容性。选项E错误,烟火药的水分应小于或等于1.5%,笛音药、粉状黑火药、含单基火药

的烟火药应小于或等于3.5%。故选CD。

5. CD [解析] 本题考查的是烟花爆竹基本安全知识。选项C错误,抗爆间室之间或抗爆间室与相邻工作间之间不应设地沟相通。选项D错误,输送有燃烧爆炸危险物料的管道,在未设隔火隔爆措施的条件下,不应通过或进出抗爆间室。故选CD。

专题4 民用爆炸物品安全技术

一、单项选择题

1. D [解析] 本题考查的是民用爆炸物品生产安全基础知识。选项A属于工业炸药,选项B属于工业雷管,选项C属于工业索类火工品。故选D。

2. A [解析] 本题考查的是民用爆炸物品生产安全基础知识。乳化炸药的生产工艺顺序:油相制备→水相制备→乳化→敏化→装药包装。故选A。

3. D [解析] 本题考查的是民用爆炸物品生产安全基础知识。能量特征是标志炸药做功能力的参量,一般是指1kg炸药燃烧时气体产物所做的功。故选D。

4. B [解析] 本题考查的是民用爆炸物品生产安全基础知识。乳化炸药生产的火灾爆炸危险因素主要来自物质危险性,如生产过程中的高温、撞击摩擦、电气和静电火花、雷电引起的危险性。乳化炸药生产原料或成品在储存和运输中存在以下危险因素:①硝酸铵储存过程中会发生自然分解,放出热量。当环境具备一定的条件时热量聚集,当温度达到爆发点时引起硝酸铵燃烧或爆炸。②油相材料都是易燃危险品,储存时遇到高温、氧化剂等,易发生燃烧而引起燃烧事故。③乳化炸药的运输可能发生翻车、撞车、坠落、碰撞及摩擦等险情,会引起乳化炸药的燃烧或爆炸。故选B。

5. D [解析] 本题考查的是民用爆炸物品生产安全基础知识。乳化炸药生产线存在可以导致火灾爆炸的危险因素:①制药所用的原材料和辅助材料,如硝酸铵、复合蜡(含乳化剂)等都具有易燃易爆性。②乳化设备中有高速转动摩擦的部件,装药机含有各种输送泵。故选D。

6. B [解析] 本题考查的是民用爆炸物品生产安全基础知识。燃烧特性标志着炸药能量释放的能力,主要取决于炸药的燃烧速率和燃烧表面积。故选B。

7. B [解析] 本题考查的是民用爆炸物品生产安全基础知识。爆炸变化过程所放出的热量称为爆炸热(或爆热),常用炸药的爆热在3700~7500kJ/kg。故选B。

8. C ［解析］本题考查的是民用爆炸物品生产安全基础知识。主厂区内应根据工艺流程、生产特性,在选定的区域范围内,充分利用有利安全的自然地形,按危险与非危险分开原则,加以区划、布置。主厂区应布置在非危险区的下风侧。故选C。

二、多项选择题

1. ABCE ［解析］本题考查的是民用爆炸物品生产安全基础知识。民用爆炸品有各种不同的感度,一般有火焰感度、热感度、机械感度(撞击感度、摩擦感度、针刺感度)、电感度(交直流感度、静电感度、射频感度)、光感度(可见光感度、激光感度)、冲击波感度、爆轰感度。故选ABCE。

2. CD ［解析］本题考查的是民用爆炸物品生产安全基础知识。选项C错误,生产、储存工房均应设置避雷设施。选项D错误,炸药生产中要预防混入杂质。故选CD。

专题5 消防设施与器材

一、单项选择题

1. A ［解析］本题考查的是消防设施。火灾自动报警系统主要完成探测和报警功能,控制和联动等功能主要由联动控制系统来完成。故选A。

2. C ［解析］本题考查的是消防器材。磷酸铵盐干粉灭火剂属于ABC类干粉灭火剂,它不仅适用于扑救可燃液体、可燃气体和带电设备的火灾,还适用于扑救一般固体物质火灾,但不能扑救轻金属火灾。故选C。

3. B ［解析］本题考查的是消防设施。区域报警系统包括火灾探测器、手动报警按钮、区域火灾报警控制器、火灾警报装置和电源等部分。这种系统比较简单,但使用很广泛,如行政事业单位,工矿企业的要害部门和娱乐场所均可使用。故选B。

4. D ［解析］本题考查的是消防设施。火灾报警控制器除了具有控制、记忆、识别和报警功能外,还具有自动检测、联动控制、打印输出、图形显示、通信广播等功能。故选D。

5. D ［解析］本题考查的是消防器材。由于二氧化碳是一种无色的气体,灭火不留痕迹,并有一定的电绝缘性等特点,因此更适宜于扑救600V以下带电电器、贵重设备、图书档案、精密仪器仪表的初起火灾,以及一般可燃液体的火灾。故选D。

6. C ［解析］本题考查的是消防器材。选项A错误,1kg的二氧化碳液体,在常温常压下能生成500L左右的气体,这足以使1m³空间范围内的火焰熄灭。选项B错误,一般当氧气的含量低于12%或二氧化碳浓度达30%~35%时,燃烧中止。选项D错误,二氧化碳不宜用来扑灭金属钾、钠、镁、铝等及金属过氧化物(如过氧化钾、过氧化钠)、有机过氧化物、氯酸盐、硝酸盐、高锰酸盐、亚硝酸盐、重铬酸盐等氧化剂的火灾。故选C。

7. A ［解析］本题考查的是消防器材。火灾探测器属于火灾自动报警系统,不属于消防器材。故选A。

8. D ［解析］本题考查的是消防设施。不能用水扑灭的火灾包括:①密度小于水和不溶于水的易燃液体的火灾。②遇水产生燃烧物的火灾,不能用水,而应用砂土灭火。③硫酸、盐酸和硝酸引发的火灾,不能用水流冲击,因为强大的水流能使酸飞溅,流出后遇可燃物质,有引起爆炸的危险。酸溅在人身上,能灼伤人。④电气火灾未切断电源前不能用水扑救,因为水是良导体,容易造成触电。⑤高温状态下化工设备的火灾不能用水扑救,以防高温设备遇冷水后骤冷,引起形变或爆裂。故选D。

9. D ［解析］本题考查的是消防设施。在有酸、碱等腐蚀性气体存在的场所,不宜使用可燃气体探测器。故选D。

10. A ［解析］本题考查的是消防设施。红外线波长较长,烟粒对其吸收和衰减的能力较弱,在有大量烟雾存在的火场,在距火焰一定距离内,仍可使红外线敏感元件(Pbs红外光敏管)感应,发出报警信号。因此这种探测器误报少、响应时间快、抗干扰能力强、工作可靠。故选A。

11. C ［解析］本题考查的是消防器材。泡沫灭火器包括化学泡沫灭火器和空气泡沫灭火器两种,分别是通过筒内酸性溶液与碱性溶液混合后发生化学反应或借助气体压力,喷射出泡沫覆盖在燃烧物的表面上,隔绝空气起到窒息灭火的作用。泡沫灭火器适合扑救脂类、石油产品等B类火灾以及木材等A类物质的初起火灾,但不能扑救B类水溶性火灾,也不能扑救带电设备及C类和D类火灾。故选C。

12. D ［解析］本题考查的是消防器材。干粉灭火器主要通过抑制作用灭火。故选D。

13. D ［解析］本题考查的是消防器材。干粉灭火剂与水、泡沫、二氧化碳等相比,在灭火速率、灭火面积、等效单位灭火成本效果三个方面有一定优越性;灭火速率快,制作工艺过程不复杂,使用温度范围宽广,对环境无特殊要求,使用方便,不需外界动力、水源,无毒、无污染、安全等。目前在手提式灭火和固定式灭火系统上得到广泛的应用,是替代卤代烷灭火剂的一类理想环保灭火产品。故选D。

二、多项选择题

1. AE [解析] 本题考查的是消防器材。泡沫灭火器适合扑救脂类、石油产品等B类火灾以及木材等A类物质的初起火灾,但不能扑救B类水溶性火灾,也不能扑救带电设备及C类和D类火灾。故选AE。

2. AB [解析] 本题考查的是消防设施与器材。选项C错误,氯酸盐、硝酸盐等火灾采用二氧化碳灭火剂灭火无效。选项E错误,图书档案、贵重设备的火灾应采用气体灭火剂进行灭火。轻金属火灾原则上不得使用ABC类干粉。故选AB。

3. BC [解析] 本题考查的是消防器材。选项B错误,空气泡沫灭火器充装的是空气泡沫灭火剂,具有良好的热稳定性,抗烧时间长,灭火能力比化学泡沫高3~4倍,性能优良,保存期长。选项C错误,化学泡沫灭火器按使用操作可分为手提式、舟车式、推车式。故选BC。

4. AC [解析] 本题考查的是消防器材。不能使用水扑灭的火灾包括:①密度小于水和不溶于水的液体;②遇水产生燃烧物的火灾;③硫酸、盐酸、硝酸引起的火灾;④电气火灾未切断电源前;⑤高温状态下的化工设备。故选AC。

第5章 危险化学品安全基础知识

真题必刷

考点1 危险化学品的分类及主要危险特性

1. B [解析] 本题考查的是危险化学品的分类及主要危险特性。危险化学品的主要危险特性有燃烧性、爆炸性、毒害性、腐蚀性、放射性。故选B。

2. B [解析] 本题考查的是危险化学品的分类及主要危险特性。氢气无毒害;光气不具燃烧性;硝酸是助燃的,属于氧化剂。上述选项中只有硫化氢同时具备燃烧、爆炸和毒害特性。故选B。

3. C [解析] 本题考查的是危险化学品的分类及主要危险特性。腐蚀性:强酸、强碱等物质能对人体组织、金属等物品造成损坏,接触人的皮肤、眼睛或肺部、食道等时,会引起表皮组织坏死而造成灼伤。内部器官被灼伤后可引起炎症,甚至会造成死亡。故选C。

考点2 化学品安全技术说明书和安全标签

1. B [解析] 本题考查的是化学品安全技术说明书和安全标签。选项AC正确,化学品标识:名称要求醒目清晰,位于标签的上方。名称应与化学品安全技术说明书中的名称一致。当需要标出的组分较多时,组分个数不超过5个为宜。对于属于商业机密的成分可以不标明,但应列出其危险性。选项B错误,危险性说明:简要概述化学品的危险特性,居信号词下方。选项D正确,信号词:根据化学品的危险程度和类别,用"危险""警告"两个词分别进行危害程度的警示。信号词位于化学品名称的下方,要求醒目、清晰。故选B。

2. C [解析] 本题考查的是化学品安全技术说明书和安全标签。信号词:信号词位于化学品名称的下方;根据化学品的危险程度和类别,用"危险""警告"两个词分别进行危害程度的警示。故选C。

3. A [解析] 本题考查的是化学品安全技术说明书和安全标签。常见化学品标签如下图所示。

爆炸物	不可燃的非毒性气体	腐蚀性物质	氧化物
易燃固体	易燃物质	有毒物质	有机过氧化物
自燃物质	爆炸物	不可燃的非毒性气体	腐蚀性物质
水生毒性	氧化物	易燃物质	有毒物质
有害物质	致癌性物质		

由上图可知,题干中的图片标签表示的是氧化物。故选A。

4. C　[解析]　本题考查的是化学品安全技术说明书和安全标签。化学品安全技术说明书包括16大项的安全信息内容,具体项目如下:①化学品及企业标识;②危险性概述;③成分/组成信息;④急救措施;⑤消防措施;⑥泄漏应急处理;⑦操作处置与储存;⑧接触控制和个体防护;⑨理化特性;⑩稳定性和反应性;⑪毒理学信息;⑫生态学信息;⑬废弃处置;⑭运输信息;⑮法规信息;⑯其他信息。安全信息和健康信息包含在危险性概述、急救措施、接触控制和个体防护、毒理学信息等相关信息中,环境保护信息包含在泄漏应急处理、生态学信息、废弃处置、运输信息等相关信息。故选C。

5. ACDE　[解析]　本题考查的是化学品安全技术说明书和安全标签。化学品安全技术说明书包括16大项的安全信息内容,具体项目如下:①化学品及企业标识;②危险性概述;③成分/组成信息;④急救措施;⑤消防措施;⑥泄漏应急处理;⑦操作处置与储存;⑧接触控制和个体防护;⑨理化特性;⑩稳定性和反应性;⑪毒理学信息;⑫生态学信息;⑬废弃处置;⑭运输信息;⑮法规信息;⑯其他信息。故选ACDE。

考点3　燃烧爆炸的分类

1. A　[解析]　本题考查的是燃烧爆炸的分类。选项A正确,选项BC错误,引起简单分解的爆炸物,在爆炸时并不一定发生燃烧反应,其爆炸所需要的热量是由爆炸物本身分解产生的。属于这一类的有乙炔银、叠氮铅等,这类物质受轻微振动即可能引起爆炸,十分危险。此外,还有些可爆炸气体在一定条件下,特别是在受压情况下,能发生简单分解爆炸。例如,乙炔、环氧乙烷等在压力下的分解爆炸。选项D错误,复杂分解爆炸的爆炸物危险性较简单分解爆炸物稍低。其爆炸时伴有燃烧现象,燃烧所需的氧由本身分解产生。例如,梯恩梯、黑索金等。故选A。

2. D　[解析]　本题考查的是燃烧爆炸的分类。燃烧爆炸可以分为简单分解爆炸、复杂分解爆炸和爆炸性混合物爆炸。其中复杂分解爆炸物的危险性较简单分解爆炸物稍低。其爆炸时伴有燃烧现象,燃烧所需的氧由本身分解产生。例如,梯恩梯、黑索金等。故选D。

3. ACD　[解析]　本题考查的是燃烧爆炸的分类。引起简单分解的爆炸物,在爆炸时并不一定发生燃烧反应,其爆炸所需要的热量是由爆炸物本身分解产生的。属于这一类的有乙炔银、叠氮铅等,这类物质受轻微振动即可能引起爆炸,十分危险。此外,还有些可爆炸气体在一定条件下,特别是在受压情况下,能发生简单分解爆炸。例如,乙炔、环氧乙烷等在压力下的分解爆炸。故选ACD。

考点4　燃烧爆炸的过程

1. A　[解析]　本题考查的是燃烧爆炸的过程。选项A正确,火灾损失随着时间的延续迅速增加,大约与时间的平方成比例。选项B错误,机械设备、装置、容器等爆炸后产生许多碎片,飞出后会在相当大的范围内造成危害。一般碎片飞散范围在500m以内。所以爆炸毁伤的范围不是相对较小。选项C错误,冲击波的破坏作用主要是由其波阵面上的超压引起的。选项D错误,在实际生产中,许多物质不仅是可燃的,而且是有毒的,发生爆炸事故时,会使大量有毒物质外泄。此外,有些物质本身毒性不强,但燃烧过程中可能释放出大量有毒气体和烟雾。所以爆炸伴随的燃烧会使气体毒性升高。故选A。

2. CDE　[解析]　本题考查的是燃烧爆炸的过程。选项A错误,粉尘爆炸感应期比气体爆炸感应期长。选项B错误,粉尘爆炸比气体爆炸产生的破坏程度大,产生能量较多,并且燃烧时间较长,粉尘爆炸压力上升速率比气体爆炸压力上升速率小,粉尘爆炸速度也比气体慢。故选CDE。

考点5　高温、爆炸的破坏作用

D　[解析]　本题考查的是高温、爆炸的破坏作用。冲击波的破坏作用主要是由其波阵面上的超压引起的。故选D。

考点6　危险化学品事故控制与防护

1. D　[解析]　本题考查的是危险化学品事故控制与防护。选项A属于隔离措施,选项B属于收集措施,选项C属于个体防护措施,选项D属于保持卫生的措施。故选D。

2. D　[解析]　本题考查的是危险化学品事故控制与防护。防止火灾、爆炸事故发生的基本原则有:①防止燃烧、爆炸系统的形成。替代;密闭;惰性气体保护;通风置换;安全监测及联锁。②消除点火源。控制明火和高温表面;防止摩擦和撞击产生火花;火灾爆炸危险场所采用防爆电气设备避免电气火花。③限制火灾、爆炸蔓延扩散的措施包括阻火装置、防爆泄压装置及防火防爆分隔等。故选D。

考点7　危险化学品储存、运输与包装安全技术

1. D　[解析]　本题考查的是危险化学品储存、运输与包装安全技术。选项A错误,托运危险化学品的托运人应当向承运人说明所托运的危险化学品的种类、数量、危险特性以及发生危险情况的应急处置措施,并按照国家有关规定对所托运的危险化学品妥善包装,在外包装上设置相应的标志。选项B错误,危险化学品装卸过程中,应当根据危险化学品的性质轻装轻卸,堆码整齐,防止混杂、撒漏、破损,不得与普通货物混合堆放。选项C错误,禁止用电瓶车、翻斗车、铲车、自行车等运输爆炸物品。故选D。

2. B　[解析]　本题考查的是危险化学品储存、运输与包装安全技术。《危险货物运输包装通用技术条件》把危险货物包装分成三类:①Ⅰ类包装适用内装危险性较大的货物。②Ⅱ类包装适用内装危险性中等的货物。③Ⅲ类包装适用内装危险性较小的货物。故选B。

3. C　[解析]　本题考查的是危险化学品储存、运输与包装安全技术。储存的危险化学品应有明显的标志,标志应符合《危险货物包装标志》的规定。同一区域储存两种及两种以上不同级别的危险化学品时,应按最高等级危险化学品的性能标志。故选C。

4. D　[解析]　本题考查的是危险化学品储存、运输与包装安全技术。一级易燃物品、遇湿燃烧物品、剧毒物品、爆炸性物品不得露天堆放;高、低等级危险化学品一起储存的区域,按高等级危险化学品管理;危险化学品管理人员必须经过必要的理论知识和操作技能培训。故选D。

5. D　[解析]　本题考查的是危险化学品储存、运输与包装安全技术。《危险货物运输包装通用技术条件》把危险货物包装分成三类:Ⅰ类包装适用内装危险性较大的货物、Ⅱ类包装适用内装危险性中等的货物、Ⅲ类包装适用内装危险性较小的货物。故选D。

考点8　危险化学品经营的安全要求

1. A　[解析]　本题考查的是危险化学品经营的安全要求。选项B错误,经营剧毒物品企业的人员,经国家授权部门的专业培训,取得合格证书方能上岗。选项C错误,经营剧毒物品企业的人员应经过县级以上公安部门的专门培训,取得合格证书后方可上岗。选项D错误,剧毒化学品的销售企业、购买企业应报所在地县级人民政府公安机关备案,并输入计算机系统。故选A。

2. B　[解析]　本题考查的是危险化学品经营的安全要求。《危险化学品安全管理条例》明确了办理经营许可证的程序:一是申请;二是审查与发证;三是登记注册。故选B。

3. B　[解析]　本题考查的是危险化学品经营的安全要求。选项A错误,《危险化学品安全管理条例》规定,从业人员经过专业技术培训并经考核合格。选项B正确,危险化学品经营企业的经营场所应坐落在交通便利、便于疏散处。选项CD错误,从事危险化学品批发业务的企业,应具备经县级以上(含县级)公安、消防部门批准的专用危险化学品仓库(自有或租用)。危险化学品不得放在业务经营场所。店面内危险化学品摆放应布局合理,禁忌物料不能混放。故选B。

考点9　泄漏控制与销毁处置技术

1. A　[解析]　本题考查的是泄漏控制与销毁处置技术。选项A正确、选项D错误,扑救遇湿易燃物品火灾时,绝对禁止用水、泡沫、酸碱等湿性灭火剂扑救。一般可使用干粉、二氧化碳、卤代烷灭火剂扑救,但钾、钠、铝、镁等物品用二氧化碳、卤代烷灭火剂无效。选项B错误,扑救气体类火灾时,切忌盲目扑灭火焰,在没有采取堵漏措施的情况下,必须保持稳定燃烧。否则,大量可燃气体泄漏出来与空气混合,遇点火源就会发生爆炸,造成严重后果。选项C错误,扑救爆炸物品火灾时,切忌用沙土盖压,以免增强爆炸物品的爆炸威力;另外扑救爆炸物品堆垛火灾时,水流应采用吊射,避免强力水流直接冲击堆垛,以免堆垛倒塌引起再次爆炸。故选A。

2. A　[解析]　本题考查的是泄漏控制与销毁处置技术。选项A正确,固体废弃物常用的固化/稳定化方法有水泥固化、石灰固化、塑性材料固化、有机聚合物固化、自凝胶固化、熔融固化和陶瓷固化。选项B错误,凡确认不能使用的爆炸性物品,必须予以销毁,在销毁以前应报告当地公安部门,选择适当的地点、时间及销毁方法。选项C错误,有机过氧化物废弃物处理方法主要有分解、烧毁、填埋。选项D错误,一般工业废弃物可以直接进入填埋场进行填埋。对于粒度很小的固体废弃物,为了防止

填埋过程中引起粉尘污染,可装入编织袋后填埋。故选 A。

3. ABE [解析]本题考查的是泄漏控制与销毁处置技术。选项 A 正确,扑救遇湿易燃物品火灾时,绝对禁止用水、泡沫、酸碱等湿式灭火剂扑救。选项 B 正确,易燃固体、自燃物品火灾一般可用水和泡沫灭火剂扑救,只要控制住燃烧范围,逐步扑灭即可。选项 C 错误,扑救易燃液体火灾时,比水轻又不溶于水的液体用直流水、雾状水灭火往往无效,可用普通蛋白泡沫或轻泡沫灭火剂扑救;水溶性液体火灾最好用抗溶性泡沫灭火剂扑救。选项 D 错误,扑救爆炸物品火灾时,切忌用沙土盖压,以免增强爆炸物品的爆炸威力。选项 E 正确,扑救气体类火灾时,切忌盲目扑灭火焰,在没有采取堵漏措施的情况下,必须保持稳定燃烧。故选 ABE。

4. ABDE [解析]本题考查的是泄漏控制与销毁处置技术。凡确认不能使用的爆炸性物品,必须予以销毁,在销毁以前应报告当地公安部门,选择适当的地点、时间及销毁方法。一般可采用以下四种方法:爆炸法、烧毁法、溶解法、化学分解法。故选 ABDE。

5. ABE [解析]本题考查的是泄漏控制与销毁处置技术。选项 C 错误,某区域有易燃易爆化学品泄漏,应判断易燃易爆化学品的性质,若为爆炸固体类物质,切忌用沙土压盖,避免增强爆炸物品的爆炸威力。选项 D 错误,扑灭气体类火灾时,切忌盲目扑灭火焰,在没有采取堵漏措施的情况下,必须保持稳定燃烧,本选项所描述的顺序过于绝对,是否先扑灭火焰应视气体性质和外界环境所决定。故选 ABE。

考点 10 危险化学品的危害与防护

1. B [解析]本题考查的是危险化学品的危害与防护。一级无机酸性腐蚀物质具有强腐蚀性和酸性,主要是一些具有氧化性的强酸,如氢氟酸、硝酸、硫酸、氯磺酸等。还有遇水能生成强酸的物质,如二氧化氮、二氧化硫、三氧化硫、五氧化二磷等。一级有机酸性腐蚀物质具有强腐蚀性及酸性,如甲酸、氯乙酸、磺酸酰氯、乙酰氯、苯甲酰氯等。故选 B。

2. A [解析]本题考查的是危险化学品的危害与防护。选项 B 错误,救护人员发现有人中毒立即把伤员转移到安全的地带。选项 C 错误,到达安全地点后,要及时脱去被污染的衣服,用流动的水冲洗身体。选项 D 错误,固体或液体毒物中毒有毒物质尚在嘴里的立即吐掉,大量水漱口。误食碱者,先饮大量水再喝些牛奶。误食酸者,先喝水,再服 $Mg(OH)_2$ 乳剂,最后饮些牛奶。不要用催吐药,也不要服用碳酸盐或碳酸氢盐。重金属盐中毒者,喝一杯含有几克 $MgSO_4$ 的水溶液,立即就医。不要催吐药,以免引起危险或使病情复杂化。砷和汞化物中毒者,必须紧急就医。故选 A。

3. B [解析]本题考查的是危险化学品的危害与防护。在极高剂量的放射线作用下,能造成三种类型的放射伤害:①对中枢神经和大脑系统的伤害。这种伤害主要表现为虚弱、倦怠、嗜睡、昏迷、震颤、痉挛,可在 2 天内死亡。②对肠胃的伤害。这种伤害主要表现为恶心、呕吐、腹泻、虚弱和虚脱,症状消失后可出现急性昏迷,通常在 2 周内死亡。③对造血系统的伤害。这种伤害主要表现为恶心、呕吐、腹泻,但很快能好转,经过 2~3 周无症状之后,出现脱发、经常性流鼻血,再出现腹泻,极度憔悴,通常在 2~6 周后死亡。故选 B。

4. A [解析]本题考查的是危险化学品的危害与防护。呼吸道防毒劳动防护用具选用原则见下表。

品类				使用范围
过滤式	全面罩式	头罩式面具		毒性气体的体积浓度低,一般不高于 1%,具体选择按《呼吸防护 自吸过滤式防毒面具》进行
		面罩式面具	导管式	
			直接式	
	半面罩式	双罐式防毒口罩		
		单罐式防毒口罩		
		简易式防毒口罩		

(续)

品类			使用范围
隔离式	自给式	供氧(气)式 氧气呼吸器	毒性气体浓度高,毒性不明或缺氧的可移动性作业
		供氧(气)式 空气呼吸器	
		生氧式 生氧面具	
		生氧式 自救器	上述情况短暂时间事故自救用
	隔离式	送风长管式 电动式	毒性气体浓度高,缺氧的固定作业
		送风长管式 人工式	
		自吸长管式	同上,导管现场<10m,管内径>18mm

由上表可知,自给式氧气呼吸器适用于毒性气体高、毒性不明或缺氧可能性的作业。故选 A。

5. ADE [解析] 本题考查的是危险化学品的危害与防护。毒性危险化学品可以经过通过呼吸系统、皮肤组织和消化系统进入人体。工业生产中的毒性危险化学品主要通过呼吸系统和皮肤组织进入体内,有时也会经消化系统进入。故选 ADE。

专题必刷

专题 1 危险化学品安全的基础知识

一、单项选择题

1. A [解析] 本题考查的是化学品安全技术说明书和安全标签的内容及要求。化学品标识:用中英文分别标明化学品的化学名称或通用名称。名称要求醒目清晰,位于标签的上方。故选 A。

2. A [解析] 本题考查的是危险化学品的主要危险特性。腐蚀性:强酸、强碱等物质能对人体组织、金属等物品造成损坏,接触人的皮肤、眼睛或肺部、食道等时,会引起表皮组织坏死而造成灼伤。内部器官被灼伤后可引起炎症,甚至会造成死亡。故选 A。

3. D [解析] 本题考查的是危险化学品的概念及类别划分。化学品按物理危险分类包括爆炸物、易燃气体、气溶胶、氧化性气体、加压气体、易燃液体、易燃固体、自反应物质或混合物、自燃液体、自燃固体、自热物质和混合物、遇水放出易燃气体的物质或混合物、氧化性液体、氧化性固体、有机过氧化物、金属腐蚀剂等。故选 D。

4. A [解析] 本题考查的是危险化学品的主要危险特性。放射性危险化学品通过放出的射线可阻碍和伤害人体细胞活动机能并导致细胞死亡。硒-75 属于强放射性化学元素。故选 A。

5. C [解析] 本题考查的是化学品安全技术说明书和安全标签的内容及要求。用中文和英文表明化学品的通用名称;危险化学品的信号词应用"危险""警告"中的一个标明化学品的危险程度;危险性说明简要概述化学品的危险特性。故选 C。

6. C [解析] 本题考查的是危险化学品的主要危险特性。毒害性:许多危险化学品可通过一种或多种途径进入人体和动物体内,当其在人体累积到一定量时,便会扰乱或破坏肌体的正常生理功能,引起暂时性或持久性的病理改变,甚至危及生命。故选 C。

7. D [解析] 本题考查的是化学品安全技术说明书和安全标签的内容及要求。选项 D,属于危险化学品安全标签的内容。故选 D。

8. D [解析] 本题考查的是化学品安全技术说明书和安全标签的内容及要求。毒理学信息全面、简洁地描述使用者接触化学品后产生的各种毒性作用(健康影响)。故选 D。

9. B [解析] 本题考查的是化学品安全技术说明书和安全标签的内容及要求。图中 A 位置为化学品名称;图中 B 位置为信号词;图中 C 位置为危险性说明;图中 D 位置为资料参阅提示语。故选 B。

10. C [解析] 本题考查的是危险化学品的主要危险性。许多危险化学品可通过一种或多种途径进入人体和动物体内,当其在人体累积到一定量时,便会扰乱或破坏机体的正常生理功能,引起暂时性或持久性的病理改变。这种特性属于危险化学品的毒害性。故选 C。

11. D [解析] 本题考查的是化学品安全技术说明书和安全标签的内容及要求。当需要标出的组分较多时,组分个数不超过 5 个为宜。故选 D。

12. B ［解析］本题考查的是化学品安全技术说明书和安全标签的内容及要求。消防措施要求标明合适的灭火方法和灭火剂，如果有不合适的灭火剂也应标明。还要标明化学品的特别危险性(如产品是危险的易燃品)、特殊灭火方法及保护消防人员特殊的防护装备。故选B。

13. D ［解析］本题考查的是危险化学品的主要危险特性。氢气、液氨、盐酸、氢氧化钠溶液，这些都是气体和液体，没有粉尘和放射性危害。故选D。

14. C ［解析］本题考查的是化学品安全技术说明书和安全标签的内容及要求。在使用安全标签时，应注意以下事项：①安全标签的粘贴、挂拴或喷印应牢固，保证在运输、储存期间不脱落，不损坏。②安全标签应由生产企业在货物出厂前粘贴、挂拴或喷印。若要改换包装，则由改换包装单位重新粘贴、挂拴或喷印标签。③盛装危险化学品的容器或包装，在经过处理并确认其危险性完全消除之后，方可撕下安全标签，否则不能撕下相应的标签。故选C。

二、多项选择题

1. ABCD ［解析］本题考查的是化学品安全技术说明书和安全标签的内容及要求。选项E错误，SDS是指导企业安全生产的指导性文件，是企业安全教育的主要内容。故选ABCD。

2. ABD ［解析］本题考查的是化学品安全技术说明书和安全标签的内容及要求。选项C错误，安全标签应由生产企业在货物出厂前粘贴、挂拴或喷印。选项E错误，盛装危险化学品的容器或包装，在经过处理并确认其危险性完全消除之后，方可撕下安全标签，否则不能撕下相应的标签。故选ABD。

3. BC ［解析］本题考查的是化学品安全技术说明书和安全标签的内容及要求。根据化学品的危险程度，分别用"危险""警告"两个词进行危害程度的警示。故选BC。

专题2 危险化学品的燃烧爆炸类型和过程

一、单项选择题

1. C ［解析］本题考查的是燃烧爆炸过程。发生带破坏性超压的蒸气云爆炸应具备的条件有：泄漏物必须具备可燃且具有适当的温度和压力，必须在点燃前扩散阶段形成一个足够大的云团，产生的足够数量的云团处于该物质的爆炸极限范围内。故选C。

2. A ［解析］本题考查的是燃烧爆炸的分类。危险化学品的爆炸可按爆炸反应物质分为简单分解爆炸、复杂分解爆炸和爆炸性混合物爆炸。乙炔、环氧乙烷等在压力下的分解爆炸属于简单分解爆炸。故选A。

二、多项选择题

CDE ［解析］本题考查的是燃烧爆炸的分类。危险化学品的燃烧按其要素构成的条件和瞬间发生的特点，可分为闪燃、着火和自燃三种类型。故选CDE。

专题3 危险化学品燃烧爆炸事故的危害

一、单项选择题

1. D ［解析］本题考查的是爆炸的破坏作用。当冲击波大面积作用于建筑物，超压在100kPa以上时，除坚固的钢筋混凝土建筑外，其余部分将全部破坏。故选D。

2. B ［解析］本题考查的是危险化学品燃烧爆炸事故的危害。火灾损失大约与时间的平方成比例，如火灾时间延长1倍，损失可能增加4倍。故选B。

二、多项选择题

1. ABC ［解析］本题考查的是危险化学品燃烧爆炸事故的危害。危险化学品的燃烧爆炸事故通常伴随发热、发光、高压、真空和电离等现象，具有很强的破坏作用，其与危险化学品的数量和性质、燃烧爆炸时的条件以及位置等因素有关。主要破坏形式有高温的破坏作用、爆炸的破坏作用、造成中毒和环境污染。故选ABC。

2. DE ［解析］本题考查的是高温的破坏作用。选项A错误，高温辐射还可能使附近人员受到严重灼烫伤害甚至死亡。选项B、C不属于高温破坏作用。故选DE。

专题4 危险化学品事故的控制和防护措施

一、单项选择题

1. D ［解析］本题考查的是危险化学品中毒、污染事故预防控制措施。选项A错误，应用甲苯替代苯。选项B错误，对于面式扩散源需要使用全面通风。选项C错误，把生产设备的管线阀门、电控开关放在与生产地点完全隔离的操作室内。故选D。

2. C ［解析］本题考查的是危险化学品中毒、污染事故预防控制措施。个体防护不能被视为控制危害的主要手段，而只能作为一种辅助性措施。故选C。

3. B ［解析］本题考查的是危险化学品中毒、污染事故预防控制措施。通风分为局部排风和全面通风两种。故选B。

211

4. A [解析] 本题考查的是危险化学品中毒、污染事故预防控制措施。危险化学品中毒、污染事故预防控制目前采取的措施主要是替代、变更工艺、隔离、通风、个体防护和保持卫生。故选A。

5. A [解析] 本题考查的是危险化学品中毒、污染事故预防控制措施。选项B错误,对于剧毒的点式扩散源应采用局部通风。选项C错误,对于面式扩散源应采用全面通风。选项D错误,制备乙醛时不能使用污染大的汞作催化剂。故选A。

6. B [解析] 本题考查的是危险化学品火灾、爆炸事故的预防。防止燃烧、爆炸系统的形成:替代;密闭;惰性气体保护;通风置换;安全监测及联锁。消除点火源:①控制明火和高温表面。②防止摩擦和撞击产生火花。③火灾爆炸危险场所采用防爆电气设备避免电气火花。限制火灾、爆炸蔓延扩散的措施:阻火装置、防爆泄压装置及防火防爆分隔等。故选B。

7. C [解析] 本题考查的是危险化学品中毒、污染事故预防控制措施。隔离就是通过封闭、设置屏障等措施,避免工作人员直接暴露于有害环境中。隔离常用的一种方法是把生产设备与操作室隔离开。故选C。

二、多项选择题

1. ACE [解析] 本题考查的是危险化学品火灾、爆炸事故的预防。消除点火源:控制明火和高温表面;防止摩擦和撞击产生火花;火灾爆炸危险场所采用防爆电气设备避免电气火花。故选ACE。

2. BCE [解析] 本题考查的是危险化学品火灾、爆炸事故的预防。防止燃烧、爆炸系统的形成可采取的措施包括替代、密闭、惰性气体保护、通风置换、安全监测及联锁。控制明火和高温表面属于消除点火源采取的措施。阻火装置属于限制火灾、爆炸蔓延扩散的措施。故选BCE。

专题5 危险化学品储存、运输与包装安全技术

一、单项选择题

1. C [解析] 本题考查的是危险化学品储存的基本要求。爆炸物品、一级易燃物品、遇湿燃烧物品、剧毒物品不得露天堆放。故选C。

2. A [解析] 本题考查的是危险化学品运输安全技术与要求。Ⅰ类包装:适用内装危险性较大的货物。Ⅱ类包装:适用内装危险性中等的货物。Ⅲ类包装:适用内装危险性较小的货物。故选A。

3. D [解析] 本题考查的是危险化学品运输安全技术与要求。装运爆炸、剧毒、放射性、易燃液体、可燃气体等物品,必须使用符合安全要求的运输工具;禁忌物料不得混运;禁止用电瓶车、翻斗车、铲车、自行车等运输爆炸物品;运输强氧化剂、爆炸品及用铁桶包装的一级易燃液体时,没有采取可靠的安全措施时,不得用铁底板车及汽车挂车;禁止用叉车、铲车、翻斗车搬运易燃、易爆液化气体等危险物品;温度较高地区装运液化气体和易燃液体等危险物品,要有防晒设施;放射性物品应用专用运输搬运车和抬架搬运;遇水燃烧物品及有毒物品,禁止用小型机帆船、小木船和水泥船承运。故选D。

4. C [解析] 本题考查的是危险化学品储存的基本条件。在同一区域储存两种或两种以上不同危险级别的危险化学品时,应按最高等级的危险化学品的性能标志。故选C。

5. C [解析] 本题考查的是危险化学品储存的基本要求。爆炸物品、一级易燃物品、遇湿燃烧物品和剧毒物品不得露天堆放。故选C。

6. C [解析] 本题考查的是接触和混合储运的危险性。氧气不得与油脂混合储存。故选C。

7. C [解析] 本题考查的是危险化学品运输安全技术与要求。放射性物品应用专用运输搬运车和抬架搬运,装卸机械应按规定负荷降低25%的装卸量。故选C。

二、多项选择题

ADE [解析] 本题考查的是危险化学品运输安全技术与要求。选项B错误,剧毒、放射性危险物品运输应事先报当地公安部门批准,按指定路线、时间、速度行驶。选项C错误,危险化学品道路运输企业的驾驶人员、装卸管理人员等应经交通运输管理部门考核合格,取得从业资格。故选ADE。

专题6 危险化学品经营的安全要求

一、单项选择题

1. A [解析] 本题考查的是剧毒化学品、易制爆危险化学品的经营。剧毒化学品、易制爆危险化学品的销售企业、购买单位应当在销售、购买后5日内,将所销售、购买的剧毒化学品、易制爆危险化学品的品种、数量以及流向信息报所在地县级人民政府公安机关备案,并输入计算机系统。故选A。

2. C [解析] 本题考查的是危险化学品经营的安全要

求。自收到证明材料之日起 30 日内做出批准或者不予批准的决定。故选 C。

3. D [解析]本题考查的是危险化学品经营企业的条件与要求。选项 D 错误,从事危险化学品批发业务的企业,应具备经县级以上(含县级)公安、消防部门批准的专用危险化学品仓库(自有或租用)。所经营的危险化学品不得存放在业务经营场所。故选 D。

4. C [解析]本题考查的是剧毒化学品、易制爆危险化学品的经营。销售记录以及经办人身份证明复印件、相关许可证件复印件保存期限为不少于 1 年。故选 C。

5. A [解析]本题考查的是危险化学品经营的安全要求。《危险化学品安全管理条例》第三十五条明确了办理经营许可证的程序:一是申请;二是审查与发证;三是登记注册。故选 A。

二、多项选择题

1. ABD [解析]本题考查的是剧毒化学品、易制爆危险化学品的经营。选项 C 错误,保存期限不得少于 1 年。选项 E 错误,《危险化学品经营企业开业条件和技术要求》要求经营剧毒物品企业的人员,除要达到经国家授权部门的专业培训,取得合格证书方能上岗条件外,还应经过县级以上(含县级)公安部门的专门培训,取得合格证书后方可上岗。故选 ABD。

2. BCDE [解析]本题考查的是危险化学品经营企业的条件和要求。选项 A 错误,从事危险化学品批发业务的企业,应具备经县级以上公安、消防部门批准的专用仓库。故选 BCDE。

专题 7 泄漏控制与销毁处置技术

一、单项选择题

1. B [解析]本题考查的是废弃物销毁。选项 A 错误,对于粒度很小的固体废弃物,为了防止填埋过程中引起粉尘污染,可装入编织袋后填埋。选项 B 正确,一般工业废弃物可以直接进入填埋场进行填埋。选项 C 错误,爆炸性物品的销毁一般可采用以下四种方法:爆炸法、烧毁法、溶解法、化学分解法。选项 D 错误,有机过氧化物废弃物处理方法主要有分解、烧毁、填埋。故选 B。

2. D [解析]本题考查的是泄漏处理及火灾控制。选项 A 错误,扑救爆炸物品火灾时,切忌用沙土盖压,以免增强爆炸物品的爆炸威力。选项 B 错误,

扑救遇湿易燃物品火灾时,绝对禁止用水、泡沫、酸碱等湿性灭火剂扑救。固体遇湿易燃物品应使用水泥、干砂、干粉、硅藻土等覆盖。对镁粉、铝粉等粉尘,切忌喷射有压力的灭火剂,以防止将粉尘吹扬起来,引起粉尘爆炸。选项 C 错误,扑救易燃液体火灾时,绝对禁止用水、泡沫、酸碱等湿性灭火剂扑救。选项 D 正确,易燃固体、自燃物品火灾一般用水和泡沫灭火剂扑救,只要控制住燃烧范围,逐步扑灭即可。故选 D。

3. A [解析]本题考查的是泄漏处理及火灾控制。扑救毒害或腐蚀品的火灾时,应尽量使用低压水流或雾状水,避免腐蚀品、毒害品溅出;遇酸类或碱类腐蚀品最好调制相应的中和剂稀释中和。故选 A。

4. C [解析]本题考查的是废弃物销毁。使危险废弃物无害化采用的方法是使它们变成高度不溶性的物质,也就是固化/稳定化的方法。目前常用的固化/稳定化方法有:水泥固化、石灰固化、塑性材料固化、有机聚合物固化、自凝胶固化、熔融固化和陶瓷固化。故选 C。

5. A [解析]本题考查的是泄漏处理及火灾控制。扑救气体类火灾时,切忌盲目扑灭火焰,在没有采取堵漏措施情况下,必须保持稳定燃烧。故选 A。

二、多项选择题

1. BCE [解析]本题考查的是废弃物销毁。选项 AD 错误,目前常用的固化、稳定化方法有水泥固化、石灰固化、塑性材料固化、有机聚合物固化、自凝胶固化、熔融固化和陶瓷固化。故选 BCE。

2. ACDE [解析]本题考查的是泄漏处理及火灾控制。可以使用喷水降温、利用掩体保护、穿隔热服装保护、定时组织换班等方法避免高温危害。故选 ACDE。

3. BCD [解析]本题考查的是废弃物销毁。有机过氧化物废弃物应从作业场所清除并销毁,其方法主要取决于该过氧化物的物化性质,根据其特性选择合适的方法处理,以免发生意外事故。处理方法主要有分解、烧毁、填埋。故选 BCD。

专题 8 危险化学品的危害及防护

一、单项选择题

1. C [解析]本题考查的是毒性危险化学品。选项 ABD 是毒性化学品侵入人体的途径,不是毒性化学品刺激的人体部位。故选 C。

2. **B** [解析] 本题考查的是毒性危险化学品。呼吸道吸收程度与其在空气中的浓度密切相关，浓度越高，吸收越快。故选B。

3. **C** [解析] 本题考查的是放射性危险化学品的危险特性。对肠胃的伤害主要表现为恶心、呕吐、腹泻、虚弱和虚脱，症状消失后可出现急性昏迷，通常在2周内死亡。故选C。

4. **C** [解析] 本题考查的是毒性危险化学品。苯急性中毒主要表现为对中枢神经系统的麻醉作用，而慢性中毒主要为对造血系统的损害。故选C。

5. **A** [解析] 本题考查的是毒性危险化学品。苯胺泄漏后，可用稀盐酸或稀硫酸溶液浸湿污染处，再用水冲洗。故选A。

6. **D** [解析] 本题考查的是放射性危险化学品的危险特性。选项D正确，对造血系统的伤害主要表现为恶心、呕吐、腹泻，但很快能好转，经过2～3周无症状之后，出现脱发、经常性流鼻血，再出现腹泻，极度憔悴，通常在2～6周后死亡。故选D。

二、多项选择题

1. **CE** [解析] 本题考查的是劳动防护用品选用原则。在毒性气体浓度高、缺氧的环境中进行固定作业，可选用电动式或人工式长管呼吸器。故选CE。

2. **CD** [解析] 本题考查的是危险化学品的危害及防护。选项CD错误，腐蚀性物质按腐蚀性的强弱，可以分为两级，按其酸碱性及有机物、无机物则可分为八类：①一级无机酸性腐蚀物质；②一级有机酸性腐蚀物质；③二级无机酸性腐蚀物质；④二级有机酸性腐蚀物质；⑤无机碱性腐蚀物质；⑥有机碱性腐蚀物质；⑦其他无机腐蚀物质；⑧其他有机腐蚀物质。故选CD。

截分金题卷一

一、单项选择题

1. **C** [解析] 选项A错误，对旋式轧辊：即使相邻轧辊的间距很大，但是操作人员的手、臂以及身体都有可能被卷入。一般采用钳型防护罩进行防护。选项B错误，齿轮传动机构必须装置全封闭型的防护装置。机器外部绝不允许有裸露的啮合齿轮。防护装置材料可用钢板或铸造箱体，必须坚固牢靠，保证在机器运行过程中不发生振动。选项C正确，旋转的刀具：旋转的刀具应该被包含在机器内部（如卷筒裁切机）。在使用手工送料时，应尽可能减少刀刃的暴露，并使用背板进行防护。选项D错误，旋转的有辐轮：当有辐轮附属于一个转动轴时，用手动有辐轮来驱动机械部件是危险的。可以利用一个金属盘片填充有辐轮来提供防护，也可以在手轮上安装一个弹簧离合器，使轴能够自由转动。故选C。

2. **D** [解析] 选项A错误，机器零部件形状属于本质安全技术中的合理的结构形式。选项B错误，连接紧固可靠属于本质安全技术中的限制机械应力以保证足够的抗破坏能力。选项C错误，爆炸环境中的动力源属于本质安全技术中的使用本质安全的工艺过程和动力源。选项D正确，急停部件属于安全防护措施中的补充保护措施。

3. **A** [解析] 选项A正确，卷绕和绞缠。①做回转运动的机械部件。如轴类零件，包括联轴器、主轴、丝杠、链轮、刀座和旋转排屑装置等。②回转件上的凸出形状，如安装在轴上的凸出键、螺栓或销钉、轮的手柄等。③旋转运动的机械部件的开口部分，如链轮、齿轮、带轮等圆轮形零件的轮辐、旋转凸轮的中空部位等。选项B错误，挤压、剪切和冲击。①接近型的挤压危险。两部件相对运动、运动部件相对静止部件运动，运动结果是两个部件相对距离越来越近，甚至完全闭合。如工作台、滑鞍（或滑板）与墙或其他物体之间，刀具与刀座之间，刀具与夹紧机构或机械手之间，以及由于操作者意料不到的运动或观察加工时产生的挤压危险。②通过型的剪切危险。相对错动或擦肩而过，如工作台与滑鞍之间，滑鞍与床身之间，主轴箱与立柱（或滑板）之间，刀具与刀座之间的剪切危险。③冲击危险。工作台、滑座、立柱等部件快速移动、主轴箱快速下降、机械手移动引起的冲击危险。选项C错误，引入或卷入、碾轧的危险。危险产生于相互配合的运动副或接触面：①啮合的夹紧点。如蜗轮与蜗杆、啮合的齿轮之间、齿轮与齿条、传动带与带轮、链与链轮进入啮合部位。②回转夹紧区。如两个做相对回转运动的辊子之间的部位。③接触的滚动面。如轮子与轨道、车轮与路面等。选项D错误，飞出物打击的危险。①失控的动能。机床零件或被加工材料/工件、运动的机床零件或工件掉下或甩出；切屑（最易伤人是带状屑、崩碎屑）飞溅引起的烫伤、划伤,以及砂轮的磨料和细切屑使眼睛受伤。②弹性元件的位能。如弹簧、传动带等的断裂引起的弹射。③液体或气体位能。机床冷却系统、液压系统、气动系统由于泄漏或元件失效引起流体喷射,负压和真空导致吸入的危险。

4. A [解析] 选项A正确,运动部件不允许同时运动时,其控制机构应联锁,不能实现联锁的,应在控制机构附近设置警告标志,并在说明书中加以说明。属于机械危险。选项B错误,紧急停止装置属于电气安全措施。选项C错误,控制粉尘浓度属于物质和材料的安全措施。选项D错误,采取屏蔽辐射源属于其他危险的安全措施。

5. D [解析] 选项A错误,主轴螺纹部分须延伸到紧固螺母的压紧面内,但不得超过砂轮最小厚度内孔长度的 $1/2(h>H/2)$。选项B错误,一般用途的砂轮卡盘直径不得小于砂轮直径的1/3,切断用砂轮的卡盘直径不得小于砂轮直径的1/4。选项C错误,卡盘与砂轮侧面的非接触部分应有不小于1.5mm的足够间隙。选项D正确,砂轮主轴端部螺纹应满足防松脱的紧固要求,其旋向须与砂轮工作时旋转方向相反。

6. C [解析] 选项A错误,详解见选项C解析。选项B错误,详解见选项C解析。选项C正确,压力机(包括剪切机)是危险性较大的机械,从劳动安全卫生角度看,压力加工的危险因素有机械危险、电气危险、热危险、噪声振动危险(对作业环境的影响很大)、材料和物质危险以及违反安全人机学原则导致危险等,其中以机械伤害的危险性最大。选项D错误,详解见选项C解析。故选C。

7. C [解析] 选项A错误,压料装置(压料脚)应确保剪切前将剪切材料压紧,压紧后的板料在剪切时不能移动。选项B错误,安装在刀架上的刀片应固定可靠,不能仅靠摩擦安装固定。选项C正确,在使用剪板机时,剪板机后部落料危险区域一般应设置阻挡装置,以防止人员发生危险。选项D错误,剪板机上必须设置紧急停止按钮,一般应在剪板机的前面和后面分别设置。

8. D [解析] 选项D正确,木材的生物效应危险取决于木材种类、接触时间或操作者自身的体质条件。可引起皮肤症状、视力失调、对呼吸道黏膜的刺激和病变、过敏病状等。

9. D [解析] 选项A错误,刀轴必须是装配式圆柱形结构,严禁使用方形刀轴。刀体上的装刀梯形槽应上底在外,下底靠近圆心,组装后的刀槽应为封闭型或半封闭型。保证夹紧后在运转中不得松动或刀片发生径向滑移。选项B错误,组装后的刨刀片径向伸出量不得大于1.1mm。选项C错误,组装后的刀轴须经强度试验和离心试验,试验后的刀片不得有卷刃、崩刃或显著磨钝现象。选项D正确,刀轴的驱动装置所有外露旋转件都必须有牢固可靠的防护罩,并在罩上标出单向转动的明显标志;须设有制动装置,在切断电源后,保证刀轴在规定的时间内停止转动。

10. B [解析] 选项A错误,分料刀是设置在出料端减少木材对锯片的挤压并防止木材反弹的装置。选项B正确,应有足够的宽度以保证其强度和刚度,受力后不会被压弯或偏离正常的工作位置。其宽度应介于锯身厚度与锯料宽度之间,在全长上厚度要一致。选项C错误,分料刀的引导边应是楔形的,以便于导入。其圆弧半径不应小于圆锯片半径。选项D错误,应能在锯片平面上做上下和前后方向的调整,分料刀顶部应不低于锯片圆周上的最高点;与锯片最靠近点与锯片的距离不超过3mm,其他各点与锯片的距离不得超过8mm。故选B。

11. A [解析] 选项A正确,灼烫属于非机械性的危害。选项B错误,机械伤害属于机械性伤害。选项C错误,高处坠落属于机械性伤害。选项D错误,电离辐射危害不属于铸造危险有害因素。故选A。

12. A [解析] 选项A正确,铸造车间应安排在高温车间、动力车间的建筑群内,建在厂区其他不释放有害物质的生产建筑的下风侧。选项B错误,厂房主要朝向宜南北向。厂房平面布置应在满足产量和工艺流程的前提下同建筑、结构和防尘等要求综合考虑。铸造车间四周应有一定的绿化带。选项C、选项D错误,铸造车间除设计有局部通风装置外,还应利用天窗排风或设置屋顶通风器。熔化、浇注区和落砂、清理区应设避风天窗。有桥式起重设备的边跨,宜在适当高度位置设置能启闭的窗扇。

13. D [解析] 选项D正确,体力劳动强度分级的影响因素包括能量代谢率、劳动时间率、体力劳动性别系数、体力劳动方式系数。

14. D　[解析]选项A正确,在感知方面,人的某些感官的感受能力比起机器来要优越。例如,人的听觉器官对音色的分辨力以及嗅觉器官对某些化学物质的感受性等,都显著地优于机器。选项B正确,人能够运用多种通道接收信息。当一种信息通道发生障碍时可运用其他的通道进行补偿;而机器只能按设计的固定结构和方法输入信息。选项C正确,人具有高度的灵活性和可塑性,能随机应变,采取灵活的程序和策略处理问题。人能根据情境改变工作方法,能学习和适应环境,能应付意外事件和排除故障,有良好的优化决策能力。而机器应付偶然事件的程序则非常复杂,均需要预先设定,任何高度复杂的自动系统都离不开人的参与。选项D错误,人能长期大量储存信息并能综合利用记忆的信息进行分析和判断。

15. C　[解析]选项C正确,在人工操作系统、半自动化系统中,系统的安全性主要取决于人机功能分配的合理性、机器的本质安全性及人为失误状况。

16. D　[解析]选项D正确,按照发生电击时电气设备的状态,电击分为直接接触电击和间接接触电击。

17. B　[解析]选项A错误,电弧烧伤是由弧光放电造成的烧伤,是最危险的电伤。高压电弧和低压电弧都能造成严重烧伤。高压电弧的烧伤更为严重一些。选项B正确,电气机械性伤害是电流作用于人体时,由于中枢神经强烈反射和肌肉强烈收缩等作用造成的机体组织断裂、骨折等伤害。选项C错误,皮肤金属化是电弧使金属熔化、汽化,金属微粒渗入皮肤造成的伤害。选项D错误,电烙印是电流通过人体后在人体与带电体接触的部位留下的永久性斑痕。

18. C　[解析]选项A、选项B错误,当电流持续时间超过心脏跳动周期时,室颤电流约为50mA。选项C正确,当电流持续时间短于心脏跳动周期时,室颤电流约为500mA。选项D错误,当电流持续时间在0.1s以下时,只有电击发生在心脏易损期,500mA以上乃至数安的电流才可能引起心室纤维性颤动。

19. C　[解析]选项C正确,绝缘材料的阻燃性能用氧指数表示。

20. A　[解析]选项A正确、选项B错误,将在故障情况下可能呈现危险对地电压的金属部分经接地线、接地体同大地连接起来,把故障电压限制在安全范围以内的做法就是保护接地。漏电状态并没有消失。选项C错误,应当指出,只有在不接地配电网中,由于单相接地电流较小,才有可能通过保护接地把漏电设备故障电压限制在安全范围之内。选项D错误,保护接地适用于各种不接地配电网。在这类配电网中,凡由于绝缘损坏或其他原因可能呈现危险电压的金属部分,除另有规定外,均应接地。

21. B　[解析]选项B正确,设备某相带电体碰连设备外壳(外露导电部分)时,通过设备外壳形成该相对保护零线的单相短路,短路电流促使线路上的短路保护迅速动作,从而将故障部分断开电源,消除电击危险。此外,保护接零也能在一定程度上降低漏电设备对地电压。

22. D　[解析]选项A错误,在低压系统,允许利用不流经可燃液体或气体的金属管道作保护导体。选项B错误,人工保护导体可以采用多芯电缆的芯线、与相线同一护套内的绝缘线、固定敷设的绝缘线或裸导体等。选项C错误,各设备的保护(支线)不得串联连接,即不得利用设备的外露导电部分作为保护导体的一部分。选项D正确,保护导体干线必须与电源中性点和接地体(工作接地、重复接地)相连。保护导体支线应与保护干线相连。为提高可靠性,保护干线应经两条连接线与接地体连接。

23. D　[解析]选项A错误,工作绝缘是带电体与不可触及的导体之间的绝缘,是保证设备正常工作和防止电击的基本绝缘。选项B错误,附加绝缘是不可触及的导体与可触及的导体之间的绝缘,是当工作绝缘损坏后用于防止电击的绝缘。选项C错误,工作绝缘的绝缘电阻不得低于2MΩ,保护绝缘的绝缘电阻不得低于5MΩ,加强的绝缘电阻不得低于7MΩ。选项D正确,Ⅱ类设备在其明显部位应有"回"形标志。凡属双重绝缘的设备,不得再行接地或接零。

24. B　[解析]选项A错误,电源变压器必须是隔离变压器。与安全隔离变压器一样,隔离变压器的输入绕组与输出绕组没有电气连接,并具有双重绝缘的结构。选项B正确,为保证安全,被隔离回路不得与其他回路及大地有任何连接。对于二次边回路线路较长者,应装设绝缘监视装置。选项C错误,一次边线路可以与其他回路及大地有连接。选项D错误,二次边线路电压过高或二次边线路过长,都会降低这种措施的可靠性。按照规定,应保证电源电压$U≤500V$时线路长度$L≤200m$、电压与长度的乘积$UL≤100000V·m$。

25. A [解析]选项A正确,电火花和电弧不仅能引起可燃物燃烧,还能使金属熔化、飞溅,构成二次引燃源。选项B错误,例如,控制开关、断路器、接触器接通和断开线路时产生的火花属于工作火花。选项C错误,熔丝熔断时产生的火花属于事故火花。选项D错误,电动机的转动部件与其他部件相碰也会产生机械碰撞火花。

26. B [解析]选项A正确,带电积云与地面建筑物等目标之间的强烈放电称为直击雷。选项B错误,静电感应是由于带电积云接近地面,在架空线路导线或其他导电凸出物顶部感应出大量电荷引起的。电磁感应是由于雷电放电时,巨大的冲击雷电流在周围空间产生迅速变化的强磁场引起的。选项C正确,球雷是一团处在特殊状态下的带电气体。在雷雨季节,球雷可能从门、窗、烟囱等通道侵入室内。选项D正确,球雷是雷电放电时形成的发红光、橙光、白光或其他颜色光的火球。故选B。

27. A [解析]选项A正确,接闪器的保护范围有两种计算方法。对于建筑物,接闪器的保护范围按滚球法计算;对于电力装置,接闪器的保护范围可按折线法计算。选项B错误,第二类防雷建筑物的滚球半径为45m,第三类防雷建筑物的滚球半径为60m。选项C错误,折线法是将避雷针或避雷线保护范围的轮廓看作是折线,折点在避雷针或避雷线高度的1/2处。选项D错误,避雷针(接闪杆)、避雷线、避雷网和避雷带都可作为接闪器,建筑物的金属屋面可作为第一类工业建筑物以外其他各类建筑物的接闪器。故选A。

28. A [解析]选项A正确,直径12.5mm的球形物体试具不得完全进入壳内代表的防尘能力为2级,向外壳各方向喷水无有害影响的防水能力为5级。

29. B [解析]选项B正确,见下表。

类型	特点和性能	应用
刀开关 (低压隔离开关)	手动操作,没有或只有简单的灭弧机构;不能切断短路电流和较大的负荷电流	主要用来隔离电压,与熔断器串联使用
低压断路器	有强有力的灭弧装置。能分断短路电流,有多种保护功能	用作线路主开关,故障时自动分闸
接触器	有灭弧装置,能分、合负荷电流,不能分断短路电流,能频繁操作	用作线路主开关,本身有失压保护功能
控制器	触头多,档位多	用于起重机的控制

30. A [解析]选项A正确,接头接触不良或松脱,会增大接触电阻,使接头过热而烧毁绝缘,还可能产生火花,严重的会酿成火灾和触电事故。工作中,应当尽可能减少导线的接头,接头过多的导线不宜使用。选项B错误,原则上导线连接处的力学强度不得低于原导线力学强度的80%;绝缘强度不得低于原导线的绝缘强度;接头部位电阻不得大于原导线电阻的1.2倍。选项C错误,铜导线与铝导线之间的连接应尽量采用铜-铝过渡接头,特别是在潮湿环境,或在户外,或遇大截面导线,必须采用铜-铝过渡接头。选项D错误,电力线路的过电流保护包括短路保护和过载保护。

31. B [解析]选项A错误,层燃炉采用火床燃烧,主要用于工业锅炉,火床燃烧是固体燃料以一定厚度分布在炉排上进行燃烧的方式。选项B正确,室燃炉采用火室燃烧,电站锅炉和部分容量较大的工业锅炉采用室燃方式,燃料为油、气和煤粉。火室燃烧(悬浮燃烧)是燃料以粉状、雾状或气态随同空气喷入炉膛中进行燃烧的方式。选项C错误,旋风炉采用旋风燃烧,炉型有卧式和立式两种,燃用粗煤粉或煤屑。旋风燃烧是燃料和空气在高温的旋风筒内高速旋转,部分燃料颗粒被甩向筒壁液态渣膜上进行燃烧的方式。选项D错误,流化床燃烧锅炉送入炉排的空气流速较高,使大粒燃煤在炉排上面的流化床中翻腾燃烧,小粒燃煤随空气上升并燃烧。宜用于燃用劣质燃料,主要用于工业锅炉。现已经开发了大型循环流化床燃烧锅炉。

32. B　[解析]　选项B正确,超压爆炸是小型锅炉最常见的爆炸情况之一。预防这类爆炸的主要措施是加强运行管理。

33. D　[解析]　选项D正确,采用螺纹连接的弹簧安全阀时,应当符合《安全阀一般要求》的要求;安全阀应当与带有螺纹的短管相连接,而短管与锅筒(壳)或者集箱筒体的连接应当采用焊接结构。

34. A　[解析]　选项A正确,低温液化气体是指经过深冷低温处理而部分呈液态的气体,其临界温度(T_C)一般低于或者等于-50℃,也可以称为深冷液化气体或者冷冻液化气体。选项B错误,高(低)压液化气体是指在温度高于-50℃时加压后部分呈液态的气体,包括临界温度(T_C)在-50~65℃的高压液化气体和临界温度(T_C)高于65℃的低压液化气体。选项C错误,溶解气体是指在一定的压力、温度条件下,溶解于溶剂中的气体。选项D错误,吸附气体是指在一定的压力、温度条件下,吸附于吸附剂中的气体。

35. D　[解析]　选项A错误,严禁用自卸汽车、挂车或长途客运汽车运送气瓶,同时也不准许装运气瓶的货车载客。选项B错误,运输车辆应具有固定气瓶的相应装置,散装直立气瓶高出栏板部分不应大于气瓶高度的1/4。选项C错误,将散装瓶装入集装箱内,固定好气瓶,用机械起重设备吊运。不得使用电磁起重机吊运气瓶。选项D正确,严禁拖拽、随地平滚、顺坡横或竖滑下或用脚踢;严禁肩扛、背驮、怀抱、臂挟、托举等。当人工将气瓶向高处举放或气瓶从高处落地时必须两人同时操作。

36. A　[解析]　选项A正确,安全阀在正常运行过程中,都会存在微量泄漏的。选项B错误,安全阀的主要故障有:①泄漏。在压力容器正常工作压力下,阀瓣与阀座密封面之间发生超过允许程度的泄漏。②到规定压力时不开启。③不到规定压力时开启。④排气后压力继续上升。⑤排放泄压后阀瓣不回座。选项C错误,详见选项B解析;选项D错误,详见选项B解析。

37. B　[解析]　选项A错误,压力容器开始加载时,速度不宜过快,尤其要防止压力突然升高。过高的加载速度会降低材料的断裂韧性,可能使存在微小缺陷的容器在压力的快速冲击下发生脆性断裂。选项B正确,高温容器或工作壁温在0℃以下的容器,加热和冷却都应缓慢进行,以减小壳壁中的热应力。选项C错误,操作中,压力频繁地、大幅度地波动,对容器的抗疲劳强度是不利的,应尽可能避免,保持操作压力平稳。选项D错误,防止超载。防止压力容器过载主要是防止超压。

38. A　[解析]　选项A正确,材料分析按照以下要求进行:①材质不明的,一般需要查明主要受压元件的材料种类;对于第Ⅲ类压力容器以及有特殊要求的压力容器,必须查明材质;②有材质劣化倾向的压力容器,应当进行硬度检测,必要时进行金相分析;③有焊缝硬度要求的压力容器,应当进行硬度检测。

39. D　[解析]　选项A错误,每年对所有在用的起重机械至少进行1次全面检查。停用1年以上、遇4级以上地震或发生重大设备事故、露天作业的起重机械经受9级以上的风力后的起重机,使用前都应做全面检查。选项B错误,每月检查的检查项目包括安全装置、制动器、离合器等有无异常,可靠性和精度;重要零部件(如吊具、钢丝绳滑轮组、制动器、吊索及辅具等)的状态,有无损伤,是否应报废等;电气、液压系统及其部件的泄漏情况及工作性能;动力系统和控制器等。停用一个月以上的起重机构,使用前也应做上述检查。选项C错误,在每天作业前进行,应检查各类安全装置、制动器、操纵控制装置、紧急报警装置、轨道的安全状况,钢丝绳的安全状况。检查发现有异常情况时,必须及时处理。严禁带病运行。属于每日检查。选项D正确,详见选项A解析。

40. D　[解析]　选项A错误,驾驶员在正常操作过程中,不得利用极限位置限制器停车;不得利用打反车进行制动;不得在起重作业过程中进行检查和维修;不得带载调整起升、变幅机构的制动器,或带载增大作业幅度;吊物不得从人头顶上通过,吊物和起重臂下不得站人。选项B错误,吊载接近或达到额定值,或起吊危险器物(液态金属、有害物、易燃易爆物)时,吊运前认真检查制动器,并用小高度、短行程试吊,确认没有问题后再吊运。选项C错误,工作中突然断电时,应将所有控制器置零,关闭总电源。重新工作前,应先检查起重机工作是否正常,确认安全后方可正常操作。选项D正确,用两台或多台起重机吊运同一重物时,每台起重机都不得超载。吊运过程应保持钢丝绳垂直,保持运行同步。吊运时,有关负责人员和安全技术人员应在场指导。

41. D [解析]选项A正确,将爬升架可靠固定在塔式起重机回转部分的下面,爬升液压缸的支腿在塔身的顶升支撑点上。选项B正确,通过塔式起重机本身将一个新的标准节提起并放到爬升架上。然后通过配平使塔式起重机上部结构相对爬升液压缸中心前后平衡并将臂架保持在正确的位置。选项C正确,分离引进装置并继续下降塔式起重机上部结构和新标准节直到将新标准节下部与塔身顶部连接。重复相同的过程,即可继续进行加节。选项D错误,当塔身底部到达中环梁时,将塔式起重机夹持在中环梁和上环梁间,即可将下环梁开留待下次爬升使用属于内爬升。

42. B [解析]选项A错误,叉装物件时,被装物件重量应在该机允许载荷范围内。当物件重量不明时,应将该物件叉起离地100mm后检查机械的稳定性,确认无超载现象后,方可运送。选项B正确,物件提升离地后,应将起落架后仰,方可行驶。选项C错误,以内燃机为动力的叉车,进入仓库作业时,应有良好的通风设施。严禁在易燃、易爆的仓库内作业。选项D错误,严禁货叉上载人。驾驶室除规定的操作人员外,严禁其他任何人进入或在室外搭乘。

43. A [解析]选项A错误,回转锁定装置属于起重机的安全装置。选项B正确,运动限制装置(限位装置)绕水平轴回转并配有平衡重的游乐设施,乘人部分在最高点有可能出现静止状态时,应有防止或处理该状态的措施;液压缸或气缸行程的终点,应设置限位装置,且灵敏可靠。选项C正确,超速限制装置(限速装置)在游乐设施中,采用直流电动机驱动或者设有速度可调系统时,必须设有防止超出最大设定速度的限速装置,限速装置必须灵敏可靠。选项D正确,防碰撞及缓冲装置:同一轨道、滑道、专用车道等有两组以上(含两组)无人操作的单车或列车运行时,应设防止相互碰撞的自动控制装置和缓冲装置。当有人操作时,应有效的缓冲装置。

44. B [解析]选项A错误,可燃气体燃烧所需要的热量只用于本身的氧化分解,并使其达到自燃点而燃烧。选项B正确,可燃液体在点火源作用(加热)下,首先蒸发成蒸气,其蒸气进行氧化分解后达到自燃点而燃烧。选项C错误,简单物质(如硫、磷等),受热后首先熔化,蒸发成蒸气进行燃烧,没有分解过程。选项D错误,复杂物质,在受热时首先分解为气态或液态产物,其气态和液态产物的蒸气进行氧化分解着火燃烧。故选B。

45. D [解析]选项A错误,F类火灾:是指烹饪器具内烹饪物火灾,如动植物油脂等。选项B错误,D类火灾:是指金属火灾,如钾、钠、镁、钛、锆、锂、铝镁合金火灾等。选项C错误,C类火灾:是指气体火灾,如煤气、天然气、甲烷、乙烷、丙烷、氢气火灾等。选项D正确,A类火灾:是指固体物质火灾,如木材、棉、毛、麻、纸张火灾等。综上所述,本题选择D。

46. A [解析]选项A正确,初起期是火灾开始发生的阶段,这一阶段可燃物的热解过程至关重要,主要特征是冒烟、阴燃。选项BCD错误,详见选项A解析。故选A。

47. A [解析]选项A正确,当乙炔压力较高时,应加入氮气等惰性气体加以稀释。选项B错误,乙炔易与铜、银、汞等重金属反应生成爆炸性的乙炔盐,这些乙炔盐只需轻微的撞击便能发生爆炸而使乙炔着火。选项C错误,为防止乙炔分解爆炸,安全规程中规定:不能用含铜量超过65%的铜合金制造盛乙炔的容器;在用乙炔焊接时,不能使用含银焊条。选项D错误,当乙炔分解时,则放出这部分热量,分解时生成细微固体碳及氢气。故选A。

48. C [解析]选项A错误,粉尘爆炸速度或爆炸压力上升速度比爆炸气体小,但燃烧时间长,产生的能量大,破坏程度大。选项B错误,爆炸感应期较长。选项C正确,有产生二次爆炸的可能性。选项D错误,粉尘有不完全燃烧现象。产生CO及粉尘(如塑料粉)自身分解的有毒气体。故选C。

49. C [解析]选项A错误,加热易燃物料时,要尽量避免采用明火设备,而宜采用热水或其他介质间接加热,如蒸汽或密闭电气加热设备,不得采用电炉、火炉、煤炉等直接加热。选项B错误,明火加热设备的布置,应远离可能泄漏易燃气体或蒸气的工艺设备和储罐区,并应布置在其上风向或侧风向。对于有飞溅火花的加热装置,应布置在上述设备的侧风向。选项C正确,详见选项B解析;选项D错误,如果存在一个以上的明火设备,应将其集中于装置的边缘。综上所述,本题选择C。

50. B [解析] 选项A正确,在化工生产中,采取的惰性气体(或阻燃性气体)主要有氮气、二氧化碳、水蒸气、烟道气等。选项B错误,详见选项A解析;选项C正确,详见选项A解析;选项D正确,详见选项A解析;故选B。

51. D [解析] 选项ABC错误,详见选项D解析;选项D正确,惰性气体:氮、二氧化碳、二氧化硫、氟利昂等除易燃气体、助燃气体、氧化剂和有毒物品外,不准与其他种类物品共储。故选D。

52. A [解析] 选项A正确,杠杆式安全阀加载机构对振动敏感,常因振动产生泄漏。选项B错误,弹簧式安全阀的弹簧力随阀的开启高度而变化,不利于阀的迅速开启。选项C错误,脉冲式安全阀通常只适用于安全泄放量很大的系统或者用于高压系统。选项D错误,弹簧式安全阀结构紧凑,灵敏度较高,安装位置无严格限制,应用广泛。故选A。

53. C [解析] 选项A错误,A级:由专业燃放人员在特定的室外空旷地点燃放、危险性很大的产品。选项B错误,B级:由专业燃放人员在特定的室外空旷地点燃放、危险性较大的产品。选项C正确,C级:适于室外开放空间燃放、危险性较小的产品。选项D错误,D级:适于近距离燃放、危险性很小的产品。故选C。

54. B [解析] 选项ACD错误,详见选项B解析;选项B正确,危险品生产区内的危险品生产厂房、危险品中转库房、临时存药洞、晒场与其周围零散住户、居民点、企业、公共交通线路、高压输电线路、城镇规划边缘等的外部距离,应根据建(构)筑物的危险等级和计算药量计算确定。危险品生产厂房、危险品中转库房的外部距离应自危险性建筑物的外墙面算起,临时存药洞应自洞口外壁算起,晒场应自晒场边缘算起。故选B。

55. A [解析] 选项A正确,硝酸铵储存过程中会发生自然分解,放出热量。当环境具备一定的条件时热量聚集,当温度达到爆发点时引起硝酸铵燃烧爆炸。选项B错误,详解见选项A解析;选项

56. C [解析] 选项A错误,离子感烟火灾探测器是核电子学与探测技术的结晶,应用烟雾粒子改变探测器中电离室原有电离电流。离子感烟火灾探测器最显著的优点是它对黑烟的灵敏度非常高,特别是能对早期火警反应特别快而受到青睐。选项B错误,光电式感烟火灾探测器是利用烟雾粒子对光线产生散射、吸收原理的感烟火灾探测器。光电式感烟火灾探测器有一个很大的缺点就是对黑烟灵敏度很低,对白烟灵敏度较高。选项C正确,定温式探测器是在规定时间内,火灾引起的温度上升超过某个定值时启动报警。选项D错误,差定温式探测器结合了定温和差温两种作用原理并将两种探测器结构组合在一起。故选C。

57. B [解析] 选项ACD错误,详见选项B解析;选项B正确,火灾警报装置(包括警铃、警笛、警灯等)是发生火灾时向人们发出警告的装置,即告诉人们着火了,或者有什么意外事故。火灾应急广播是火灾时(或意外事故时)指挥现场人员进行疏散的设备。为了及时向人们通报火灾,指导人们安全、迅速地疏散,火灾事故广播和警报装置按要求设置是非常必要的。故选B。

58. C [解析] 选项ABD错误,详解见选项C解析;选项C正确,对D类火灾即金属燃烧的火灾,就我国目前情况来说,还没有定型的灭火器产品。目前国外灭D类火灾的灭火器主要有粉状石墨灭火器和灭金属火灾的专用干粉灭火器。在国内尚未生产这类灭火器和灭火剂的情况下,可采用干砂或铸铁屑末来替代。故选C。

59. B [解析] 选项A错误,燃烧性:爆炸物、易燃气体、易燃气熔胶、压力下可燃性气体、易燃液体、易燃固体、自反应物质或混合物、自燃液体、自燃固体、自热物质和混合物、遇水放出易燃气体的物质或混合物、有机过氧化物等,在条件具备时均可能发生燃烧。选项B正确,毒害性:许多危险化学品可通过一种或多种途径进入人体和动物体内,其在人体累积到一定量时,便会扰乱或破坏肌体的正常生理功能,引起暂时性或持久性的病理改

变,甚至危及生命。选项C错误,腐蚀性:强酸、强碱等物质能对人体组织、金属等物品造成损坏,接触人的皮肤、眼睛或肺部、食道等时,会引起表皮组织坏死而造成灼伤。内部器官被灼伤后可引起炎症,甚至会造成死亡。选项D错误,放射性:放射性危险化学品通过放出的射线可阻碍和伤害人体细胞活动机能并导致细胞死亡。故选B。

60. D [解析]选项A错误,化学品标识:名称要求醒目清晰,位于标签的上方。名称应与化学品安全技术说明书中的名称一致。当需要标出的组分较多时,组分个数以不超过5个为宜。对于属于商业机密的成分可以不标明,但应列出其危险性。选项B错误,信号词:根据化学品的危险程度和类别,用"危险""警告"两个词分别进行危害程度的警示。信号词位于化学品名称的下方,要求醒目、清晰。选项C错误,危险性说明:简要概述化学品的危险特性。居信号词下方。选项D正确,防范说明:该部分应包括安全预防措施、意外情况(如泄漏、人员接触或火灾等)的处理、安全储存措施及废弃处置等内容。故选D。

61. A [解析]选项A正确,引起简单分解的爆炸物,在爆炸时并不一定发生燃烧反应,其爆炸所需要的热量是由爆炸物本身分解产生的。属于这一类的有乙炔银、叠氮铅等,这类物质受轻微振动即可能引起爆炸,十分危险。选项B错误,还有些可爆炸气体在一定条件下,特别是在受压情况下,能发生简单分解爆炸。例如,乙炔、环氧乙烷等在压力下的分解爆炸。选项CD错误,详解见选项B解析。故选A。

62. A [解析]选项A正确,冲击波的传播速度极快,在传播过程中,可以对周围环境中的机械设备和建筑物产生破坏作用,使人员伤亡。冲击波还可以在作用区域内产生振荡作用,使物体因振荡而松散,甚至破坏。冲击波的破坏作用主要是由其波阵面上的超压引起的。在爆炸中心附近,空气冲击波波阵面上的超压可达几个甚至十几个大气压,在这样高的超压作用下,建筑物被摧毁,机械设备、管道等也会受到严重破坏。当冲击波大面积作用于建筑物时,波阵面超压在20~30kPa内,就足以使大部分砖木结构建筑物受到严重破坏。超压100kPa以上时,除坚固的钢筋混凝土建筑外,其余部分将全部破坏。选项BCD错误,详解

见选项A解析。故选A。

63. B [解析]选项A正确,通风分局部排风和全面通风两种。局部排风是把污染源罩起来,抽出污染空气,所需风量小,经济有效,并便于净化回收。全面通风则是用新鲜空气将作业场所中的污染物稀释到安全浓度以下,所需风量大,不能净化回收。选项B错误,详解见选项A解析。选项C正确,对于点式扩散源,可使用局部排风。使用局部排风时,应使污染源处于通风罩控制范围内。为了确保通风系统的高效率,通风系统设计的合理性十分重要。对于已安装的通风系统,要经常加以维护和保养,使其有效地发挥作用。选项D正确,对于面式扩散源,要使用全面通风。全面通风也称稀释通风,其原理是向作业场所提供新鲜空气,抽出污染空气,进而稀释有害气体、蒸气或粉尘,从而降低其浓度。采用全面通风时,在厂房设计阶段就要考虑空气流向等因素。因为全面通风的目的不是消除污染物,而是将污染物分散稀释,所以全面通风仅适用于低毒性作业场所,不适合于污染物量大的作业场所。故选B。

64. A [解析]选项A错误,危险化学品必须储存在经公安部门批准设置的专门的危险化学品仓库中,经销部门自管仓库储存危险化学品及储存数量必须经公安部门批准。未经批准不得随意设置危险化学品储存仓库。选项B正确,储存危险化学品的仓库必须配备有专业知识的技术人员,其库房及场所应设专人管理,管理人员必须配备可靠的个人安全防护用品。选项C正确,储存的危险化学品应有明显的标志,标志应符合《危险货物包装标志》的规定。同一区域储存两种及两种以上不同级别的危险化学品时,应按最高等级危险化学品的性能标志。选项D正确,储存危险化学品的建筑物、区域内严禁吸烟和使用明火。故选A。

65. C [解析]选项A错误,禁止通过内河封闭水域运输剧毒化学品以及国家规定禁止通过内河运输的其他危险化学品。通过道路运输剧毒化学品的,托运人应当向运输始发地或者目的地的县级人民政府公安机关申请剧毒化学品道路运输通行证。选项B错误,详解见选项A解析;选项C正确,详解见选项A解析;选项D错误,详解见选项A解析。故选C。

66. D　[解析]　选项A错误,从事剧毒化学品、易制爆危险化学品经营的企业,应当向所在地设区的市级人民政府安全生产监督管理部门提出申请,从事其他危险化学品经营的企业,应当向所在地县级人民政府安全生产监督管理部门提出申请(有储存设施的,应当向所在地设区的市级人民政府安全生产监督管理部门提出申请)。申请人应当提交其符合条例规定条件的证明材料。设区的市级人民政府安全生产监督管理部门或者县级人民政府安全生产监督管理部门应当依法进行审查,并对申请人的经营场所、储存设施进行现场核查,自收到证明材料之日起30日内做出批准或者不予批准的决定。予以批准的,颁发危险化学品经营许可证;不予批准的,书面通知申请人并说明理由。选项B错误,详解见选项A解析。选项C错误,详解见选项A解析。选项D正确,危险化学品经营企业不得向未经许可从事危险化学品生产、经营活动的企业采购危险化学品,不得经营没有化学品安全技术说明书或者化学品安全标签的危险化学品。故选D。

67. D　[解析]　选项A错误,扑救遇湿易燃物品火灾时,绝对禁止用水、泡沫、酸碱等湿性灭火剂扑救。一般可使用干粉、二氧化碳、卤代烷扑救,但钾、钠、铝、镁等物品用二氧化碳、卤代烷无效。固体遇湿易燃物品应使用水泥、干砂、干土、硅藻土等覆盖。对镁粉、铝粉等粉尘,切忌喷射有压力的灭火剂,以防止将粉尘吹扬起来,引起粉尘爆炸。选项B错误,详解见选项A解析。选项C错误,扑救易燃液体火灾时,比水轻又不溶于水的液体用直流水、雾状水灭火往往无效,可用普通蛋白泡沫或轻泡沫灭火剂扑救;水溶性液体最好用抗溶性泡沫灭火剂扑救。选项D正确,扑救毒害和腐蚀品的火灾时,应尽量使用低压水流或雾状水,避免毒品、毒害品溅出。遇酸类或碱类腐蚀品最好调制相应的中和剂稀释中和。故选D。

68. B　[解析]　选项A错误,详解见选项B解析。选项B正确,凡确认不能使用的爆炸性物品,必须予以销毁,在销毁以前应报告当地公安部门,选择适当的地点、时间及销毁方法。一般可采用以下四种方法:爆炸法、烧毁法、溶解法、化学分解法。有机过氧化物是一种易燃、易爆品,其废弃物应从作业场所清除并销毁,其方法主要取决于该过氧化物的物化性质,根据其特性选择合适的方法处理,以免发生意外事故。处理方法主要有分解、烧毁、填埋。选项CD错误,详解见选项B解析。故选B。

69. B　[解析]　选项A错误,详解见选项B解析。选项B正确,工业生产中,毒性危险化学品经皮肤吸收引起中毒也比较常见。脂溶性毒性危险化学品经表皮吸收后,还需有水溶性,才能进一步扩散和吸收,所以水、脂皆溶的物质(如苯胺)易被皮肤吸收。选项C错误,详解见选项B解析。选项D错误,详解见选项B解析。故选B。

70. B　[解析]　选项A正确,对中枢神经和大脑系统的伤害。这种伤害主要表现为虚弱、倦怠、嗜睡、昏迷、震颤、痉挛,可在2天内死亡。选项B错误,详解见选项A解析。选项CD正确,详解见选项A解析。故选B。

二、多项选择题

71. ADE　[解析]　选项A正确,固定装置属于防护装置。选项B错误,联锁装置属于保护装置。选项C错误,限制装置属于保护装置。选项D正确,活动装置属于防护装置。选项E正确,可调装置属于防护装置。故选ADE。

72. CDE　[解析]　选项A错误,电动启动装置的按钮盒,其按钮上需标有"启动""停车"等字样。停车按钮为红色,其位置比启动按钮高10~12mm。选项B错误,高压蒸汽管道上必须装有安全阀和凝结罐,以消除水击现象,降低突然升高的压力。选项C正确,任何类型的蓄力器都应有安全阀。安全阀必须由技术检查员加铅封,并定期进行检查。选项D正确,安全阀的重锤必须封在带锁的锤盒内。选项E正确,新安装和经过大修理的锻压设备应该根据设备图样和技术说明书进行验收和试验。

73. ACD　[解析]　选项A正确,能力是指一个人完成一定任务的本领,或者说,能力是人们顺利完成某种任务的心理特征。选项B错误,性格是人们在对待客观事物的态度和社会行为方式中区别于他人所表现出来的那些比较稳定的心理特征的总和。道德品质和意志特点是构成性格的基础。选项C正确,动机是由需要产生的,合理的需要能推动人以一定的方式,在一定的方面去进行积极的活动,达到有益的效果。选项 D 正确,情绪是由肌体生理需要是否得到满足而产生的体验。情绪带有情境性,它由一定的情境引起,并随情境的改变而消失,带有冲动性和明显的外部表现。选项 E 错误,意志是人自觉地确定目标并调节自己的行动,以克服困难、实现预定目标的心理过程,它是意识的能动作用与表现。

74. BDE [解析]选项 A 错误,气体绝缘击穿是由碰撞电离导致的电击穿。气体击穿后绝缘性能会很快恢复。选项 B 正确,液体绝缘的击穿特性与其纯净程度有关。纯净液体的击穿也是由碰撞电离最后导致的电击穿。含杂质液体的击穿属于热击穿。选项 C 错误,热击穿是固体绝缘温度上升、局部熔化、烧焦或烧裂导致的击穿。热击穿的特点是电压作用时间较长,而击穿电压较低。电化学击穿是由电离、发热和化学反应等因素综合作用造成的击穿。电化学击穿的特点是电压作用时间很长、击穿电压往往很低。时间过短,既不会发生热击穿也不会发生电化学击穿。选项 D 正确,固体绝缘击穿的特点是作用时间短、击穿电压高。选项 E 正确,液体绝缘的击穿特性与其纯净程度有关。纯净液体的击穿也是由碰撞电离最后导致的电击穿。含杂质液体的击穿属于热击穿。

75. AC [解析]选项 A 正确、选项 B 错误,在接零系统中,对于配电线路或仅供给固定式电气设备的线路,故障持续时间不宜超过 5s。选项 C 正确、选项 D 错误、选项 E 错误,对于供给手持式电动工具、移动式电气设备的线路或插座回路,电压 220V 者故障持续时间不应超过 0.4s,380V 者不应超过 0.2s。

76. BD [解析]选项 A 错误,使用特低安全电压供电的电气设备不需要安装漏电保护装置。选项 B 正确,生产用的电气设备需要安装切断电源性漏电保护装置。选项 C 错误,确保公共场所安全的电气设备需要安装报警性漏电保护装置。选项 D 正确,安装在户外的电气装置需要安装切断电源性漏电保护装置。选项 E 错误,使用隔离变压器且二次侧为不接地系统供电的电气设备不需要安装漏电保护装置。

77. ABC [解析]选项 ABC 正确,粉尘、纤维爆炸危险区域的级别和大小受粉尘量、粉尘爆炸极限和通风条件等因素影响。

78. ACE [解析]选项 A 正确,Exp Ⅲ CT120℃ DbIP65,表示该设备为正压型"p",保护级别为 Db (高),用于有ⅢC 导电性粉尘的爆炸性粉尘环境的防爆电气设备,其最高表面温度低于 120℃,外壳防护等级为 IP65。选项 B 错误,详见选项 A 解析。选项 C 正确,详见选项 A 解析。选项 D 错误,详见选项 A 解析。选项 E 正确,详见选项 A 解析。故选 ACE。

79. AB [解析]选项 A 正确,静电泄漏有两条途径:一条是绝缘体表面,另一条是绝缘体内部。前者遇到的是表面电阻,后者遇到的是体积电阻。选项 B 正确,详见选项 A 解析。选项 C 错误,详见选项 A 解析。选项 DE 错误,详见选项 A 解析。故选 AB。

80. BCDE [解析]选项 A 错误,管道出现砂眼泄漏的可以使用带压堵漏技术。选项 B 正确,因为带压堵漏的特殊性,有些紧急情况下不能采取带压堵漏技术进行处理,这些情况包括:①毒性极大的介质管道。②管道受压元件因裂纹而产生泄漏。③管道腐蚀、冲刷壁厚状况不清。④由于介质泄漏使螺栓承受高于设计使用温度的管道。⑤泄漏特别严重(当量直径大于 10mm),压力高、介质易燃易爆或有腐蚀性的管道。⑥现场安全措施不符合要求的管道。选项 CDE 正确,详见选项 B 解析。

81. DE [解析]根据题目描述,毒性不明,不能选用过滤式防护面罩,排除 AB;由于作业人员属于固定作业,同时符合经济合理性和安全性要求,选择送风长管式和自吸长管式。故选 DE。

82. BC [解析]选项 A 错误,水蒸气爆炸属于液相爆炸和物理爆炸。选项 B 正确,粉尘爆炸属于气相爆炸和化学爆炸。选项 C 正确,油雾爆炸属于气相爆炸和化学爆炸。选项 D 错误,导线过载爆炸属于固相爆炸和物理爆炸。选项 E 错误,液氧和煤粉的爆炸属于液相爆炸和化学爆炸。故选 BC。

83. DE [解析]选项 A 错误,严禁将药物直晒在地面上,气温高于 37℃时不宜进行日光直晒。选项 B 错误,水暖干燥时,每栋烘房定量应小于或等于 1000kg,烘房温度应小于或等于 60℃;热风干燥时,每栋烘房定量应小于或等于500kg,烘房温度应小于或等于50℃,同时应有防止药物产生扬尘的措施,风速应小于或等于0.5m/s。选项C错误,烘房应由专人管理,加温干燥药物时任何人不应进入;烘干前后烘房内药物进出操作,每栋定员2人。选项D正确,药物在干燥散热时,不应翻动和收取,应冷却至室温时收取,如另设散热间,其定员、定量、药架设置应与烘房一致并配套;散热间内不应进行收取和计量包装操作,不应堆放成箱药物;湿药和未经摊凉、散热的药物不应堆放和入库。选项E正确,药物进出晒场、烘房、散热、收取和计量包装间,应单件搬运。故选DE。

84. CE ［解析］选项A正确,一般当氧气的含量低于12%或二氧化碳浓度达30%~35%时,燃烧中止。选项B正确,详见选项A解析。选项C错误,1kg的二氧化碳液体,在常温常压下能生成500L左右的气体,这些足以使1m³空间范围内的火焰熄灭。选项D正确,详见选项C解析。选项E错误,由于二氧化碳是一种无色的气体,灭火不留痕迹,并有一定的电绝缘性能等特点,因此,更适宜于扑救600V以下带电电器、贵重设备、图书档案、精密仪器仪表的初起火灾,以及一般可燃液体的火灾。故选CE。

85. AB ［解析］选项A正确,危险化学品经营企业只允许经营除爆炸物、剧毒化学品(属于剧毒化学品的农药除外)以外的危险化学品。选项B正确,详解见选项A解析。选项CDE错误,详见选项A解析。故选AB。

截分金题卷二

一、单项选择题

1. A ［解析］选项A正确,单台的机械。例如,木材加工机械、金属切削机床、起重机等。选项B错误,自动生产线属于实现完整功能的机组或大型成套设备。选项C错误,实现完整功能的机组或大型成套设备。即为同一目的由若干台机械组合成一个综合整体,如自动生产线、加工中心、组合机床等。选项D错误,运输机属于单台机械。故选A。

2. D ［解析］选项ABC错误,见选项D解析。选项D正确,传动带的传动装置防护采用金属骨架的防护网。与传动带的距离不应小于50mm。一般传动机构离地面2m以下,应设防护罩。但在下列三种情况下,即使在2m以上也应加以防护(三度)①带轮中心距之间的距离在3m以上;(长度)②传动带宽度在15cm以上;(宽度)③传动带回转的速度在9m/min以上。故选D。

3. C ［解析］选项A正确,限制装置:防止机器或危险机器状态超过设计限度(如空间限度、压力限度、载荷力矩限度等)的装置。选项B正确,机械抑制装置;在机构中引入的能靠其自身强度,防止危险运动的机械障碍(如楔、轴、撑杆、销)的装置。选项C错误,联锁装置;用于防止危险机器功能在特定条件下(通常是指只要防护装置未关闭)运行的装置。可以是机械、电气或其他类型的。选项D正确,能动装置;一种附加手动操纵装置,与启动控制一起使用,并且只有连续操作时,才能使机器执行预定功能。故选C。

4. C ［解析］选项C错误,金属切削机床中基本不存在高处坠落的危险。金属切削机床存在的危险有机械危险、电气危险、热危险、噪声危险、振动危险、辐射危险、物质和材料产生的危险等。故选C。

5. D ［解析］选项A错误,机械伤害会导致外伤。选项B错误,粉尘会导致尘肺病。选项C错误,噪声会导致噪声聋。选项D正确,振动危害会导致手臂振动病。故选D。

6. D ［解析］选项A错误,刚性离合器以刚性金属键作为接合零件,构造简单,不需要额外动力源,但不能使滑块停止在行程的任意位置,只能使滑块停止在上死点。选项B错误,详见选项A解析。选项C错误,摩擦离合器借助摩擦副的摩擦力来传递扭矩,结合平稳,冲击和噪声小,可使滑块停止在行程的任意位置。选项D正确,详见选项C解析。故选D。

7. B ［解析］选项A错误,双手操作式装置属于安全保护控制装置,不属于安全保护装置。选项B正确,固定式防护装置属于安全保护装置。防护装置应牢固地固定安装在机床、周围其他固定的结构件或安装在地面上,不用专门工具不能拆除。选项C错误,详见选项A解析。选项D错误,详见选项A解析。故选B。

8. D [解析]选项A错误,应有足够的宽度以保证其强度和刚度,受力后不会被压弯或偏离正常的工作位置。其宽度应介于锯身厚度与锯料宽度之间,在全长上厚度要一致。选项B错误,应能在锯片平面上做上下和前后方向的调整,分料刀顶部不低于锯片圆周上的最高点;与锯片最靠近点与锯片的距离不超过3mm,其他各点与锯片的距离不得超过8mm。选项C错误,详见选项A解析。选项D正确,分料刀的引导边应是楔形的,以便于导入。其圆弧半径不应小于圆锯片半径。故选D。

9. B [解析]选项A错误,属于工艺布置。选项B正确,属于工艺设备。选项C错误,属于工艺方法。选项D错误,属于工艺操作。故选B。

10. B [解析]选项ACD错误,详见选项B解析;选项B正确,铸造车间除设计有局部通风装置外,还应利用天窗排风或设置屋顶通风器。熔化、浇注区和落砂、清理区应设避风天窗。有桥式起重设备的边跨,宜在适当高度位置设置能启闭的窗扇。故选B。

11. C [解析]选项A错误,外露的传动装置(齿轮传动、摩擦传动、曲柄传动或带传动等)必须有防护罩。防护罩应采用铰链安装在锻压设备的不动部件上。选项B错误,启动装置的结构应能防止锻压机械意外地开动或自动开动。较大型的空气锤或蒸汽-空气自由锤一般是用手柄操纵的,应该设置简易的操作室或屏蔽装置。选项C正确,电动启动装置的按钮盒,其按钮上需标有"启动""停车"等字样。停车按钮为红色,其位置比启动按钮高10~12mm。选项D错误,蓄力器通往水压机的主管上必须装有当水耗量突然增高时能自动关闭水管的装置。故选C。

12. A [解析]选项A正确,人能够运用多种通道接收信息。当一种信息通道发生障碍时可运用其他的通道进行补偿;而机器只能按设计的固定结构和方法输入信息。选项B错误,人能长期大量储存信息并能综合利用记忆的信息进行分析和判断。选项C错误,人具有总结和利用经验、除旧创新、改进工作的能力。而机器无论多么复杂,只能按照人预先编排好的程序进行工作。选项D错误,人具有高度的灵活性和可塑性,能随机应变,采取灵活的程序和策略处理问题。人能根据情境改变工作方法,能学习和适应环境,能应付意外事件和排除故障,有良好的优化决策能力。而机器应付偶然事件的程序则非常复杂,均需要预先设定,任何高度复杂的自动系统都离不开人的参与。故选A。

13. C [解析]选项C正确,$R_s = [1-(1-R_1)(1-R_2)]$
$R_M = [1-(1-0.90)×(1-0.90)]×0.99 = 0.9801$。

14. B [解析]选项B正确,当电流持续时间超过心脏跳动周期时,室颤电流约为50mA;当电流持续时间短于心脏跳动周期时,室颤电流约为500mA。当电流持续时间在0.1s以下时,只有电击发生在心脏易损期,500mA以上乃至数安的电流才可能引起心室纤维性颤动;如果电流持续时间超过心脏跳动周期,可能导致心脏停止跳动。故选B。

15. B [解析]选项A错误,绝缘电阻是判断绝缘质量最基本、最简易的指标。绝缘物受潮后绝缘电阻明显降低。选项B正确,介电常数是表明绝缘极化特征的性能参数。介电常数越大,极化过程越慢。选项C错误,是绝缘材料的热性能,不属于电性能的内容。选项D错误,详见选项A解析。故选B。

16. A [解析]选项A正确,在低压作业中,人体及其所携带工具与带电体的距离不应小于0.1m。在10kV作业中,无遮拦时,人体及其所携带工具与带电体的距离不应小于0.7m;有遮拦时,遮拦与带电体之间的距离不应小于0.35m。选项BCD错误,详见选项A解析。故选A。

17. B [解析]选项A错误,减轻零线断开或接触不良时电击的危险性。接零系统中,当PE或PEN线断开(含接触不良)时,在断开点后方有设备漏电或者没有设备漏电但接有不平衡负荷的情况下,重复接地虽然不一定能消除人身伤亡及设备损坏的危险性,但危险程度必然降低。选项B正确,改善架空线路的防雷性能。架空线路零线上的重复接地对雷电流有分流作用,有利于限制雷电过电压。选项C错误,缩短漏电故障持续时间。因为重复接地和工作接地构成零线的并联分支,所以当发生短路时能增大单相短路电流,而且线路越长,效果越显著。这就加速了线路保护装置的动作,缩短了漏电故障持续时间。选项D错误,降低漏电设备的对地电压。前面说过,接零也有降低故障对地电压的作用。如果接零设备有重复接地,则故障电压进一步降低。故选 B。

18. B [解析]选项 A 错误,详见选项 B 解析。选项 B 正确,TT 系统中,第一个字母 T 表示的是电源是直接接地,第二个字母 T 表示的是电气设备外壳直接接地。选项 CD 错误,详见选项 B 解析。故选 B。

19. C [解析]选项 AB 错误,详见选项 C 解析。选项 C 正确,对于供给手持式电动工具、移动式电气设备的线路或插座回路,电压 220V 者故障持续时间不应超过 0.4s,380V 者不应超过 0.2s。选项 D 错误,详见选项 C 解析。故选 C。

20. A [解析]选项 A 正确,电源变压器必须是隔离变压器。与安全隔离变压器一样,隔离变压器的输入绕组与输出绕组没有电气连接,并具有双重绝缘的结构。选项 B 错误,二次侧保持独立。为保证安全,被隔离回路不得与其他回路及大地有任何连接。对于二次侧回路线路较长者,应装设绝缘监视装置。选项 C 错误,二次边线路要求。二侧边线路电压过高或二次边线路过长,都会降低这种措施的可靠性。按照规定,应保证电源电压 $U \leq 500V$ 时线路长度 $L \leq 200m$,电压与长度的乘积 $UL \leq 100000V \cdot m$。选项 D 错误,等电位联结。为了防止隔离回路中两台设备的不同相线漏电时的故障电压带来的危险,各台设备的金属外壳之间应采取等电位联结措施。故选 A。

21. D [解析]选项 ABC 错误,详见选项 D 解析。选项 D 正确,在爆炸环境中,采用 TN-S 系统,并装设双极开关同时操作相线和中性线。保护导体的最小截面面积,铜导体不得小于 $4mm^2$,钢导体不得小于 $6mm^2$。故选 D。

22. A [解析]选项 A 正确,避雷器装设在被保护设施的引入端。正常时处在不通的状态;出现雷击过电压时,击穿放电,切断过电压,发挥保护作用;过电压终止后,迅速恢复不通状态,恢复正常工作。避雷器主要用来保护电力设备和电力线路,也用作防止高电压侵入室内的安全措施。选项 BCD 错误,详见选项 A 解析。故选 A。

23. C [解析]选项 AB 错误,详见选项 C 解析。选项 C 正确,固体物质的粉碎产生静电的形式为破断起电。选项 D 错误,详见选项 A 解析。故选 C。

24. D [解析]选项 A 错误,0 类。这种设备仅仅依靠基本绝缘来防止触电。0 类设备的外壳可以用绝缘材料制成。这时,外壳本身构成全部基本绝缘,或构成基本绝缘的一部分。0 类设备的外壳也可以用金属材料制成。这时,外壳与其内部带电部件之间由基本绝缘隔开。0 类设备外壳上和内部的不带电导体上都没有接地端子。0 类设备可以有 Ⅱ 类结构或 Ⅲ 类结构的部件。选项 B 错误,0 Ⅰ 类。这种设备也是依靠基本绝缘来防止触电的,也可以有 Ⅱ 类结构或 Ⅲ 类结构的部件。这种设备的金属外壳上装有接地(零)的端子,不提供带有保护芯线的电源线。选项 C 错误,Ⅱ 类。这种设备具有双重绝缘和加强绝缘的结构。Ⅱ 类设备可以有 Ⅲ 类结构的部件。选项 D 正确,Ⅰ 类。这种设备除依靠基本绝缘外,还有一个附加的安全措施。Ⅰ 类设备外壳上没有接地端子,但内部有接地端子。自设备内部有接地端子引出专用的保护芯线的带有保护插头的电源线。Ⅰ 类设备带有全部或部分金属外壳,所用电源开关为全极开关。Ⅰ 类设备也可以有 Ⅱ 类结构或 Ⅲ 类结构的部件。故选 D。

25. B [解析]选项 A 错误,线路导线太细将导致其阻抗过大,受电端得不到足够的电压。选项 B 正确,在设计规定的短路电流的冲击下,线路应保持热稳定和动稳定。此外,在 TN 系统中,如果线路导线太细,则单相短路电流可能不能推动短路保护动作。选项 C 错误,运行中低压电力线路的绝缘电阻一般不得低于每伏工作电压 $1000Ω$,新安装和大修后的低压电力线路一般不得低于 $0.5MΩ$。选项 D 错误,铜导线与铝导线之间的连接应尽量采用铜-铝过渡接头,特别是在潮湿环境,或在户外,或遇大截面导线,必须采用铜-铝过渡接头。故选 B。

26. A [解析]选项 A 正确,层燃炉采用火床燃烧,主要用于工业锅炉,火床燃烧是固体燃料以一定厚度分布在炉排上进行燃烧的方式。选项 B 错误,室燃炉采用火室燃烧,电站锅炉和部分容量较大的工业锅炉采用室燃方式,燃料为油、气和煤粉。火室燃烧(悬浮燃烧)是燃料以粉状、雾状或气态随同空气喷入炉膛中进行燃烧的方式。选项 C 错误,不属于该分类。选项 D 错误,不属于该分类。故选 A。

27. C [解析]选项A错误,反应压力容器:主要是用于完成介质的物理、化学反应的压力容器,如各种反应器、反应釜、聚合釜、合成塔、变换炉、煤气发生炉等。选项B错误,换热压力容器:主要是用于完成介质的热量交换的压力容器,如各种热交换器、冷却器、冷凝器、蒸发器等。选项C正确,分离压力容器:主要是用于完成介质的流体压力平衡缓冲和气体净化分离的压力容器,如各种分离器、过滤器、集油器、洗涤器、吸收塔、干燥塔、汽提塔、分汽缸、除氧器等。选项D错误,储存压力容器:主要是用于储存、盛装气体、液体、液化气体等介质的压力容器,如各种形式的储罐、缓冲罐、消毒锅、印染机、烘缸、蒸锅等。故选C。

28. C [解析]选项A正确。应冲洗水位表,检查水位表有无故障;一旦确认满水,应立即关闭给水阀停止向锅炉上水。选项B正确,启用省煤器再循环管路,减弱燃烧。选项C错误,这是锅炉满水,锅炉满水应先采取措施排水,当控制不住的时候,才会采取停炉措施。选项D正确,开启排污阀及过热器、蒸汽管道上的疏水阀;待水位恢复正常后,关闭排污阀及各疏水阀。故选C。

29. C [解析]选项AB错误,详见选项C解析。选项C正确,凡是营救用品只准在营救时使用,不得挪作他用。检查所有的救护设备是否选用正确无误并处于最佳状态,特别对绳索、安全带、保险索等。选项D错误,详见选项C解析。故选C。

30. C [解析]选项AB错误,详见选项C解析。选项C正确,再热器的水压试验压力为1.5倍的工作压力。选项D错误,详见选项C解析。故选C。

31. D [解析]选项A错误,在用锅炉的安全阀每年至少校验1次,校验一般在锅炉运行状态下进行;选项B错误,新安装的锅炉或者安全阀检修、更换后,应当校验其整定压力和密封性。选项C错误,控制式安全阀应当分别进行控制回路可靠性试验和开启性能检验。选项D正确,安全阀整定压力、密封性等检验结果应当记入锅炉安全技术档案。故选D。

32. D [解析]选项ABC错误,详见选项D解析。选项D正确,燃气锅炉、燃油锅炉、煤粉锅炉等点火时必须特别注意防止炉膛爆炸。防止炉膛爆炸的措施是:点火前,开动引风机给锅炉通风5~10min,没有风机

的可自然通风5~10min,以清除炉膛及烟道中的可燃物质。点燃气、油、煤粉炉时,应先送风,之后投入点燃火炬,最后送入燃料。一次点火未成功需重新点燃火炬时,一定要在点火前给炉膛烟道重新通风,待充分清除可燃物之后再进行点火操作。故选D。

33. B [解析]选项B错误,停炉保养主要是指锅内保养,即汽水系统内部为避免或减轻腐蚀而进行的防护保养。常用的保养方式有压力保养、湿法保养、干法保养和充气保养。故选B。

34. B [解析]选项A正确,溶解气体是指在一定的压力、温度条件下,溶解于溶剂中的气体。选项B错误,压缩气体是指在-50℃时加压后完全呈气态的气体,包括临界温度(T_C)低于或者等于-50℃的气体,也称为永久气体。选项C正确,吸附气体是指在一定的压力、温度条件下,吸附于吸附剂中的气体。选项D正确,低温液化气体是指经过深冷低温处理而部分呈液态的气体,其临界温度(T_C)一般低于或等于-50℃,也可以称为深冷液化气体或者冷冻液化气体。故选B。

35. C [解析]选项A错误,盛装助燃和不可燃气体瓶阀的出气口螺纹为右旋,可燃气体瓶阀的出气口螺纹为左旋。选项B错误,与乙炔接触的瓶阀材料,选用含铜量小于65%的铜合金(质量比)。选项C正确,盛装易燃气体的气瓶瓶阀的手轮,选用阻燃材料制造。选项D错误,盛装氧气或者其他强氧化性气体的气瓶瓶阀的非金属密封材料,具有阻燃性和抗老化性。故选C。

36. C [解析]选项A错误,安全阀是广泛用于固定式压力容器的泄压装置。它的特点是机构简单、紧凑,而且可重新关闭,保持密封状态。一般气瓶都没有安装这种泄压装置。选项B错误,瓶帽是装在气瓶顶部、阀门之外的帽罩式安全附件,是气瓶保护帽的简称。其功能在于避免气瓶在搬运、运输或者使用过程中,受碰撞或冲击损伤阀门。选项C正确,保护罩是保护瓶帽、瓶阀或易熔塞免受撞击而设置的敞口屏蔽式零件,也可兼作提升零件,多用于焊接气瓶及液化石油气钢瓶,所有保护罩应为不可拆卸结构。选项D错误,防振圈是指套在气瓶外面的弹性物质,是气瓶防振圈的简称。防振圈的主要功能是防止气瓶受到直接冲

撞。故选 C。

37. D　[解析]选项 ABC 错误,详见选项 D 解析。选项 D 正确,爆破帽为一端封闭,中间有一薄弱层面的厚壁短管,爆破压力误差较小,泄放面积较小,多用于超高压容器。超压时其断裂的薄弱层面在开槽处。故选 D。

38. B　[解析]选项 A 错误,详见选项 B 解析。选项 B 正确,金属压力容器一般于投用后 3 年内进行首次定期检验。以后的检验周期由检验机构根据压力容器的安全状况等级,按照以下要求确定:①安全状况等级为 1、2 级的,一般每 6 年检验一次;②安全状况等级为 3 级的,一般每 3 年至 6 年检验一次;③安全状况等级为 4 级的,监控使用,其检验周期由检验机构确定,累计监控使用时间不得超过 3 年,在监控使用期间,使用单位应当采取有效的监控措施;④安全状况等级为 5 级的,应当对缺陷进行处理,否则不得继续使用。选项 CD 错误,详见选项 B 解析。故选 B。

39. D　[解析]选项 A 错误,选用阻火器时,其最大间隙应不大于介质在操作工况下的最大试验安全间隙。选项 B 错误,单向阻火器安装时,应当将阻火侧朝向潜在点火源。选项 C 错误,清洗阻火器的芯件时,不能采用锋利的硬件刷洗,一定要采用高压蒸汽或者非腐蚀性溶剂等吹扫。选项 D 正确,在重新安装阻火器时,必须要确保密封面已经清洗、不漏气且没有损伤后,还要及时更换垫片。故选 D。

40. B　[解析]选项 A 错误,详见选项 B 解析;选项 B 正确,为排除燃气管道中的冷凝水和天然气管道中的轻质油,管道敷设时应有一定坡度,以便在低处设凝水缸,将汇集的水或油排出。凝水缸的间距,视水量和油量多少而定,通常 500m 左右。选项 CD 错误,详见选项 B 解析。故选 B。

41. D　[解析]选项 ABC 错误,详见选项 D 解析。选项 D 正确,驾驶员在正常操作过程中,不得利用极限位置限制器停车;不得利用反车进行制动;不得在起重作业过程中进行检查和维修;不得带载调整起升、变幅机构的制动器或带载增大作业幅度;吊物不得从人头顶上通过,吊物和起重臂下不得站人。故选 D。

42. B　[解析]选项 A 正确,司索工主要从事地面工作,如准备吊具、捆绑挂钩、摘钩卸载等,多数情况还担任指挥任务。选项 B 错误,详见选项 A 解析。选项 CD 正确,详见选项 A 解析。故选 B。

43. A　[解析]选项 A 正确,每月检查,检查项目包括安全装置、制动器、离合器等有无异常,可靠性和精度;重要零部件(如吊具、货叉、制动器、铲、斗及辅具等)的状态,有无损伤,是否应报废等;电气、液压系统及其部件的泄漏情况及工作性能;动力系统和控制器等。停用一个月以上的场(厂)内机动车辆,使用前也应做上述检查。选项 B 错误,每日检查,在每天作业前进行,应检查各类安全装置、制动器、操纵控制装置、紧急报警装置的安全状况,检查发现有异常情况时,必须及时处理。严禁带病作业。选项 CD 错误,详见选项 B 解析。故选 A。

44. B　[解析]选项 A 错误,详见选项 B 解析。选项 B 正确,驾驶员除按运转维护规程操作外,对驱动机、操作台每班至少检查一次。对当班所发生的故障是否排除,应交代清楚,并填写在运行日记中。交接班时按规定的检查次序进行,并查看前一班正在操作运转的情况。对发现的重要问题,即难以自行处理或不是职责范围内可以处理的,应立即报告。值班电工、钳工对专责设备每班至少检查一次,线路润滑巡视工每班至少全线巡视一周(线路长的索道,可分段分工检查)。选项 CD 错误,详见选项 B 解析。故选 B。

45. A　[解析]选项 A 正确,锁紧装置(锁具)。锁具必须有效地将乘客约束在座位上,不能自行打开且乘客不能打开,必须当设备停止后由操作人员打开,让乘客离开座位。选项 B 错误,制动装置。为了使游乐设施安全停止或减速,大部分运行速度较快的设备都采用了制动系统。游乐设施的制动包括对电动机的制动和对车辆的制动。电动机的制动有机械制动和电气制动两种方式,车辆制动的方式主要采用机械制动。选项 C 错误,止逆行装置(止逆装置)。沿斜坡牵引的提升系统,必须设有防止载人装置逆行的装置,止逆装置逆行距离的设计应使冲击负荷最小,在最大冲击负荷时必须止逆可靠。选项 D 错误,防碰撞及缓冲装置。同一轨道、滑道、专用车道等有两组以上(含两组)无人操作的单车或列车运行时,应设防止相互碰撞的自动控制装置和缓冲装置。当有人操作时,应设有效的缓冲装置。故选A。

46. D [解析]选项A错误,蒸发燃烧。可燃液体蒸发产生的蒸气被点燃,进而加热液体表面促使其继续蒸发,继续燃烧的现象。选项B错误,预混(混合)燃烧。在燃烧前,可燃气体与空气通过旋流器充分混合,并形成一定浓度的可燃气体混合物,被点火源点燃引起的燃烧或爆炸。选项C错误,分解燃烧。分子结构复杂的固体可燃物,在受热分解出其组成成分及加热温度相应的热分解产物再氧化燃烧。选项D正确,扩散燃烧。可燃气体由喷口(管口或容器泄漏口)喷出,在喷口处与空气中的氧互相扩散、混合,当达到可燃浓度并有足够的点火源时形成的燃烧;边扩散边混合。故选D。

47. B [解析]爆炸混合物的极限为:$L_m = 1/(v_1/L_1 + v_2/L_2 + \cdots) \times 100\% = 1/(70/5 + 30/3) \times 100\% = 4.2\%$。

48. D [解析]选项A错误,初起期是火灾开始发生的阶段,这一阶段可燃物的热解过程至关重要,主要特征是冒烟、阴燃。选项B错误,发展期是火势由小到大发展的阶段,一般采用T平方特征火灾模型来简化描述该阶段非稳态火灾热释放速率随时间的变化,即假定火灾热释放速率与时间的平方成正比,轰燃就发生在这一阶段。选项C错误,最盛期的火灾燃烧方式是通风控制火灾,火势的大小由建筑物的通风情况决定。选项D正确,减弱至熄灭期是火灾由最盛期开始消减直至熄灭的阶段,熄灭的原因可以是燃料不足、灭火系统的作用等。故选D。

49. A [解析]选项A正确,着火延滞期也称着火诱导期或感应期,是指可燃性物质和助燃气体的混合物在高温下从开始暴露到着火的时间或混合气着火前自动加热的时间,一般情况下,着火延滞期越短,火灾危险性越大。选项B错误,燃点(着火点)对可燃固体和闪点较高的液体具有重要意义,在控制燃烧时,需将可燃物的温度降至其燃点(着火点)以下。一般情况下,燃点(着火点)越低,火灾危险性越大。选项C错误,化学自燃是物质在常温下依靠自身的化学反应而发生的自燃,一般只有一些特殊物质可发生化学自燃,例如金属钠暴露在空气中的自发着火。选项D错误,密度越

大,闪点越高而自燃点越低。比如,下列油品的密度:汽油<煤油<轻柴油<重柴油<蜡油<渣油,而其闪点依次升高,自燃点则依次降低。故选A。

50. B [解析]选项A错误,扩散阶段。可燃气分子和氧气分子分别从释放源通过扩散达到相互接触,所需时间称为扩散时间。选项B正确,感应阶段。可燃气分子和氧化分子接受点火源能量,离解成自由基或活性分子,所需时间称为感应时间。选项C错误,没有氧化还原阶段。选项D错误,化学反应阶段。自由基与反应物分子相互作用,生成新的分子和新的自由基,完成燃烧反应,所需时间称为化学反应时间。故选B。

51. B [解析]选项B正确,危险度H,即$H = (L_上 - L_下)/L_下$(体积分数)或$H = (Y_上 - Y_下)/Y_下$(质量浓度)。故选B。

52. D [解析]选项A正确,为保证设备和系统的密闭性,在验收新设备时,在设备修理之后及在使用过程中,必须根据压力计的读数用水压试验来检查其密闭性,测定其是否漏气并进行气体分析。选项B正确,对爆炸危险度大的可燃气体(如乙炔、氢气等)以及危险设备和系统,在连接处应尽量采用焊接接头,减少法兰连接。如果必须使用法兰连接时,应尽量选用止口连接面型。选项C错误,当设备内部充满易爆物质时,要采用正压操作,以防外部空气渗入设备内。设备内的压力必须加以控制,不能高于或低于额定的数值。压力过高,轻则渗漏加剧,重则破裂导致大量可燃物质排出;压力过低,就有渗入空气、发生爆炸的可能。通常可设置压力报警器,在设备内压力失常时及时报警。选项D错误,可于接缝处涂抹肥皂液进行充气检测。为了检查无味气体(氢、甲烷等)是否漏出,可在其中加入显味剂(硫醇、氨等)。故选D。

53. C [解析]选项A错误,主动式(监控式)隔爆装置由一灵敏的传感器探测爆炸信号,经放大后输出给执行机构,控制隔爆装置喷洒抑爆剂或关闭阀门,从而阻隔爆炸火焰的传播。选项B错误,被动式隔爆装置主要有自动断路阀、管道换向隔爆等形式,是由爆炸波推动隔爆装置的阀门或闸门来阻隔火焰。选项C正确,工业阻火器分为机械阻火器、液封和料封阻火器。工业阻火器常用于

229

阻止爆炸初期火焰的蔓延。一些具有复合结构的机械阻火器也可阻止爆轰火焰的传播。选项 D 错误。详见选项 C 解析。故选 C。

54. D [解析] 选项 A 错误，见下表。

压力或介质	爆破片材质
操作压力较低或没有压力	石棉、塑料、橡胶或玻璃
压力较高	铝、铜
微负压操作	2～3mm 厚的橡胶板
燃爆性气体	不宜用钢、铁片，破裂时可能产生火花
腐蚀性	爆破片上涂防腐剂

选项 BCD 错误，详见选项 A 解析。故选 D。

55. D [解析] 选项 D 错误，《烟花爆竹安全与质量》规定的主要安全性能检测项目包括摩擦感度、撞击感度、静电感度、爆发点、相容性、吸湿性、水分、pH 值。

56. B [解析] 选项 A 错误，能量特征；它是标志火药做功能力的参量，一般是指 1kg 火药燃烧时气体产物所做的功。选项 B 正确，燃烧特性。标志火药能量释放的能力，主要取决于火药的燃烧速率和燃烧表面积。燃烧速率与火药的组成和物理结构有关，还随初始温度和工作压力的升高而增大。加入增速剂、嵌入金属丝或将火药制成多孔状，均可提高燃烧速率。加入降速剂，可降低燃烧速率。燃烧表面积主要取决于火药的几何形状、尺寸和对表面积的处理情况。选项 C 错误，力学特性。它是指火药要具有相应的强度，满足在高温下保持不变形、低温下不变脆，能承受在使用和处理时可能出现的各种力的作用，以保证稳定燃烧。选项 D 错误，安全性。由于火药在特定的条件下能发生燃烧、爆炸，甚至爆轰，所以要求在配方设计时必须考虑火药在生产、使用和运输过程中安全可靠。故选 B。

57. D [解析] 选项 ABC 错误，详见选项 D 解析。选项 D 正确，烟花爆竹工厂建筑物的计算药量是该建筑物内(含生产设备、运输设备和器具里)所存放的黑火药、烟火药、在制品、半成品、成品等能同时爆炸或燃烧的危险品最大药量，这里所指建筑物包括厂房和仓库。确定计算药量时应注意以下几点：①防护屏障内的危险品药量，应计入该屏障内的危险性建筑物的计算药量。②抗爆间室的危险品药量可不计入危险性建筑物的计算药量。但该建(构)筑物的计算药量不应小于其中一个抗爆间室内的最大药量。③厂房内采取了分隔防护措施，相互间不会引起同时爆炸或燃烧的药量可分别计算，取其最大值。该厂房计算药量为 15kg+30kg=45kg，小于 55kg，所以是 55。故选 D。

58. A [解析] 选项 A 错误，摩擦感度是指在摩擦作用下，火药发生燃烧或爆炸的难易程度。选项 B 正确，静电感度包括两个方面，一是炸药摩擦时产生静电的难易程度；二是炸药对静电放电火花的感度。前者是测量炸药摩擦时产生的静电量；后者是测量在一定电压和电容放电火花作用下发生爆炸的概率。选项 C 正确，使炸药开始爆炸变化，介质所需的加热到最低温度称为炸药的爆发点。爆发点越低，则表示炸药对热的感度越高(敏感)，反之就低。选项 D 正确，相容性指的是各组分混合的时候，物理、化学、爆炸性能不发生超过允许范围变化的能力。故选 A。

59. C [解析] 选项 A 错误，水暖干燥时，每栋烘房定量应小于或等于 1000kg，烘房温度应小于或等于 60℃。选项 B 错误，热风干燥时，每栋烘房定量应小于或等于 500kg，烘房温度应小于或等于 50℃，同时应有防止药物产生扬尘的措施。风速应小于或等于 0.5m/s。选项 C 正确，烘房应设置温度感应报警装置，保持均匀供热，烘房升温速度应小于或等于 30℃/h。选项 D 错误，详见选项 B 解析。综上所述，本题答案选择 C。

60. B [解析] 选项 A 正确，烟火药中不应混入与烟火药配方无关的泥沙等杂物、杂质，如意外混入不应使用。选项 B 错误，手工直接接触烟火药的工序应使用铜、铝、木、竹等材质的工具，不应使用铁器、瓷器和不导静电的塑料、化纤材料等工具盛装、掏挖、装筑(压)烟火药；盛装烟火药时药面应不超过容器边缘。选项 C 正确，直接接触烟火药的工序应按规定设置防静电装置，并采取增加湿度等措施，以减少静电积累。选项 D 正确，不应在规定的燃放试验场外燃试验产品，不应在规定的销毁场外销毁危险性废弃物。故选 B。

61. C　[解析]　选项A错误,工业炸药;如乳化炸药、铵梯类炸药、膨化硝铵炸药、水胶炸药、硝化甘油炸药及其他炸药制品等。选项B错误,工业雷管;如工业火雷管、工业电雷管、磁电雷管、电子雷管、导爆管雷管、继爆管、其他工业雷管等。选项C正确,其他民用爆炸物品;如安全气囊用点火具、其他特殊用途点火具、特殊用途烟火制品、其他点火器材、海上救生烟火信号。选项D错误,原材料;如梯恩梯(三硝基甲苯)、工业黑索金、苦味酸、民用推进剂、太安、奥克托今、其他单质猛炸药、黑火药、起爆药、硝酸铵、延期器材等。故选C。

62. C　[解析]　选项AB错误,详见选项C解析。选项C正确,普通干粉也称BC干粉,主要用于扑灭可燃液体、可燃气体以及带电设备火灾。多用干粉也称ABC干粉,它不仅适用于扑救可燃液体、可燃气体和带电设备的火灾,还适用于扑救一般固体物质火灾,但都不能扑救轻金属火灾。选项D错误,详见选项C解析。故选C。

63. D　[解析]　选项A错误,离子感烟火灾探测器最显著的优点是它对黑烟的灵敏度非常高,特别是能对早期火警反应特别快而受到青睐。选项B错误,红外线波长较长,烟粒对其吸收和衰减能力较弱,致使有大量烟雾存在的火场,在距火焰一定距离内,仍可使红外线敏感元件感应,发出报警信号。选项C错误,紫外火焰探测器适用于有机化合物燃烧的场合,如油井、输油站、飞机库、可燃气罐、液化气罐、易燃易爆品仓库等,特别适用于火灾初期不产生烟雾的场所。选项D正确,光电式感烟火灾探测器有一个很大的缺点就是对黑烟灵敏度很低,对白烟灵敏度较高。故选D。

64. D　[解析]　选项A错误,带电设备火灾,不能使用含水的灭火器,所以清水、泡沫、酸碱灭火器都是不能用的。选项B错误,详见选项A解析。选项C错误,由于二氧化碳是一种无色的气体,灭火不留痕迹,并有一定的电绝缘性能等特点,因此,更适宜于扑救600V以下带电电器、贵重设备、图书档案、精密仪器仪表的初起火灾,以及一般可燃液体的火灾。选项D正确,按使用范围可分为普通干粉和多用干粉两大类。普通干粉也称BC干粉,主要用于扑灭可燃液体、可燃气体以及带电设备火灾。多用干粉也称ABC干粉,它不仅适用于扑救可燃液体、可燃气体和带电设备的火灾,还适用于扑救一般固体物质火灾,但都不能扑救轻金属火灾。故选D。

65. C　[解析]　选项A错误,燃烧性;爆炸物、易燃气体、易燃气溶胶、压力下可燃性气体、易燃液体、易燃固体、自反应物质或混合物、自燃液体、自燃固体、自热物质和混合物、遇水放出易燃气体的物质或混合物、有机过氧化物等,在条件具备时均可能发生燃烧。选项B错误,爆炸性;爆炸物、易燃气体、易燃气溶胶、压力下可燃性气体、易燃液体、易燃固体、自反应物质或混合物、自燃液体、自燃固体、自热物质和混合物、遇水放出易燃气体的物质或混合物、有机过氧化物等危险化学品均可能由于其化学活性或易燃性引发爆炸事故。选项C正确,腐蚀性;强酸、强碱等物质能对人体组织、金属等物品造成损坏,接触人的皮肤、眼睛或肺部、食道时,会引起表皮组织坏死而造成灼伤。内部器官被灼伤后可引起炎症,甚至会造成死亡。选项D错误,放射性;放射性危险化学品通过放出的射线可阻碍和伤害人体细胞活动机能并导致细胞死亡。故选C。

66. A　[解析]　选项A正确,引起简单分解的爆炸物,在爆炸时并不一定发生燃烧反应,其爆炸所需要的热量是由爆炸物本身分解产生的。属于这一类的有乙炔银、叠氮铅等。选项B错误,复杂分解爆炸危险性较简单分解爆炸物稍低。其爆炸时伴有燃烧现象,燃烧所需的氧由本身分解产生。例如,梯恩梯、黑索金等。选项C错误,所有可燃性气体、蒸气、液体雾滴及粉尘与空气(氧)的混合物发生的爆炸均属爆炸性混合物爆炸。选项D错误,详见选项C解析。故选A。

67. D　[解析]　选项A错误,防止燃烧、爆炸系统的形成:①替代。②密闭。③惰性气体保护。④通风置换。⑤安全监测及联锁。选项B错误,消除点火源能引发事故的点火源有明火、高温表面、冲击、摩擦、自燃、发热、电气火花、静电火花、化学反应热、光线照射等。具体的做法有:①控制明火和高温表面。②防止摩擦和撞击产生火花。③火灾爆炸危险场所采用防爆电气设备避免电气火花。选项C错误,没有该措施。选项D正确,限制火灾、爆炸蔓延扩散的措施:阻火装置、防爆泄压装置及防火防爆分隔等。故选 D。

68. D [解析] 选项 A 错误,危险化学品储存方式分为三种:隔离储存、隔开储存、分离储存。选项 BC 错误,详见选项 A 解析。选项 D 正确,详见选项 A 解析。故选 D。

69. A [解析] 选项 A 错误,凡确认不能使用的爆炸性物品,必须予以销毁,在销毁以前应报告当地公安部门,选择适当的地点、时间及销毁方法。一般可采用以下四种方法:爆炸法、烧毁法、溶解法、化学分解法。选项 BCD 正确,详见选项 A 解析。故选 A。

70. D [解析] 选项 D 错误,对肠胃的伤害。这种伤害主要表现为恶心、呕吐、腹泻、虚弱和虚脱,症状消失后可出现急性昏迷,通常可在 2 周内死亡。选项 A 错误,对中枢神经和大脑系统的伤害。这种伤害主要表现为虚弱、倦怠、嗜睡、昏迷、震颤、痉挛,可在 2 天内死亡。选项 B 错误,详见选项 A 解析。选项 C 正确,详见选项 A 解析。故选 D。

二、多项选择题

71. CD [解析] 选项 A 错误,剪板机的操作危险区是刀口和压料装置(压料脚)及其关联区域,常常选择固定式防护装置。当间隙不超过 6mm 时,则不需要安全防护。选项 B 错误,详见选项 A 解析。选项 C 正确,压料装置(压料脚)应确保剪切前将剪切材料压紧,压紧后的板料在剪切时不能移动。选项 D 正确,安装在刀架上的刀片应固定可靠,不能仅靠摩擦安装固定。选项 E 错误,剪板机应单次循环模式。选择单次循环模式后,即使控制装置持续有效,刀架和压料脚也只能工作一个行程。故选 CD。

72. AB [解析] 选项 A 正确,机械危险。主要包括刀具的切割伤害、木料的反弹冲击伤害、锯条断裂或刨刀片飞出以及木屑碎片抛射飞出物伤人等。选项 B 正确,木材的生物效应危险。取决于木材种类、接触时间或操作者自身的体质条件。可引起皮肤症状、视力失调、对呼吸道黏膜的刺激和病变、过敏病状等。选项 C 错误,化学危害。在木材的存储防腐、加工和成品的表面修饰粘接都需要采取化学手段。其中有些会引起中毒、皮炎或损害呼吸道黏膜。选项 D 错误,木粉尘伤害。可导致呼吸道疾病,严重可表现为肺叶纤维化症等,

家具加工行业鼻癌和鼻窦腺癌比例较高。选项 E 错误,噪声和振动危害。木工机械是高噪声和高振动机械。会导致噪声聋和手臂、振动病。故选 AB。

73. BCE [解析] 选项 A 错误,安全心理学的主要研究内容和范畴包括能力、性格、需要、情绪和意志。选项 BC 正确,详见选项 A 解析。选项 D 错误,详见选项 A 解析。选项 E 正确,详见选项 A 解析。故选 BCE。

74. BCD [解析] 选项 A 错误,在感知方面,人的某些感官的感受能力比起机器来要优越。例如,人的听觉器官对音色的分辨以及嗅觉器官对某些化学物质的感受性等,都显著地优于机器。选项 B 正确,机器能同时完成多种操作,且可保持较高的效率和准确度。人一般只能同时完成 1~2 项操作,而且两项操作容易相互干扰,而难以持久地进行。选项 C 正确,机器能平稳而准确地输出巨大的动力,输出值域宽广;而人受身体结构和生理特性的限制,可使用的力量小和输出功率较小。选项 D 正确,机器的稳定性好,做重复性工作而不存在疲劳和单调等问题。人的工作易受身心因素和环境条件等的影响,因此在感受外界作用和操作的稳定性方面不如机器。选项 E 错误,人具有高度的灵活性和可塑性,能随机应变,采取灵活的程序和策略处理问题。人能根据情境改变工作方法,能学习和适应环境,能应付意外事件和排除故障,有良好的优化决策能力。故选 BCD。

75. BE [解析] 选项 A 错误,静电能量虽然不大,但因其电压很高而容易发生放电。如果所在场所有易燃物质,又有由易燃物质形成的爆炸性混合物,包括爆炸性气体和蒸气,以及爆炸性粉尘等,即可能由静电火花引起爆炸或火灾。选项 B 正确,带静电的人体接近接地导体或其他导体时,以及接地的人体接近带电的物体时,均可能发生火花放电,导致爆炸或火灾。选项 C 错误,详见选项 B 解析。选项 D 错误,爆炸或火灾是最大的危害和危险。选项 E 正确,静电电击是静电放电造成的瞬间冲击性的电击。由于生产工艺过程中积累的静电能量不大,静电电击不会使人致命。故选 BE。

76. ABC [解析] 选项 A 正确,需安装的设备和场所:①属于Ⅰ类的移动式电气设备和手持式电气

设备;②生产用的电气设备;③施工工地的电气机械设备;④安装在户外的电气装置;⑤临时用电的电气设备;⑥机关、学校、宾馆、饭店、企事业单位和住宅等除壁挂式空调电源插座外的其他电源插座或插座回路;⑦游泳池、喷水池、浴池的电气设备;⑧医院中可能直接接触人体的电气医用设备;⑨其他需要安装剩余电流动作保护装置的场所。选项BC正确,详见选项A解析。选项D错误,可不安装剩余电流动作保护装置的设备和场所:①使用特低安全电压供电的电气设备;②一般环境条件下使用的具有加强绝缘(双重绝缘)的电气设备;③使用隔离变压器且二次侧为不接地系统供电的电气设备;④没有漏电危险和触电危险的电气设备。选项E错误,详见选项D解析。故选ABC。

77. BD [解析] 选项A错误,交流电气设备应优先利用建筑物的金属结构、生产用的起重机的轨道、配线的钢管等自然导体作保护导体。在低压系统,允许利用不流经可燃液体或气体的金属管道作保护导体。选项B正确,保护导体干线必须与电源中性点和接地体(工作接地、重复接地)相连。保护导体支线应与保护干线相连。为提高可靠性,保护干线应经两条连接线与接地体连接。选项C错误,为了保持保护导体导电的连续性,所有保护导体,包括有保护作用的PEN线上均不得安装单极开关和熔断器。选项D正确,除应用电缆芯线或金属护套作保护线者外,采用单芯绝缘导线作保护零线时,有机械防护的PE线截面面积不得小于2.5mm²,没有机械防护的不得小于4mm²。选项E错误,兼用作中性线、保护零线的PEN线的最小截面面积除应满足不平衡电流和谐波电流的导电要求外,还应满足保护接零可靠性的要求。铜质PEN线截面面积不得小于10mm²,铝质的不得小于16mm²。故选BD。

78. AD [解析] 选项A正确,工作火花是指电气设备正常工作或正常操作过程中产生的电火花。例如,控制开关、断路器、接触器接通和断开线路时产生的火花;插销拔出或插入时产生的火花;直流电动机的电刷与换向器的滑动接触处、绕线式异步电动机的电刷与滑环的滑动接触处产生的火花等。选项B错误,电动机的转动部件与其他部件相碰产生的火花属于机械火花。选项C错误,事故火花是线路或设备发生故障时出现的火花。例如,电路发生短路或接地时产生的火花;熔丝熔断时产生的火花;连接点松动或线路断开时产生的火花;变压器、断路器等高压电气设备由于绝缘质量降低发生的闪络等。事故火花还包括由外部原因产生的火花。如雷电火花、静电火花和电磁感应火花。选项D正确,详见选项A解析。选项E错误,详见选项C解析。故选AD。

79. BD [解析] 选项A错误,叉装物件时,被装物件重量应在该机允许载荷范围内。当物件重量不明时,应将该物件叉起离地100mm后检查机械的稳定性,确认无超载现象后,方可运送。选项B正确,物件提升离地后,应将起落架后仰,方可行驶。选项C错误,两辆叉车同时装卸一辆货车时,应有专人指挥联系,保证安全作业。选项D正确,叉车在叉取易碎品、贵重品或装载不稳的货物时,应采用安全绳加固,必要时,应有专人引导,方可行驶。选项E错误,以内燃机为动力的叉车,进入仓库作业时,应有良好的通风设施。严禁在易燃、易爆的仓库内作业。故选BD。

80. ABD [解析] 选项A正确,禁止任何单位或个人采用钻孔或者破坏瓶口螺纹的方式,对报废气瓶进行消除使用功能处理。选项B正确,详见选项A解析。选项C错误,消除报废气瓶使用功能的破坏性处理,应当采用压扁或者将瓶体解体等不可修复的方式。选项D正确,详见选项A解析。选项E错误,详见选项C解析。故选ABD。

81. BC [解析] 选项A错误,当安全阀进口和容器之间串联安装爆破片装置时,应满足下列条件:①安全阀和爆破片装置组合的泄放能力应满足要求。②爆破片破裂后的泄放面积不小于安全阀进口面积,同时应保证爆破片破裂的碎片不影响安全阀的正常动作。③爆破片装置与安全阀之间应装设压力表、旋塞、排气孔或报警指示器,以检查爆破片是否破裂或渗漏。选项B正确,当安全阀出口侧串联安装爆破片装置时,应满足下列条件:①容器内的介质应是洁净的,不含有胶着物质或阻塞物质。②安全阀泄放能力应满足要求。③当安全阀与爆破片之间存在背压时,阀仍能在开启压力下准确开启。④爆破片的泄放面积不得小于安全阀的进口面积。⑤安全阀与爆破片装置之间应设置放空管或排污管,以防止该空间的压力累积。选项 C 正确,详见选项 B 解析;选项 DE 错误,详见选项 A 解析。故选 BC。

82. DE　[解析]　选项 A 错误,粉尘爆炸属于化学爆炸。选项 B 正确,喷雾爆炸属于化学爆炸。选项 C 正确,液氧与煤粉的爆炸属于化学爆炸。选项 D 错误,水蒸气的爆炸属于物理爆炸。选项 E 错误,轮胎的爆炸属于物理爆炸。故选 DE。

83. DE　[解析]　选项 A 错误,粉尘爆炸属于气相爆炸。选项 B 错误,液体喷雾爆炸属于气相爆炸。选项 C 错误,乙炔铜的爆炸属于固相爆炸。选项 D 正确,水蒸气爆炸属于液相爆炸。选项 E 正确,熔融矿渣与水产生的爆炸属于液相爆炸。故选 DE。

84. AB　[解析]　选项 A 正确,明火加热设备的布置,应远离可能泄漏易燃气体或蒸汽的工艺设备和储罐区,并应布置在其上风向或侧风向。对于有飞溅火花的加热装置,应布置在上述设备的侧风向。如果存在一个以上的明火设备,应将其集中于装置的边缘。如必须采用明火,设备应密闭且附近不得存放可燃物质。熬炼物料时,不得装盛过满,应留出一定的空间。工作结束时,应及时清理,不得留下火种。选项 B 正确,详见选项 A 解析。选项 CDE 错误,详见选项 A 解析。故选 AB。

85. ACDE　[解析]　选项 A 正确,国家对危险化学品的运输实行资质认定制度,未经资质认定,不得运输危险化学品。危险化学品运输企业应当配备专职安全管理人员、驾驶人员、装卸管理人员和押运人员。选项 B 错误,危险化学品托运人必须办理有关手续后可运输;运输企业应当查验有关手续齐全有效后方可承运。选项 C 正确,三氧化二砷属于剧毒物品,危险物品装卸前,应对车(船)搬运工具进行必要的通风和清扫,不得留有残渣,对装有剧毒物品的车(船)、卸车(船)后必须洗刷干净。选项 D 正确,运输危险货物应当配备必要的押运人员,保证危险货物处于押运人员的监管之下;危险化学品运输车辆应当符合国家标准要求的安全技术条件,应当悬挂或者喷涂符合国家标准要求的警示标志。选项 E 正确,危险货物装卸过程中,应当根据危险货物的性质轻装轻卸,堆码整齐,防止混杂、撒漏、破损,不得与普通货物混合堆放。故选 ACDE。